U0177678

"十三五"国家重点图书
上海高校服务国家重大战略出版工程项目
化学品风险与环境健康安全(EHS)管理丛书
化学法律法规系列

国际化学品
健全管理理念与实践

李政禹　编著

华东理工大学出版社
EAST CHINA UNIVERSITY OF SCIENCE AND TECHNOLOGY PRESS
·上海·

图书在版编目(CIP)数据

国际化学品健全管理理念与实践 / 李政禹编著. ——
上海:华东理工大学出版社,2022.1
(化学品风险与环境健康安全(EHS)管理丛书)
ISBN 978 - 7 - 5628 - 6446 - 2

Ⅰ.①国… Ⅱ.①李… Ⅲ.①化学品-危险物品管理
-研究-世界 Ⅳ.①TQ086.5

中国版本图书馆 CIP 数据核字(2022)第 008233 号

内容提要

本书概述了联合国等国际组织关于国际化学品健全管理的内涵、任务和指导原则,介绍了欧盟、美国和日本等发达国家和地区化学品健全管理法规政策、五项核心管理制度,包括新化学物质申报登记制度、优先化学品筛选和风险评估制度、化学品危险性分类和标签公示制度、重大危险源设施报告和应急预案制度以及化学污染物环境释放和转移报告制度的实际评审执行程序及其运作绩效情况。

本书还详尽介绍了联合国《全球化学品统一分类和标签制度》的核心内容及其最新修订版本,评述了主要国家实施该制度的现状及所面临的挑战。根据联合国及发达国家公布的相关官方文书,对化学品健全管理中常见专业术语进行规范性解读说明。

本书内容翔实、资料新颖,对国际化学品安全和环境健全管理的理念、指导原则以及发达国家化学品法规管理制度与实践经验给予深入的专业解读,具有指导性和实用性。本书可供从事化学品安全生产、环境管理、危险性鉴别分类、环境风险评估和化学品立法规划研究等专业技术人员,以及高等院校教师和研究生等参考使用,具有较大的参考价值。

项目统筹 / 吴蒙蒙
责任编辑 / 左金萍
责任校对 / 陈　涵
装帧设计 / 吴佳斐
出版发行 / 华东理工大学出版社有限公司
　　　　　　地址:上海市梅陇路 130 号,200237
　　　　　　电话:021 - 64250306
　　　　　　网址:www.ecustpress.cn
　　　　　　邮箱:zongbianban@ecustpress.cn
印　　刷 / 上海盛通时代印刷有限公司
开　　本 / 710 mm×1000 mm　1/16
印　　张 / 20.75
字　　数 / 417 千字
版　　次 / 2022 年 1 月第 1 版
印　　次 / 2022 年 1 月第 1 次
定　　价 / 98.00 元

化学法律法规系列编委会

主　　任　丁晓阳

副 主 任　修光利　秦天宝

编委会成员（按姓氏笔画排序）

　　　　　王红松　石云波　孙贤波　李　明

　　　　　李广兵　梅庆慧　雷子蕙　暨荀鹤

本册主编　李政禹

前　言

据美国化学文摘社(Chemical Abstracts Service，CAS)统计，截至 2021 年 4 月底在美国 CAS 登记数据库中收录的有机和无机化学物质总数达 1.82 亿种以上。目前列在美国、加拿大、欧盟、日本、澳大利亚、新西兰、中国等 20 多个国家和地区的 150 个法规监管名录中的危险化学物质有 40.0 万种以上。各国政府网站公示的已确定《全球化学品统一分类和标签制度》(Globally Harmonized System of Classification and Lablling Chemicals，GHS)分类的危险化学物质数量大约有 20.3 万种。

化学工业是全球最大的工业行业之一，是世界经济的重要组成部分。1970 年全球化学工业总产值只有 1 710 亿美元，到 2010 年全球化学工业总产值达到 41 200 亿美元，为 1970 年的 24 倍。2020 年世界化学工业总产值达到 64 000 亿美元左右。

各种化学品，包括医药品、农药、化学肥料、塑料制品、纺织品、家具、鞋子、运动器材、玩具或电子化学品、洗衣粉、化妆品和食品添加剂等已成为人们日常生活中不可缺少的一部分。化学品的生产和使用极大地丰富了人们的物质生活。

与此同时，化学品安全已经成为世界各国关注的重大问题。化学品的安全生产、使用、储存和运输很大程度上取决于一个国家是否有健全的化学品危险性鉴别分类、包装和标签及其风险管理法规，以及人们是否了解这些化学品危险性质及其安全处置、防范措施。

2010 年联合国开发计划署(The United Nations Development Programme，UNDP)提出化学品健全管理(Sound Management of Chemicals)的目标是"在化学品的生命周期过程中，采用最佳的管理实践，预防和在不可能预防时，减少或尽量降低人们和环境暴露接触有毒化学品和危险化学品(通过污染物排放、使用、处置等)的潜在可能性。这就要求强化管控治理和改进化学品生产、使用、储存和处置或回收的技术和工艺"。

1992 年在巴西里约热内卢召开的联合国环境与发展大会(United Nations Conference on Environment and Development，UNCED)上通过了《21 世纪议程》，其第 19 章第 56 节提出化学品健全管理的基本内容，包括：(1) 适当的化学品立法;(2) 信息收集和散发;(3) 风险评估和解释能力;(4) 制定风险管理政策;(5) 实施和执法能力;(6) 污染场地修复和中毒人员的康复能力;(7) 有效的教育培训计划;(8) 突发事件应急能力。

近年来随着社会公众对化学品安全问题的日益关注,特别是 2002 年召开的"可持续发展世界首脑会议"以及 2006 年 2 月联合国环境规划署主持通过了《国际化学品管理战略方针》以来,国际化学品安全管理战略和趋势发生了显著变化。

为了顺应国际化学品管理趋势的发展变化,发达国家不断加强和完善本国化学品健全管理法律法规,加强对具有高健康和环境危害的危险化学品的监控管理。发达国家主管当局在实施化学品健全管理过程中建立和完善了五项化学品健全管理的核心制度并采取了一系列法规和政策手段,包括强制性法规管控方法、经济手段和危险性信息公示等,建立和不断完善化学品风险管理制度体系。

化学品健全管理需要政府、企业和公众以及所有利益相关者的参与和共同治理。为了学习借鉴发达国家化学品健全管理理念和实践经验,加强我国危险化学品安全和环境健全管理以及宣传普及化学品安全和环境保护知识,笔者基于长期从事化学品安全、危害鉴别与环境风险评估技术等领域研究工作积累的经验和体会,并根据 2017 年至 2020 年收集的国际最新资讯,编著完成了本书。

本书概述了联合国等国际组织关于国际化学品健全管理内涵、任务和指导原则,介绍了欧盟、美国和日本等发达国家化学品健全管理法规政策、五项核心管理制度及其运作绩效情况,并评述了值得国内研究借鉴的管理理念和经验做法。

本书详尽介绍了联合国 GHS 的核心内容及其最新修订版本,评述了主要国家实施 GHS 现状及所面临的挑战,并对我国化学品实施 GHS 分类提出了对策建议。

针对国内从事危险化学品安全和环境管理的管理人员和专业人员希望深入学习理解国际化学品健全管理相关理论的需求,笔者根据联合国及发达国家公布的相关官方文书,对化学品健全管理中常见专业术语进行规范性解读说明。

本书分为 4 章,第 1 章为国际化学品健全管理指导原则和政策框架,概述了全球化学品安全发展态势和面临的主要问题,介绍说明了联合国相关机构等官方文书论及的化学品健全管理的内涵、任务和指导原则,国际化学品公约以及化学品管理政策框架。

第 2 章为发达国家化学品健全管理理念与实践,论述和深入分析了欧盟、日本和美国化学品立法管理及其值得研究借鉴的管理理念与经验策略。

第 3 章为联合国《全球化学品统一分类和标签制度》实施现状及其策略，概述了联合国 GHS 紫皮书的核心内容及其最新修订版本，评述了主要国家实施 GHS 的现状及所面临的挑战。

第 4 章为发达国家和地区化学品安全与环境污染事故预防与应对策略，介绍了国外重大危险源设施判定标准及管理要求，评述分析了美国和欧盟重大危险源设施监管及预防应对重大化学事故的策略以及经济合作与发展组织（Organization for Economic Co-operation and Development，OECD）化学事故预防与应对的"黄金规则"。

附录为化学品健全管理相关术语解释，根据联合国及发达国家公布的相关官方文书，对收集筛选出的 112 条化学品健全管理相关术语的定义内涵进行规范性解读说明，并列明了其来源出处。

本书内容翔实、资料新颖，对国际化学品安全和环境健全管理的理念、指导原则以及发达国家化学品法规管理制度与实践经验给予深入的专业解读，具有指导性和实用性。

本书可供国家化学品安全与环境管理相关主管部门和技术支持部门、化学品测试实验室、危险化学品生产和进出口企业以及化学品法规合规服务机构中，从事化学品安全生产、环境管理、危险性鉴别分类、环境风险评估和化学品立法规划研究等管理人员和专业技术人员，以及高等院校化学化工、安全工程、环境科学与工程以及化学品安全与环境立法管理等专业的教师和研究生等参考使用。希望读者能从本书中获得从事化学品健全管理所需要的基础知识和管理技能，促进国家化学品健全管理能力建设。

限于作者的水平所限，书中难免存在疏漏和不足之处，恳请读者批评指正。

编著者

2020 年 12 月 30 日

目　　录

第1章

国际化学品健全管理
指导原则和政策框架

近年来,联合国相关机构以及发达国家主管部门发布的关于化学品健全管理的官方文书中,提出了化学品健全管理的定义内涵、基本内容和一系列指导原则,这些指导原则对世界各国化学品风险防控,实现化学品健全管理具有普遍指导意义。本章概述了联合国等国际组织和发达国家官方文书中关于化学品健全管理目标、基本内容和指导原则的主要内容,以及化学品国际公约与化学品管理的政策框架,以期加强我国危险化学品安全和环境管理。

1.1 化学品健全管理是世界各国
关注的重大环境问题

据美国CAS统计,截至2021年4月底在美国CAS登记数据库中收录的有机和无机化学物质总数达1.82亿种以上,而且每天还有约1.5万种化学物质被分配新CAS登记号。

目前列在美国、加拿大、欧盟、日本、澳大利亚、新西兰、中国等20多个国家和地区的150个法规监管名录中的危险化学物质有40.0万种以上。截至2020年9月底,各国政府网站公示的已确定GHS分类的危险化学物质数量大约有20.3万种。

化学工业是全球最大的工业行业之一,是世界经济的重要组成部分。1970年全球化学工业总产值只有1 710亿美元,到2010年全球化学工业总产值达到41 200亿美元,为1970年的24倍。2020年世界化学工业总产值达到64 000亿美元左右。

据欧洲化学工业理事会(Cefic)2018年发布的《欧洲化学工业事实与数字》报告,2017年全球化学品销售总额为34 750亿欧元①,而中国化学品销售总额为12 930亿欧元,占全球销售总额的37.2%,居世界排名首位。中国化学品销

---

① 1欧元约合人民币7.8元。

售总额超过了欧盟、美国和日本化学品销售总额的总和。

OECD 于 2012 年 6 月公布的《2050 年全球环境展望报告》中显示,过去十年中全球化学品年销售额翻了一倍,OECD 国家所占份额由 77% 下降到 63%,而金砖六国(BRIICS,包括巴西、俄罗斯、印度、印度尼西亚、中国和南非)的化学品年销售额从 13% 增加到 28%。2010—2050 年,金砖国家将以最大 4.9% 的年增长率继续发展。预计到 2050 年中国所占份额将由目前占金砖六国化学品销售额的四分之三下降到三分之二。

各种化学品,包括医药品、农药、化学肥料、塑料制品、纺织品、家具、鞋子、运动器材、玩具或电子化学品、洗衣粉、化妆品和食品添加剂等已成为人们日常生活中不可缺少的一部分。化学品的生产和使用极大地丰富了人们的物质生活。

与此同时,化学品安全问题已经成为世界各国关注的重大问题。化学品的安全生产、使用、储存和运输很大程度上取决于一个国家是否有健全的化学品危险性鉴别分类、包装和标签及其风险管理法规,以及人们是否了解这些化学品危险性质及其安全处置和防范措施。

2019 年 3 月 11 日联合国环境规划署(United Nations Environment Programme,UNEP)发布的《全球化学品展望(第 2 版)——决策者概要:从遗留问题到创新解决办法》,揭示了当前全球化学品健全管理存在的以下主要问题。

(1)大量化学污染物释放出来,资源利用效率低下

在化学品生产和使用过程中,持续向环境排放大量化学污染物质,并产生大量危险废物。例如,在医药品生产过程中,1 kg 产品至少产生 25 kg 排放物和废物(有时超过 100 kg),这突出表明资源利用效率低下。从消费产品(如化妆品和油漆)中释放出的化学物质已成为城市大气中挥发性有机污染物(Volatile Organic Compounds,VOCs)的主要来源。电池再生释放出重金属和小型采金企业释放出汞,造成了空气、水体和土壤污染。发展中国家和经济转型国家面临着严峻的挑战。

(2)化学污染物在环境和人体中普遍存在

在全球各区域的空气、水、土壤和生物种群中都检测到化学污染物。世界各地的土壤都受到危险化学物质的污染,包括多氯联苯、重金属和某些农药。在水体和人类经常食用的海产品中检测到微塑料、药品抗生素残留、汞和其他许多令人关注的化学物质,甚至在最偏远的地方也发现了化学污染物的聚集。

(3)化学品造成人类沉重的疾病负担,弱势人群的风险格外高

据世界卫生组织(World Health Organization,WHO)估计,2016 年化学污染物质带来的疾病负担造成大约 160 万人死亡和大约 4 500 万伤残调整生

命年(Disability-Adjusted Life Year，DALY)损失。据估计,2016年仅暴露接触铅就造成50万人死亡。此外,工业设施的化学品事故也导致大量人员伤亡、严重不利环境影响和巨额经济损失。

（4）化学品污染威胁生物群和生态系统的功能

化学污染物对生物群造成一系列不利影响。例如,溴代阻燃剂对鱼类的致死和长期影响。由于接触多氯联苯和全氟/多氟烷基类物质(PFAS),海豹和海龟的免疫系统受到抑制。二噁英导致某些鸟类蛋壳变薄。有些化学物质对动物内分泌有干扰作用。例如,由于暴露接触合成雌激素而使雄性鱼雌性化,农药污染导致鳄鱼的生殖系统出现异常。

此外,危险化学品还会削弱生态系统及其维持生命的功能或对其施以压力。例如,有些农药对非目标昆虫和授粉蜜蜂以及养分循环和土壤呼吸造成了负面影响。农业中过量使用磷肥和氮肥继续造成世界各地海洋出现死亡区。有些抗生素、重金属和消毒剂的环境释放也会导致抗生素类药物的耐药性。

另据报道,有毒有害化学物质对人类健康危害十分突出,癌症已成为严重威胁人类健康和生命的疾病之一。

据国际癌症研究机构(the International Agency for Research on Cancer，IARC)发布的《2020年世界癌症报告》,2020年全球新发癌症病例1 929万例,全球癌症死亡病例996万例。全球发病率前十的癌症分别为乳腺癌、肺癌、结直肠癌、前列腺癌、胃癌、肝癌、宫颈癌、食管癌、甲状腺癌和膀胱癌。其中肺癌死亡病例180万例,位居癌症死亡人数第一。预计到2040年,全球新发癌症将达到2 840万例。

据《中国肿瘤》2019年第1期发表的全国最新癌症统计数据,2015年我国恶性肿瘤新发病例392.9万例,死亡病例233.8万例。全国每天超过1万人确诊癌症,死亡率前五位分别为肺癌、肝癌、胃癌、食管癌和结直肠癌。中国恶性肿瘤新发病例和死亡病例占全球恶性肿瘤新发病例和死亡病例的23.7%和30.2%,在全球185个国家或地区中居中等偏上水平。

职业健康危害是劳动者过早丧失劳动能力的主要因素。据2012年国际劳工组织(International Labour Organization，ILO)统计,全世界每年有234万人死于工业事故或职业病。此外还有3.14亿人遭受职业健康危害。每年造成经济损失约1.25万亿美元,占全球GDP的4%左右。

据中华人民共和国国家卫生健康委员会(以下简称“国家卫生健康委员会”)公布的《2018年我国卫生健康事业发展统计公报》,2018年全国报告职业病23 497例。其中职业性尘肺病19 468例,职业性化学中毒1 333例,职业性肿瘤77例。

劳动者往往会接触或使用大量危险化学品,特别是在中低收入国家的中小型企业中。据国际劳工组织估计,由于不充分知情和得不到适当防护,2015 年有近 100 万劳动者死于接触危险物质,包括粉尘、蒸气和烟雾。其中,胎儿、婴儿、儿童、孕妇、老年人和贫困者尤其容易受到化学品暴露的影响。

此外,危险化学品事故及其危险物质的环境排放造成了大量人员死亡,导致有毒化学品在环境中广泛散布和环境污染并造成巨额经济损失。需要采取预防性风险管理行动,应对化学事故和自然灾害。

近几十年来全世界发生过 60 多起严重化学品环境污染事件,公害病患者 40 万～50 万人,死亡 10 多万人。我国环境安全形势依然严峻,突发环境污染事件频发,全国平均每天发生 1～2 起突发环境事件。据统计,2012—2017 年,国内突发环境事件共发生 2 657 起,其中造成严重环境污染的事件 592 起,包括涉及水的环境污染事件 561 起,占 21%,涉及气的环境污染事件 31 起,占 1%。

突发环境污染事件的严重性与其所涉及化学品固有危害性(毒性、持久性、生物蓄积性、水中溶解度等)、泄漏排放量、污染途径、设施类型和管理法规标准等因素相关,需要采取多方面安全措施才能防范。

近年来,社会公众对化学品安全问题的关注日益提升。2002 年 8 月 26 日—9 月 4 日在南非约翰内斯堡召开的联合国可持续发展世界首脑会议上,各国政府首脑通过了一份“执行计划”文件,再次重申对《21 世纪议程》所述内容做出的承诺,要求对化学品和危险废物实施科学健全管理,以促进可持续发展,保护人类健康和环境。

2006 年 2 月联合国环境规划署主持通过了《国际化学品管理战略方针》(*the Strategic Approach to International Chemicals Management*,SAICM)。其内容主要包括《关于国际化学品管理的迪拜宣言》《总体政策战略》和《全球行动计划》三个部分。国际化学品安全管理战略和趋势发生显著变化。

为了顺应国际化学品管理趋势的发展变化,发达国家不断加强和完善本国化学品健全管理法律法规,加强对具有高健康和环境危害危险化学品的监控管理。发达国家主管当局在实施化学品健全管理过程中建立和完善了五项化学品健全管理的核心制度,并采取了一系列法规和政策手段,包括强制性法规管控方法、经济手段和危险信息公示等,建立和不断完善化学品风险管理制度体系。

例如,2006 年 12 月欧盟理事会颁布了《关于化学品注册、评估、授权和限制条例》(以下简称《REACH 条例》)。该法规的核心内容之一是对具有致癌、致突变和生殖毒性(CMR),持久性、生物蓄积性和毒性(PBT)以及极高持久性和极高生物蓄积性(vPvB)等引起极高关注的化学物质实行登记、风险评估和授权许可制度,只有获得欧盟委员会批准才能生产、进口、上市销售和使用。

据统计,截至 2020 年 9 月底欧盟已经筛选确定 209 种候选的极高关注化学物质,其中有 54 种物质已被列入《REACH 条例》附件 XIV"需授权许可化学物质名单",有 71 种(类)化学物质被列入该条例附件 XVII"限制生产或使用化学物质名单"。根据《REACH 条例》,已做出 20 多项关于限制使用的决定,限制了部分高关注危险化学品的使用,降低了健康和环境风险。

此外,2009 年日本提出以可持续发展世界首脑会议确立的 2020 年化学品管理战略目标为导向,建立与欧盟《REACH 条例》类似的现有化学物质风险评估体系,修订了《化学物质审查和生产控制法》(以下简称《化学物质控制法》)并建立实施了优先化学品筛选和风险评估制度以及高关注化学物质风险管理方法。

2005 年以来,美国环境保护局(Environmental Protection Agency,EPA)在执行《有毒物质控制法》新化学物质申报评审过程中,将 PBT 类物质单独划为一个特定类别进行风险评估,以确保从源头上控制和减少这类物质的生产和使用。

2016 年 6 月美国国会审议通过了对施行 40 年的《有毒物质控制法》(TSCA)的重大修订,并于 6 月 22 日颁布并施行了《弗兰克·劳滕伯格 21 世纪化学品安全法》(LCSA,以下简称《21 世纪化学品安全法》),开启了美国化学品健全管理的新纪元。该法要求 EPA 在可执行的期限内,优先筛选和评估所有已商业销售的现有化学物质。将那些由于潜在危害和暴露可能导致不合理风险的化学品指定为"高度优先化学品"。要求 EPA 优先审查评估具有持久性和生物蓄积性的化学品以及已知致癌物质和高毒性化学物质。

化学品健全管理是世界各国关注的重大环境问题。化学品健全管理需要政府、企业和公众以及所有利益相关者的参与和共同治理。

1.2　化学品健全管理的目标和基本内容

2010 年联合国开发计划署将化学品健全管理的目标解释为"在化学品的生命周期过程中,采用最佳的管理实践,预防和在不可能预防时,减少或尽量降低人们和环境暴露接触有毒化学品和危险化学品(通过污染物排放、使用、处置等)的潜在可能性。这就要求强化管控治理和改进化学品生产、使用、储存和处置或回收的技术和工艺"。

1992 年在巴西里约热内卢召开的联合国环境与发展大会上通过了《21 世纪议程》,其第 19 章第 56 节提出化学品健全管理的基本内容包括:(1)适当的化学品立法;(2)信息收集和散发;(3)风险评估和解释能力;(4)制定风险管理政策;(5)实施和执法能力;(6)污染场地修复和中毒人员的康复能力;

（7）有效的教育培训计划；（8）突发事件应急能力。

1998 年组织间化学品健全管理规划机构（the Inter-organization Program for the Sound Management of Chemicals，IOMC）公布的《国家化学品管理和安全计划核心要素》指出，世界各国通过赞同《21 世纪议程》第 19 章，并在各种国际论坛的背景下认识到将化学品健全管理作为可持续发展的关键组成部分的重要性。实现化学品健全管理需要一种全面的方法，旨在降低风险并预防化学品生命周期的各个阶段，从生产或进口到加工、储存、运输、销售、使用和处置的不利影响。实现化学品健全管理需要政府、工业行业、农业部门、工人、研究机构和学术界、公益团体和公民个人等的广泛参与。

化学品健全管理目标是保护人类健康，避免化学品对环境的不利影响。这可以通过以下方式实现：

（1）提高社会各界对化学品风险的认识；

（2）预防，即采取措施避免或尽量减少化学品污染、化学事故和中毒；

（3）对化学品的提取、制造、使用、装卸、运输，储存和处置过程中可能对健康和环境造成的风险进行控制和管理，包括发生事故时的应急准备和响应。

化学品健全管理的重要目标可能包括以下 10 个方面。

（1）提高对化学品风险以及化学品制造、使用、运输和处置安全实践的认知，以确保负责任地处理化学品。应当以适当方式和适当详尽程度向公共当局、工业行业、工人和公众提供化学品信息。

（2）遏制危险工艺过程，并限制在提取（特别是采矿）、制造、加工、销售/运输、包装、使用、储存和处置过程中危险物质和产品的环境释放。

（3）在合理的情况下，促进采用更安全的工艺和更安全的物质替代危险工艺和危险物质以降低总体风险。包括采用非化学手段（如通过综合害虫管理）控制害虫和疾病传播。在此方面至关重要的是确保与其所替代物质相比替代品不会造成更大的有害影响。

（4）尽量减少并优化控制化学品和危险废物的点源排放和无组织排放。

（5）控制和必要时限制或禁止特殊危险物质和产品的进口、制造、特定使用或处置。

（6）预防化学事故，万一发生事故时遏制其产生的影响并修复场地，并使所有中毒人员得以康复。

（7）将食品、饮用水、消费品和环境介质中的危险化学污染物和残留物的浓度限制在可接受水平。

（8）对过去滥用化学品导致的污染场地进行清理净化。

（9）让因暴露化学品受到不利健康影响的人恢复健康。

（10）通过适当处理和遏制措施，尽量减少危险废物的产生，并尽可能减少人类暴露接触废物以及废物在环境中的暴露。

各国应当努力制定和执行化学品健全管理政策和计划。要想成功地实现预期目标,各国政府应与各界,包括工商界、学术界、其他非政府组织和公众进行协商,制定相关政策和计划。该政策和计划应该获得政府部门和机构的最高层以及其他有关组织的明确支持。作为一般性规则,国家化学品政策和计划应当基于可提供的最佳数据和科学风险评估,同时考虑到当地的经济、法律、文化、社会和政治因素。

化学品管理、环境与健康管理政策通常应当与国家其他重大政策,如经济发展、贸易、社会事务、农业生产和公共卫生等政策共同考虑。事实上,化学品健全管理对于任何国家的可持续经济、农业和社会发展来说都至关重要。

经验表明,化学品健全管理应当反映一种具有广泛性的预先防范理念,并在国家层面上采用一种经济可行的方式实施。为了预防或减轻已确定的风险,化学品管理政策和计划应当针对化学品的提取、进口、制造、加工、装卸、运输、储存、使用和处置的整个生命周期,并应当涉及进口的化学品和国内生产的化学品以及天然存在的化学品,也要考虑单一化学品及其产品以及化学品的危险工艺过程。

人们认识到,各国应对化学品健康和环境问题以及危险化学品风险的资源有限。因此,各国应当基于当地风险和问题评估结果来确定优先级事项,并根据这些优先事项,逐步实施化学品管理政策和计划。同时,编制国家概况报告对国内现有的化学品管理基础架构进行系统评估,识别确定主要问题和关注领域,这可以为该优先事项的设定过程提供一个良好的起点。

此外,随着区域经济的发展,各国在化学品管理问题上的合作变得日益重要。区域合作不仅能够分担信息收集的工作,减少测试、评估和管理化学品风险的负担,而且还为改善贸易和经济发展创造了机会(如减少不必要贸易障碍的可能性)。

1.3　化学品健全管理的指导原则

国际组织机构和发达国家官方文书中提出了一系列关于化学品健全管理指导原则,当设计、更新或实施本国化学品管理政策与计划时,应当牢记以下11 项原则。

1. 实现化学品的生命周期管理

实现化学品的生命周期管理(Realize Chemical Lifecycle Management)。在制定化学品风险管理政策时,应当考虑化学品生命周期的各个阶段和所有重要化学污染源和排放途径,对所有工业废物进行全面综合控制,以便使一种环境介质的保护不以牺牲另一种环境介质为代价。

2. 预防和预先防范的方法/原则

应当遵循预防和预先防范的方法/原则（Prevention and Precautionary Approach/Principle）。鉴于现有技术水平的限制，应当根据国情以经济可行的方式实施预防性方法。只要有可能，应当在源头预防污染或者将其降低到最低程度，而不是把注意力仅放在"末端治理"控制上。

应当谨慎使用化学品，以利于可靠地遏制其潜在危害，并尽量减少使用或逐步淘汰那些具有不合理风险或不能管理风险的化学品（例如，那些具有毒性、持久性和/或生物蓄积性，且在使用中不能适当控制其风险的化学品），或者有合理的依据怀疑其会造成重大风险的化学品。

在对环境或人类健康存在严重或不可逆损害风险时，应当遵循预先防范的原则，不应当将"缺少充分的科学确定性"作为推迟采取行动的理由。

3. 重点管理的对象物质

关于重点管理的对象物质（Subject Substances for The Focalized Management），应当逐步淘汰或禁用那些对环境或人体健康构成不可接受或无法管理风险的化学品，以及那些具有毒性、持久性和生物蓄积性且无法适当控制其使用的化学品。

优先评估和研究解决某些特定化学品问题，包括具有持久性、生物蓄积性和毒性的化学品；具有致癌、致突变或生殖毒性的化学品；内分泌干扰物质、重金属和剧毒农药等。

4. 设定优先管理的重点事项

应当设定优先管理的重点事项（Set Focal Items for Priority Management）。以全面铺开的方式进行化学品管理最为理想，但是由于可提供资源的限制，应当了解本国目前面临的化学品风险的性质和程度，按照合理的顺序将管理行动的重点放在那些构成重大风险的化工过程、化学物质、产品及其用途上，并不断对设定的优先事项进行调整。

各国政府应当酌情通过有关国际组织和工业界的合作，制定全球关注的化学品优先评估标准，并审查暴露评估和环境监测的策略，以便最好地利用现有资源确保数据的兼容性，鼓励采用一致的国家和国际评估策略。

5. 减少化学品风险的目标

确保最迟至2020年，基于科学的风险评估结果并考虑安全的替代品所涉及的成本和效益及其可获得性和实际功效，不再生产或使用那些对人类健康和环境构成不可接受风险和无法控制风险的化学品；基于科学的风险评估结果并考虑所涉及的具体成本和效益，尽最大限度降低那些对人类健康和环境构成不可接受风险和无法控制风险的化学品无意排放的风险。

联合国2015年9月在美国纽约通过的《变革我们的世界：2030年可持续

发展议程》提出了 17 项可持续发展目标,有两项目标涉及化学品和废物的健全管理,即 2030 年全球化学品健全管理目标。其中,目标 3 为确保健康的生活,促进所有年龄人口的福祉。其 3.9 项指出,到 2030 年,大幅减少危险化学品以及空气、水体和土壤污染造成的死亡和患病人数。目标 12 为确保可持续消费和生产模式。其 12.3 项指出,到 2030 年,在零售和消费者层面上使全球人均粮食浪费减半,减少生产和供应链上的粮食损失,包括收获后的损失;12.4 项指出,到 2020 年,根据商定的国际框架,实现对化学品和所有废物整个生命周期的环境健全管理,并大幅度削减其向空气、水和土壤的排放,以便尽量减少其对人类健康和环境的不利影响;12.5 项指出,到 2030 年,通过预防、减少、再生利用和重复使用,大幅度减少废物的产生。

6. 化学品安全的责任应由社会各界共同承担

化学品安全的责任应由社会各界共同承担。应该承认和促进通过发展"安全文化",让每个人理解其行为及其使用的原材料所隐含的风险,并对相关的不利影响负有责任。对保护环境和所有人健康的关怀应当被视为一种社会责任而不是法律要求。

7. 公众知情权和利益相关者参与

对化学品危险性的广泛认识是实现化学品安全的先决条件之一。应当承认关于公众对化学品危险性有知情参与权的原则。

与化学品生产、销售、使用等利益相关的所有个人、团体和组织,特别是那些生活和工作在可能受化学品影响的社区中的人们应当了解和参与化学品有关的决策过程。

所有利益相关者应当能够获取主管当局掌握的对环境有重要影响的化学品及其活动以及相关环境保护措施信息。

应当让政府、企业、工人和公众可以容易地获取关于化学品安全、化学品使用及其危害的信息。化学品安全取决于对化学品风险尽可能广泛的认知。这些提供的信息应当易于理解与使用并结合当地情况。其内容应当覆盖化学品的健康和环境影响及其安全处置的各个方面。公众尤其是那些从事化学品作业的人员有权知晓化学品的风险信息。

应当让消费者和企业获取化学品信息,使他们能够就是否购买或使用该物质做出明智决定。这可以通过在供应链上建立广泛的信息公示责任制度来实现,以确保公开欧洲化学品管理局收集的大部分信息并最后给消费者权利,使他们知晓购买物品中含有的某些危险物质信息。

8. 环境决策中科学的重要性

应当重视环境决策中科学的重要性。科学的作用应当是提供信息,以便在决策过程中能更好地制定和选择环境与发展政策。在制定和实施化学品安全政策和计划时,各国应当努力利用可提供的最佳科学信息。

通常要求化学品生产者和经营者提供他们生产和销售的化学品的危害等数据,以便于对化学品风险进行评估和做出决策。

9."污染者付费"和"延伸生产者的责任"

通过采用诸如"污染者付费"或提升"延伸生产者的责任"等经济手段可以实现环境和人体健康成本内部化。

"污染者付费"原则是国际和国内环境立法中一项指导性伦理原则,且适用于所有类型的污染。例如,欧盟指令 2008/98/EC 第 14 条规定,"废物管理费用应当由废物最初的产生者或者废物目前或以往的持有者承担"。

"污染者付费"原则也适用于化学品管理政策和计划,包括要求产生化学品风险的企业支付政府主管部门实施风险管理活动的费用(如通过支付登记或许可证费用的形式),或者危险源设施的经营者应当承担预防和控制事故污染所采取合理措施的费用。

"污染者付费"意味着污染者应当承担自己行为后果的全部费用。对于废物管理来说,"污染者付费"原则寻求将处理废物的责任由政府(实际上为纳税人和社会民众)转移给产生废物的实体。实际上,它使废物处置的成本内部化纳入产品的成本之中。理论上将使生产者改进其产品的废物管理,从而削减废物量和增加重复使用和再生利用的可能性。

企业应当负责对他们制造的化学品进行测试、风险评估和风险管理,而主管当局应当专注于企业无法管理的风险或者不能恰当管理的风险。

例如,欧盟颁布的《REACH 条例》的规定明确体现以下原则。

(1)让企业负责化学品安全:产生和评估数据以及评估预定用途风险责任应当移交给企业承担。

(2)扩展产品供应链的责任:制造商、进口商和下游用户应负责其产品安全性的各个方面,并且应当提供化学品评估所需的使用和暴露信息。

2013 年美国 EPA 提出美国化学品立法管理改革政策目标第 2 项原则是"制造商应当向 EPA 提供必要的信息,以便得出新化学物质和现有化学物质是安全的,且不会危害公众健康或者环境的结论"。

10."注意义务"

危险废物相关责任者应当采取适当措施正确管理废物,只能将其转移给适当人员,并确保在转移过程中充分、清晰地说明废物的特性,使废物能被安全回收或处置,不会损害环境。

遵循"注意义务"原则(The "Duty of Care" Principle)应采取的合理步骤包括以下 4 点。

(1)当废物尚处于产生者手中,但转移后即将被他人掌控的过程中时,应当防止废物逃脱监管。

（2）当废物要转移给他人处置时，应当提供说明废物危险特性的书面文件，使接收者能够充分履行其监管职责。

（3）确保将危险废物转移给经授权有资质接收的单位（人员）。

（4）无论废物是在产生者控制之下还是随后在被转移接收者的控制之下，都要防止废物造成污染或者损害。

11. 绿色化学和可持续化学

绿色化学（Green Chemistry）是指遵循绿色化学品的 12 项原则，减少或消除生产、设计和化学应用过程中对危险物质需求与生成的一种化学方法。

绿色化学的 12 项原则包括以下方面。

（1）预防废物：设计化学合成工艺，预防废物产生，不留下任何需要处理或净化的废物。

（2）设计更安全的化学产品：设计完全有效，只有很低毒性或者根本无毒的化学产品。

（3）设计低危险性化学合成工艺：在设计的合成过程中使用和生成对人类和环境低毒或无毒的物质。

（4）使用可再生原料：使用可再生的，而不是消耗性原料和原材料。可再生原料通常来自农产品或者其他过程的废物；消耗性原材料是由化石燃料（石油、天然气或煤）制取或者开采矿物获得。

（5）使用催化剂，而非化学计量的试剂：通过利用催化反应，尽量减少废物的产生。催化剂使用量少，并且能够多次进行同一反应。而且催化剂优于化学计量的试剂，后者过量使用且只能发挥一次性作用。

（6）避免化学衍生物：避免使用阻断或保护性基团，或者如果可能的话，避免做出任何临时性变更。因为衍生物会使用额外的试剂并产生废物。

（7）原子经济最大化：在设计合成工艺过程时，应使最终产品中含有最大比例的起始原料。即使有废物，废弃的原子应该很少。

（8）使用更安全的溶剂和反应条件：避免使用溶剂、分离剂或其他辅助性化学品。如果这些化学品是必需的，应使用无毒害的化学品。

（9）提高能源效率：尽可能在环境温度和常压下进行化学反应。

（10）设计使用后可降解的化学产品：设计在使用后可分解为无害物质的化学产品，以便其不会在环境中累积。

（11）实时进行分析，防止污染：包括在合成过程中进行实时监测和控制，以尽量减少或消除副产品的生成。

（12）尽量减少发生事故的可能性：设计化学品及其物理形态（固体、液体或气体），以尽量减少发生化学事故（包括爆炸、火灾和环境排放）的可能性。

OECD 将"可持续化学(Sustainable Chemistry)"定义如下："可持续化学是一个科学概念,其目的是提高自然资源利用效率,以便满足人类对化学产品和服务的需求。可持续化学包括设计、制造和使用高收率、更有效、更安全和更环保的化学产品和工艺过程。"

可持续化学也是一个过程,其刺激所有行业的创新,以便设计和发现新的化学品、生产工艺以及产品管理实践来提高绩效和增加价值,同时实现保护环境和增强人类健康的目标。

综上所述,联合国相关机构和发达国家主管部门提出了一系列关于化学品健全管理的内涵、基本任务和 11 项指导原则。这些指导原则对世界各国化学品风险防控,实现化学品健全管理具有普遍指导意义。我们应当参照联合国相关机构提出的关于化学品健全管理的指导原则与基本任务,认真研究借鉴发达国家实施化学品健全管理积累的宝贵经验,建立健全我国危险化学品安全和环境管理法律法规、标准以及符合良好实验室规范(Good Laboratory Practice,GLP)的实验室测试体系,加强我国化学品健全管理能力建设,努力实现我国危险化学品安全和环境健全管理。

1.4　化学品国际公约和安全管理的政策框架

化学品健全管理对于保护人类健康和环境以及可持续发展至关重要。对实现联合国千年发展目标以及可持续发展世界首脑会议提出的《约翰内斯堡执行计划》的目标,即到 2020 年,化学品的使用和生产方式应当尽量减少对人类健康和环境有重大不利影响十分重要。

自 20 世纪 90 年代以来,联合国和国际社会通过并缔结了一系列关于化学品安全和环境的国际公约以及化学品安全管理的政策框架文件,以实现化学品全生命周期的健全管理。关于化学品安全和环境的国际公约以及化学品安全管理的政策框架文件主要有以下 11 项。

1.《21 世纪议程》

1992 年在巴西里约热内卢召开的联合国环境与发展大会上,150 多个国家的首脑通过了《21 世纪议程》,全面概述了各国在实现可持续发展中应当承担的责任。《21 世纪议程》的第 19 章为"有毒化学品的环境无害化管理,包括预防有毒和危险产品的非法国际贩运",详细阐述了实现化学品生命周期过程的科学健全管理的国际战略,并提出了加强各国化学品安全管理与国际合作的六个计划领域:扩大和加速关于化学品风险的国际评价工作;协调统一化学品的分类与标签;加强有毒化学品和化学风险的信息交换;制定降低化学品风险的计划;加强各国化学品管理的能力建设;防止有毒和危险化学品的非法国际运输。

第 19 章提出了"公众知情权""利益相关者参与""科学在环境决策中的重要性"等指导原则。该文件提出,"对化学品危险性的广泛认识是实现化学品安全的先决条件之一。应当承认公众和工人对化学品危险性有知情权的原则"。这一原则确立了公众对某些化学品信息的知情权,特别是可能对人体健康造成潜在影响的化学品向环境排放的信息。近年来,许多国家政府已经将公众知情权的原则作为本国化学品管理政策的一项重要内容。

"利益相关者参与"原则要求与化学品生产、销售、使用等利益相关的所有个人、团体和组织,特别是那些生活和工作在可能受化学品影响的社区中的人们应当了解和参与化学品有关的决策过程。所有利益相关者应当能获取主管当局掌握的对环境有重要影响的化学品及其活动以及相关环境保护措施信息。

《21 世纪议程》还强调了"科学在环境决策中的重要性"原则,指出科学的作用应当是提供信息,以便在决策过程中能更好地制定和选择环境与发展政策。为此,各国应当增进对科学知识的理解,改进长期的科学评价工作,加强科学技术能力和确保科学技术能够应对不断增长的需求,并通过加强新技术和创新技术的开发和转让,促进国家可持续发展能力的建设。

《21 世纪议程》第 19 章还对"化学品管理重点对象""生命周期管理""安全生产"等提出了一系列管理方针,包括以下 4 点。

(1) 减少有毒化学品的风险要考虑化学品的整个生命周期。采用的方法包括提倡使用清洁产品和技术、实行排放物报告、产品标签、使用限制、经济激励等,逐步淘汰或禁用对环境或人体健康构成不可接受或无法管理风险的化学品,以及那些具有毒性、持久性和生物蓄积性,且无法适当控制其使用的化学品。

(2) 促进和建立安全生产、管理和使用危险物品的机制,适当时,制订安全替代计划。

(3) 拟定国家政策并采用必要的法规机制,预防和应对事故,尤其是土地使用规划、许可证制度和事故报告规定等。

(4) 鼓励大型工业企业、跨国公司和其他企业承诺对有毒化学品进行环境无害化管理,无论其营业地点在何处都采用相当于或不低于其原生产国现行的作业标准。应当提出和推动工业界关于"责任关怀"及"产品监管"的倡议。应当在所有国家采用适当的工业作业标准,以避免对人类健康和环境造成危害。

2.《国际化学品管理战略方针》

2006 年 2 月联合国环境规划署在阿联酋迪拜召开的第一次国际化学品管理大会上,主持通过的 SAICM,是促进全世界化学品安全的政策框架文件。它包括《关于国际化学品管理的迪拜宣言》《总体政策战略》和《全球行动计划》。其内容涉及降低风险、知识和信息共享、良好的治理、能力建设与技术合作和防范非法国际贩运五个方面。

《关于国际化学品管理的迪拜宣言》表达了对国际化学品管理战略方针的高级别政治承诺。《总体政策战略》规定了其涉及的范围、需求、目标、基本原则和方法的财务考虑以及执行和审查安排。《全球行动计划》是支持执行化学品管理战略方针及其他相关国际文书和倡议的运作工具和指导文件。该计划中的活动应根据其适用性由各利益相关酌情执行。

SAICM 的特点是涉及范围全面；化学品健全管理的"2020 年目标"雄心勃勃；有多个利益相关方和跨行业部门；最高政治层面予以承诺认可；强调化学品安全是一个可持续的问题；提供了资源调集；得到主要政府间组织理事机构正式承认等。

SAICM 为多部门和各利益相关方的努力提供了一个聚焦点。因此，需要政府、私营部门、劳工组织和民间社团以及与化学品管理相关的农业、环境、卫生、工业和劳动部门的积极参与。

在《关于国际化学品管理的迪拜宣言》中，各国环境部长承诺：最迟至 2020 年，努力实现基于科学的风险评估结果并考虑安全的替代品所涉及的成本和效益及其可获得性和实际功效，不再生产或使用那些对人类健康和环境构成不可接受风险和无法控制风险的化学品，尽最大限度降低那些对人类健康和环境构成不可接受风险和无法控制风险的化学品的无意排放风险。

《总体政策战略》设定的总体目标是在化学品的整个生命周期过程中对其实行健全的管理，以便最迟至 2020 年将化学品的使用和生产方式对人类健康和环境产生的重大不利影响降低到最低限度。该目标将特别通过实施在《全球行动计划》中所订立的各项具体活动予以实现。

SAICM 的《全球行动计划》包括了 36 个工作领域(表 1 - 1)和 273 项具体活动

表 1 - 1　SAICM 的《全球行动计划》的工作领域

编号	工　作　领　域	编号	工　作　领　域
1	评估国家化学品管理现状，查明存在的空白点，并确定各项相关行动的优先顺序	8	降低农药的健康和环境风险
		9	清洁生产
2	人类健康保护	10	污染场地的修复补救
3	儿童与化学品安全	11	汽油中的铅
4	职业健康与安全	12	健全的农业实践
5	实施《全球化学品统一分类和标签制度》	13	具有持久性、生物蓄积性和毒性的化学品；具有极高持久性和极高生物蓄积性的化学品；致癌或致突变或者对生殖系统、内分泌系统、免疫系统或神经系统造成不利影响的化学品；各种持久性有机污染物
6	高毒农药的风险管理与减少		
7	农药计划		

（续表）

编号	工 作 领 域	编号	工 作 领 域
14	全球关注的汞及其他化学品；高产量或高使用量化学品；广泛分散使用的化学品；各国关注的其他化学品	24	教育与培训（提高公众意识）
		25	利益相关者参与
15	风险评估、风险管理与公示沟通	26	以灵活方式在各国实施综合性国家化学品健全管理计划
16	废物管理（和废物减量化）	27	国际公约协定
17	制定预防和应对措施以减轻化学品突发事件对环境和健康的不利影响	28	社会和经济的考虑因素
18	关于研究、监测和数据问题	29	法律、政策和机构体制
19	化学品危害性数据的产生和可提供性	30	责任与赔偿问题
		31	审查化学品管理的进展情况
20	促进企业参与和承担社会责任	32	受保护的区域
21	化学品信息管理与散发	33	防止有毒和危险货物的非法贩运
22	化学品生命周期问题	34	贸易与环境问题
23	污染物排放与转移登记（Pollutant Release and Transfer Register, PRTR）制度——创建国家和国际污染物排放和转移登记数据库	35	民间社团与公众利益——非政府组织的参与
		36	支持各国采取行动的能力建设

3.《全球化学品统一分类和标签制度》

GHS 是以世界各国现行的主要化学品分类制度为基础，创建的一套科学的、统一标准化的化学品分类和标签制度。

GHS 定义了化学品的物理危险性、健康危害性和环境危害性，建立了危险性分类标准；规定了如何根据可提供的最佳数据进行化学品分类，并规范了化学品标签和安全技术说明书中包括象形图、信号词、危险说明和防范说明等标签要素的内容。

实施 GHS 的目的是鉴别和确定一种化学品固有危险性，并准确地传递公示这些危险性信息，以确保作业场所的劳动者、消费者以及公众的安全与健康并保护生态环境。

GHS 的实施意味着世界各国所有现行的化学品分类和标签制度都必须根据 GHS 做出相应的调整变化，以便实现全球化学品分类和标签的有效协调统一，从而避免为确定化学品的危害特性，重复进行测试和评估，可以增进对人类健康和环境的保护，并有利于化学品的国际贸易。

在联合国经济和社会理事会下设的全球统一分类制度专家小组委员会的主持下，对 GHS 分类标准文件（以下简称"GHS 紫皮书"）每两年进行修订和更新一次,以反映在各国、地区和国际执行过程中所取得的经验。截至 2019 年 7 月,GHS 紫皮书已经进行 8 次修订,联合国 GHS 专家小组委员会于 2019 年 10 月公布了 GHS 紫皮书(第 8 修订版)。

2021 年 1 月 18 日联合国危险货物运输和全球化学品统一分类和标签制度专家委员会散发的第十届会议报告的附件Ⅲ公布了《关于对联合国 GHS 紫皮书(第 8 修订版)的修正案(ST/SG/AC. 10/30/Rev. 8)》,并于 2021 年 9 月 14 日公布了 GHS 紫皮书(第 9 修订版)英文版正式文书。GHS 紫皮书(第 9 修订版)是目前执行的最新版本。有关 GHS 分类标准国际文书可以通过访问联合国欧洲经济委员会网站获取。

关于联合国全球化学品统一分类和标签制度的内容详尽情况,请参见本书第 3 章联合国《全球化学品统一分类和标签制度》实施现状及其策略。

4.《关于危险货物运输的建议书: 规章范本》

联合国《关于危险货物运输的建议书: 规章范本》(以下简称《规章范本》,也称 TDG 橘皮书)是为了统一以各种运输方式(航空、公路和海洋)运输危险货物的国际和各国法规制定的一份指导性文件。目前大多数危险货物运输法规都是根据《规章范本》制定的,例如,国际海事组织制定的《关于国际海运危险货物规则》(IMDG Code),国际航空运输协会制定的《关于危险货物航空安全运输技术细则》,以及《关于危险货物公路国际运输欧洲协定》(ADR)、《关于危险货物内河国际运输规定》(ADN)、《关于危险货物铁路国际运输规定》(RID)等。

《规章范本》还被用于确定根据《控制危险废物越境转移及其处置巴塞尔公约》管理的废物的分类,并构成了编制《全球化学品统一分类和标签制度》的重要基础性文书。

《规章范本》的内容包括危险货物的分类和定义、危险货物一览表、包装要求、测试程序、标志、标签和运输文件等。《规章范本》还附带有一本联合国《关于危险货物运输的建议书: 试验和标准手册》。

危险货物是根据对人员、财产或环境的直接物理或化学危险性进行分类的。危险货物被分为 9 类: 第 1 类爆炸品;第 2 类气体;第 3 类易燃液体;第 4 类易燃固体,易于自燃物质,遇水放出易燃气体物质;第 5 类氧化性物质和有机过氧化物;第 6 类有毒物质和感染性物质;第 7 类放射性物质;第 8 类腐蚀性物质;第 9 类杂类危险物质和物品,包括危害环境物质。

在《规章范本》第 3.2 章中提供了"危险货物一览表",列出了经常运输的 3 000 多种危险货物的正式运输名称和联合国编号、危险种类、包装级别和包装说明等信息。

在危险货物被装运以前,其包装上必须做出规定的标签和危险标志。运输危险货物时,还应当提供危险货物运输单证文件,以传递欲运输危险货物的基本危险信息。以任何方式运输的每一种危险货物都需要提供以下信息：（1）发货人、收货人和日期；（2）危险货物说明，注明联合国编号、正式运输名称、主要危险和次要危险类别和项别、包装等级以及"未列明"条目和通用条目的技术名称、倒空未清洗的包装、废物和高温物质（即熔融状态）等；（3）危险货物总重量；（4）补充说明，如果适用，还应注明"有限数量"或"例外数量"或"经稳定处理"等。

作为危险货物运输通则，除非危险货物的运输单证上提供其已经被妥善分类、包装、标签、标记标牌、描述和证明，任何人不得提供或接受违规危险货物的运输。从事危险货物运输的人员应当首先接受过培训。

采纳遵循联合国 TDG 桔皮书的国家，必须依据其关于危险货物运输的规定，发布本国危险货物运输法规或标准。在此过程中，每个国家/地区也可以设置额外的危险货物运输和标签要求。

联合国危险货物运输专家委员会负责审议和修订 TDG 桔皮书，协调所有与危险货物（放射性物质除外）运输有关的工作。该委员会于 1956 年编制公布了《关于危险货物运输的建议书》第 1 版。

1997 年公布的《关于危险货物运输的建议书》（第 10 修订版）采用了《规章范本》的新格式，使其能够更容易被转化成国家法规或国际立法。

2002 年联合国危险货物运输专家委员会修订并公布《关于危险货物运输的建议书》（第 13 修订版）时，在危险物质的物理危险性、健康危害的急性毒性以及环境危害性分类标准上与 GHS 保持了一致，从而实现了这两大化学品分类制度的协调一致。

为了适应技术进步，联合国《规章范本》每两年定期修订和更新一次。2019 年 7 月联合国危险货物运输专家委员会修订并公布了《规章范本》（第 21 修订版）。

根据 2020 年 12 月召开的联合国危险货物运输和 GHS 专家委员会第 10 届会议的决定，对《规章范本》进行了第 22 次修订。联合国危险货物运输专家小组委员会在 2021 年 9 月 17 日公布了《规章范本》（第 22 修订版）。该版本是目前该规范文件的最新版本。

5.《关于消耗臭氧层物质的蒙特利尔议定书》

为了保护臭氧层，国际社会分别于 1985 年和 1987 年通过了《保护臭氧层维也纳公约》（以下简称《维也纳公约》）和《关于消耗臭氧层物质的蒙特利尔议定书》（以下简称《蒙特利尔议定书》）。

《维也纳公约》的基本目标是通过采取预防性措施来消除耗损臭氧层物质（ODS）的排放以保护臭氧层。该公约鼓励各缔约方开展合作，研究 ODS 对臭氧层的耗损和耗损对人类健康和环境带来的影响；系统观察臭氧层的变化，监控氯氟烃类(CFCs)的生产以及交换有关科技、社会经济、商业和法规信息等。

《蒙特利尔议定书》于 1987 年 9 月 16 日在加拿大蒙特利尔通过,1989 年 1 月 1 日生效,并于 1990 年、1992 年、1995 年、1997 年和 1999 年进行过五次修订。该议定书规定了淘汰 ODS 名单、淘汰日程表、进出口限制措施、技术和信息交流以及多边基金支持财务安排等。

《蒙特利尔议定书》的主要规定有各缔约方按照附录中规定的受控物质名单和淘汰日程表,削减和最终淘汰受控制 ODS 的生产和消费;给予人均消费量低于规定限额的发展中国家履行议定书要求的淘汰日程一个"宽限期";自议定书生效起一年后,各缔约方不得从非缔约方进口受控名单上的 ODS。自 1993 年以后,发展中国家不得向非缔约方出口这些物质。

《蒙特利尔议定书》还对技术和信息交流、控制水平的计算以及工作进展的评估与审查等做出规定。

2016 年 10 月 15 日,197 个缔约方在卢旺达首都基加利(Kigali)达成了《蒙特利尔议定书》基加利修正案,就削减导致全球变暖的氢氟碳化物(HFCs)问题达成一致。基加利修正案把 18 种具有高温室效应潜值(GWP)的 HFCs 物质纳入管控目录,包括 HFC - 134、HFC - 134a、HFC - 143、HFC - 245fa、HFC - 365mfc、HFC - 227ea、HFC - 236cb、HFC - 236ea、HFC - 236fa、HFC - 245ca、HFC - 43 - 10mee、HFC - 32、HFC - 125、HFC - 143a、HFC - 41、HFC - 152、HFC - 152a、HFC - 23。这 18 种物质及其混合物都将在基加利修正案框架下进行削减。

基加利修正案于 2019 年 1 月 1 日起正式生效。根据其设定的削减时间表,大部分发达国家将从 2019 年开始削减 HFCs,到 2036 年在基线水平上削减 85%。包括中国在内的绝大部分发展中国家将在 2024 年对 HFCs 生产和消费进行冻结,2029 年在基线水平上削减 10%,到 2045 年削减 80%。

据联合国环境规划署预测,基加利修正案实施后,预计在 21 世纪末可以阻止全球气温升高 0.5℃。

6.《控制危险废物越境转移及其处置巴塞尔公约》

《控制危险废物越境转移及其处置巴塞尔公约》(以下简称《巴塞尔公约》)于 1989 年 3 月 22 日通过,1992 年 5 月 5 日生效。该公约是国际社会因全世界每年产生大约 4 亿吨具有毒性、爆炸性、腐蚀性、易燃性、生态毒性或感染性的危险废物对人类健康和环境造成的直接威胁做出的反应。

该公约要求严格监控管理危险废物的越境转移,并要求缔约方确保以环境无害化方式管理和处置这些废物。

《巴塞尔公约》提出了以下重要原则:危险废物的越境转移应当减少到与它们的环境无害化管理相一致的最低限度;危险废物的产生量应当减少到最低

限度;危险废物应当在其产生源头以尽可能的密闭方式进行处理处置;应当努力帮助发展中国家和经济转型国家以环境无害化方式管理他们产生的危险废物和其他废物。

为了实现这些原则,《巴塞尔公约》通过其秘书处来控制危险废物的越境转移,监测和预防非法贩运,提供危险废物环境无害化管理援助,促进缔约方在这一领域的合作,并对危险废物的管理制定了技术准则。

《巴塞尔公约》的主要规定包括以下 5 项。

(1)缔约方可以决定禁止危险废物或其他废物的进口。他们应当将决定通知其他缔约方。收到进口国的决定之后,其他缔约方应当不允许危险废物出口到禁止进口的缔约方。

(2)如果进口方未书面同意特定废物的进口,各缔约方应当禁止危险废物和其他废物的出口。在收到进口方书面同意进口的确认函以前,出口方不应允许危险废物或其他废物的产生者开始进行越境转运。

(3)各缔约方应当禁止在其管辖范围内的所有人运输或处置危险废物或其他废物,除非他们获准从事这类经营活动。

(4)缔约方应当指定一个主管当局作为受理这种通报的联络点;应当为实现危险废物环境无害化管理为目标开展合作。

(5)当危险废物或其他废物在越境转移或处置过程中发生事故,可能对其他国家的人类健康和环境造成风险时,必须立即通知相关国家等。

7.《作业场所安全使用化学品公约》

《作业场所安全使用化学品公约》(第 170 号公约)于 1990 年 6 月 25 日在国际劳工局主持下经国际劳工大会通过,1993 年 11 月 4 日生效。

该公约旨在通过立法管理工作场所接触的化学品,加强职业安全的现有立法框架。公约目标是保护环境和公众,特别是保护工作场所的工人防止化学品的有害影响。该公约适用于使用化学品的所有经济活动部门,并对危险化学品的使用提出了具体措施。

为防止或减少因接触化学品引发的疾病和伤害,该公约提出以下重要原则。

(1)确保对所有的化学品进行评估以确定其危害。

(2)向雇主提供一种从供货商获取作业场所使用的化学品的安全信息的机制,以便他们能够有效执行安全计划,来保护工人避免化学品的危害。

(3)向工人提供在工作场所使用化学品的安全信息和适当的防护措施。

(4)制定防护计划原则,确保化学品的安全使用。

该公约还分别提出了政府主管当局、供货商、雇主和工人在化学品的安全管理和处置上担负的以下责任和义务。

（1）供货商（包括生产厂家、进口商和经销商）应确保化学品被适当分类，做出标志和标签，并编制和向雇主提供化学品安全技术说明书（SDS）。

（2）雇主应当评价工作场所使用化学品产生的风险，采取适当措施保护工人防止这种风险。

（3）雇主有义务保证工人接触化学品的程度不超过根据国家或国际标准制定的用于评估和控制工作环境的职业接触限值（Occupational Exposure Limits，OELs）水平，并向工人提供 SDS 和安全使用化学品的培训。

（4）雇主应向工人说明工作场所接触的化学品有关危害，指导工人遵守安全规范和程序，以及如何获得和使用化学品标签和 SDS 上的信息。

（5）主管当局如果有正当的安全和健康理由，可以禁止或限制某些危险化学品的使用，或者要求事先申报并获得批准。

（6）主管当局应当确保制定危险化学品安全使用、储存和运输标准以及废弃危险化学品安全处理、处置程序。

（7）在雇主履行其责任时，工人应尽可能与他们的雇主密切合作，并遵守化学品安全使用有关的规范和程序，采取一切合理步骤消除或尽量减少化学品对工人自己和其他人造成的危险。

（8）工人及其代表有权获取工作场所使用的化学品的标识和危害、标签、标志和 SDS、预防措施以及获得安全教育与培训。

（9）在有正当理由相信存在其安全或健康处于紧迫和严重危险的情况下，工人应有权从使用化学品造成的危险中撤离。

8.《预防重大工业事故公约》

《预防重大工业事故公约》（第 174 号公约）是在 1993 年 6 月 22 日由国际劳工局召集的国际劳工大会第 80 届会议上通过，1997 年 1 月 3 日生效。该公约旨在预防与危险物质有关的重大事故（Major Accident）并限制事故的后果，以保护工人、公众和环境避免重大工业事故造成的风险。

该公约规定了主管当局、雇主和工人在预防重大事故方面的责任和义务。包括以下 6 项。

（1）主管当局应根据危险物质名单及其临界量来建立重大危险源设施识别制度。

（2）主管当局应当制定事故现场以外的应急计划和程序并定期进行修订。

（3）向可能受到事故影响的公众和有关国家发出警报并提供防范事故影响的安全资料。

（4）制定综合性危险源设施选址政策，将计划建立的重大危险源设施与公众经常出入的工作与生活区分隔开对现有设施采取适当措施。

（5）雇主应鉴别自己控制的重大危险源设施并向主管当局做出报告；建立

和保管重大危险源设施档案制度;编制、定期修订并向主管当局提交安全报告;重大事故发生后,必须尽快向主管当局做出通报,并在规定时间内提交详尽的事故情况报告。

（6）在重大危险源设施上工作的工人应当参与准备和制定安全报告、应急计划和程序以及事故报告。遵守关于预防和控制重大事故的方法和程序、应急程序。接受预防和控制重大事故有关方法和程序的指导和培训等。

9.《关于在国际贸易中对某些危险化学品和农药采用事先知情同意程序的鹿特丹公约》

1998 年 10 月 UNEP 在荷兰鹿特丹主持通过了《关于在国际贸易中对某些危险化学品和农药采用事先知情同意程序的鹿特丹公约》(以下简称《鹿特丹公约》)。该公约的核心要求是,缔约方在国际贸易中对受公约管制的化学品执行事先知情同意(PIC)程序,并进行资料交流。

该公约对缔约方之间受公约管制的化学品进出口信息交换做出以下规定。

（1）要求缔约方通知其他缔约方本国禁止或严格限制化学品情况。

（2）发展中国家或经济转型国家缔约方通知其他缔约方在本国使用极危险农药制剂时遇到的问题。

（3）要求打算出口一种本国禁止或严格限制使用的化学品的缔约方在首次装运前及以后每年通知进口方将要出口这种化学品。

（4）要求出口缔约方在出口的化学品被用于职业目的时确保向进口方提供更新的化学品安全数据说明书。

（5）对 PIC 程序控制出口的化学品的标签要求应当等同出口方本国对禁止或严格限制的其他化学品的要求。

《鹿特丹公约》附件Ⅲ所列化学品,包括由于健康或环境原因已被两个或两个以上缔约方加以禁用或严格限制使用,并经缔约方大会决定遵守事先知情同意程序的农药和工业化学品。

截至 2019 年 10 月《鹿特丹公约》附件Ⅲ所列化学品已增至 52 种,其中有 35 种农药(含 3 种极危险农药制剂)、16 种工业化学品和 1 种农药/工业化学品。列入《鹿特丹公约》履行事先知情同意程序的化学品名单如表 1-2 所示。

表 1-2　列入《鹿特丹公约》履行事先知情同意程序的化学品名单

序号	中　文　名　称	CAS 登记号	用途类别
1	2,4,5-涕及其各种盐类和酯类	93-76-5[①]	农药
2	甲草胺	15972-60-8	农药
3	涕灭威	116-06-3	农药

（续表）

序号	中 文 名 称	CAS登记号	用途类别
4	艾氏剂	309 - 00 - 2	农药
5	谷硫磷	86 - 50 - 0	农药
6	乐杀螨	485 - 31 - 4	农药
7	敌菌丹	2425 - 06 - 1	农药
8	克百威	1563 - 66 - 2	农药
9	氯丹	57 - 74 - 9	农药
10	杀虫脒	6164 - 98 - 3	农药
11	乙酯杀螨醇	510 - 15 - 6	农药
12	滴滴涕	50 - 29 - 3	农药
13	狄氏剂	60 - 57 - 1	农药
14	二硝基邻甲酚及其盐类（如铵盐、钾盐和钠盐）	534 - 52 - 1; 2980 - 64 - 5; 5787 - 96 - 2; 2312 - 76 - 7	农药
15	地乐酚及其盐类和酯类	88 - 85 - 7*	农药
16	1,2 - 二溴乙烷	106 - 93 - 4	农药
17	硫丹	115 - 29 - 7	农药
18	二氯乙烷	107 - 06 - 2	农药
19	环氧乙烷	75 - 21 - 8	农药
20	氟乙酰胺（敌蚜胺）	640 - 19 - 7	农药
21	六六六（混合异构体）	608 - 73 - 1	农药
22	七氯	76 - 44 - 8	农药
23	六氯苯	118 - 74 - 1	农药
24	林丹	58 - 89 - 9	农药
25	甲胺磷	10265 - 92 - 6	农药
26	汞化合物，包括无机汞化合物、烷基汞化合物和烷氧烷基及芳基汞化合物		农药
27	久效磷	6923 - 22 - 4	农药
28	对硫磷	56 - 38 - 2	农药
29	五氯苯酚及其盐类和酯类	87 - 86 - 5[①]	农药
30	甲拌磷	298 - 02 - 2	农药
31	毒杀芬	8001 - 35 - 2	农药

（续表）

序号	中　文　名　称	CAS登记号	用途类别
32	敌百虫	52 - 68 - 6	农药
33	含有苯菌灵(≥7%)、虫螨威(≥10%)和福美双(≥15%)组分的混合粉剂	17804 - 35 - 2; 1563 - 66 - 2; 137 - 26 - 8	极危险农药制剂
34	磷胺(活性组分大于1 000 g/L的可溶性液体制剂)	13171 - 21 - 6; 23783 - 98 - 4; 297 - 99 - 4	极危险农药制剂
35	甲基对硫磷(活性组分大于或等于19.5%的乳油及活性组分大于或等于1.5%的粉剂)	298 - 00 - 0	极危险农药制剂
36	阳起石石棉	77536 - 66 - 4	工业化学品
37	直闪石石棉	77536 - 67 - 5	工业化学品
38	铁石石棉	12172 - 73 - 5	工业化学品
39	青石棉	12001 - 28 - 4	工业化学品
40	透闪石石棉	77536 - 68 - 6	工业化学品
41	商用八溴二苯醚,包括: 六溴二苯醚; 七溴二苯醚	36483 - 60 - 0; 68928 - 80 - 3	工业化学品
42	商用五溴二苯醚,包括: 四溴二苯醚 五溴二苯醚	32534 - 81 - 9; 40088 - 47 - 9	工业化学品
43	六溴环十二烷	134237 - 50 - 6; 134237 - 51 - 7; 134237 - 52 - 8; 25637 - 99 - 4; 3194 - 55 - 6	工业化学品
44	全氟辛基磺酸、全氟辛基磺酸盐、全氟辛基磺酰胺和全氟辛基磺酰氟,包括: 全氟辛基磺酸; 全氟辛基磺酸钾; 全氟辛基磺酸锂; 全氟辛基磺酸铵; 全氟辛基磺酸二乙醇胺; 全氟辛基磺酸四乙胺; 全氟辛基磺酸双癸基二甲基铵; N-乙基全氟辛基磺酰胺; N-甲基全氟辛基磺酰胺; N-乙基-N-(2-羟乙基)全氟辛基磺酰胺; N-(2-羟乙基)-N-甲基全氟辛基磺酰胺; 全氟辛基磺酰氟	1763 - 23 - 1; 2795 - 39 - 3; 29457 - 72 - 5; 29081 - 56 - 9; 70225 - 14 - 8; 56773 - 42 - 3; 251099 - 16 - 8; 4151 - 50 - 2; 31506 - 32 - 8; 1691 - 99 - 2; 24448 - 09 - 7; 307 - 35 - 7	工业化学品

（续表）

序号	中　文　名　称	CAS 登记号	用途类别
45	多溴联苯(PBBs)	13654－09－6； 27858－07－7； 36355－01－8	工业化学品
46	多氯联苯(PCBs)	1336－36－3	工业化学品
47	多氯三联苯(PCTs)	61788－33－8	工业化学品
48	短链氯化石蜡	85535－84－8	工业化学品
49	四乙基铅	78－00－2	工业化学品
50	四甲基铅	75－74－1	工业化学品
51	三(2,3-二溴丙磷酸酯)磷酸盐	126－72－7	工业化学品
52	所有三丁锡化合物,包括： 三丁基氧化锡； 三丁基氟化锡； 三丁基甲基丙烯酸锡； 三丁基苯甲酸锡； 三丁基氯化锡； 三丁基亚油酸锡； 三丁基环烷酸锡	56－35－9； 1983－10－4； 2155－70－6； 4342－36－3； 1461－22－9； 24124－25－2； 85409－17－2	农药/工业 化学品[②]

注：① 仅列出了母体化合物的 CAS 登记号,其他相关 CAS 登记号可参见相关决策指南文件。
② 附件Ⅲ所列三丁基锡化合物用途均为工业化学品和农药。

10.《关于持久性有机污染物的斯德哥尔摩公约》

2001 年 5 月 22 日 UNEP 在瑞典斯德哥尔摩主持通过了《关于持久性有机污染物的斯德哥尔摩公约》(以下简称《斯德哥尔摩公约》),要求各缔约方采取措施,淘汰或限制公约管制持久性有机污染物(Persistent Organic Pollutants,POPs)名单上的某些危险化学品的生产和使用。采取适当措施,确保从事公约豁免或某一可接受用途的任何生产或使用活动时,防止或尽量减少人类接触,并将持久性有机污染物的排放控制在最低程度。

《斯德哥尔摩公约》于 2004 年 5 月 17 日正式生效,目前全世界已有 170 多个国家核准该公约,成为公约的缔约方。该公约对世界各国化工行业和在其产品中使用公约所管控危险物质的其他行业产生了重大影响。一旦一种危险物质被增列入公约附件 A 的淘汰名单,就将面临全球性禁令,除非获得特定豁免。相关行业公司必须采取措施,淘汰或替换其产品中的该危险物质。

对于公约附件所列的化学品,各缔约方需要根据公约相关规定对每种化学品实施控制措施(第 3 条和第 4 条),制定和实施对无意生产的 POPs 行动计划(第 5 条),编制化学品库存清单(第 6 条),审查和更新国家实施计划(第 7 条),

将新增列 POPs 化学品列入报告内容（第 15 条），将新增列化学品纳入绩效评估计划（第 16 条）。

《斯德哥尔摩公约》2004 年 5 月 17 日正式生效时，最初提出淘汰滴滴涕、氯丹等 12 种持久性有毒化学品的生产、使用和进出口。

自 2009 年 5 月第四次公约缔约方大会以来，根据缔约方提名和经公约专家审查委员会审查，截至 2019 年 5 月第九次公约缔约方大会审议通过，又有 18 种（类）新 POPs 被增列入公约管制物质名单。

截至 2019 年 5 月第九次公约缔约方大会决定修改《斯德哥尔摩公约》附件 A、B 和 C，目前总计已有 30 种（类）POPs 被列入公约控制名单，其中农药 18 种，工业化学品 13 种（含无意副产物 7 种），既属于农药又属于工业化学品的 3 种。

此外，2019 年 10 月 4 日，经公约专家审查委员会第十五次会议审查通过，建议将新候选 POPs 全氟辛基磺酸及其盐类和相关化合物列入公约管控名单附件 A，无特定豁免，将由 2020 年召开的第十次公约缔约方大会审议决定。《斯德哥尔摩公约》管控的 30 种（类）POPs 名单如表 1-3 所示。

表 1-3　《斯德哥尔摩公约》管控的 30 种（类）POPs 名单

序号	化学品名称	用途类别	附件	特定豁免/可接受用途
1	艾氏剂	农药	A	生产：无； 使用：当地杀体外寄生虫药剂
2	氯丹	农药	A	生产：无； 使用：无
3	狄氏剂	农药	A	生产：无； 使用：农业生产
4	异狄氏剂	农药	A	生产：无； 使用：无
5	七氯	农药	A	生产：无； 使用：杀白蚁药剂等
6	六氯苯	农药/工业化学品/无意生产	A 和 C	生产：登记簿所列缔约方允许的豁免； 使用：中间体、农药溶剂。 附件 C（无意生成和排放的 POPs）
7	灭蚁灵	农药	A	生产：无； 使用：无
8	毒杀芬	农药	A	生产：无； 使用：无

(续表)

序号	化学品名称	用途类别	附件	特定豁免/可接受用途
9	多氯联苯	工业化学品/无意生产	A 和 C	生产：无； 使用：根据附件 A 第二部分规定正在使用的物品； 附件 C（无意生成和排放的 POPs）
10	滴滴涕	农药	B	生产：根据附件 B 第二部分的规定,用于病媒控制； 使用：根据附件 B 第二部分的规定,用于病媒控制
11	多氯二苯并对二噁英	无意生产	C	附件 C（无意生成和排放的 POPs）
12	多氯二苯并呋喃	无意生产	C	附件 C（无意生成和排放的 POPs）
13	α-六氯环己烷	农药	A	生产：无； 使用：无
14	β-六氯环己烷	农药	A	生产：无； 使用：无
15	林丹	农药	A	生产：无； 使用：控制头虱和疥疮的人类健康辅助治疗药物
16	十氯酮	农药	A	生产：无； 使用：无
17	五氯苯	农药/工业化学品/无意生产	A 和 C	生产：无； 使用：无
18	五氯苯酚及其盐类和酯类	农药	A	生产：根据附件 A 第Ⅷ部分的规定,限于登记册所列缔约方允许生产； 使用：根据附件 A 第Ⅷ部分的规定,允许用于电线杆和横担
19	六氯丁二烯	工业化学品/无意生产	A 和 C	生产：无； 使用：无 附件 C（无意生成和排放的 POPs）
20	多氯萘	工业化学品/无意生产	A 和 C	生产：供以下所列用途的生产； 使用：用于生产多氯萘,包括八氯萘

（续表）

序号	化学品名称	用途类别	附　件	特定豁免/可接受用途
21	短链氯化石蜡	工业化学品	A	生产：登记册所列缔约方允许生产； 使用：橡胶传送带添加剂、橡胶输送带、皮革加脂剂、润滑油添加剂、户外装饰灯管、防水和阻燃油漆、黏合剂、金属加工以及柔性聚氯乙烯增塑剂
22	三氯杀螨醇	农药	A	生产：无； 使用：无
23	硫丹(原药)及其相关异构体	农药	A	生产：登记册所列缔约方允许生产； 使用：根据附件 A 第Ⅵ部分的规定,所列的防治农作物虫害复合物
24	六溴联苯	工业化学品	A	生产：无； 使用：无
25	六溴环十二烷	工业化学品	A	生产：根据附件 A 第Ⅶ部分的规定,限于已登记的缔约方允许生产； 使用：根据附件 A 第Ⅶ部分的规定,在建筑物中的发泡聚苯乙烯和挤塑聚苯乙烯使用
26	四溴二苯醚和五溴二苯醚(商用五溴二苯醚)	工业化学品	A	生产：无； 使用：根据附件 A 第Ⅴ部分的规定,允许缔约方回收、使用和最终处置的物品
27	六溴二苯醚和七溴二苯醚	工业化学品	A	生产：无； 使用：根据附件 A 第Ⅳ部分的规定,允许回收含有该 POPs 的物品以及允许使用和最终处理那些回收材料所生产的物品
28	十溴二苯醚(商用十溴二苯醚混合物)	工业化学品	A	生产：登记册所列的缔约方允许生产； 使用：根据附件 A 第Ⅸ部分的规定,允许车辆部件、飞机备件、阻燃纺织品、塑料外壳添加剂等使用以及建筑绝缘的聚氨酯泡沫使用

（续表）

序号	化学品名称	用途类别	附件	特定豁免/可接受用途
29	全氟辛基磺酸及其盐类（PFOS）和全氟辛基磺酰氟	工业化学品	B	生产：供以下用途的生产；使用：根据附件 B 第Ⅲ部分的规定，用于以下可接受用途或产品中间体，即照片成像，半导体器件光阻剂、涂层和刻蚀剂，金属电镀，灭火泡沫等
30	全氟辛酸(PFOA)及其盐类和相关化合物	工业化学品	A	生产：无；使用：对创伤性医疗器械、植入式医疗器械及已安装移动系统和固定系统中含有 PFOA 及其相关化合物消防泡沫的使用

11.《关于汞的水俣公约》

联合国环境规划署于 2013 年 10 月 9～12 日在日本熊本市主持召开了《关于汞的水俣公约》外交全权代表大会。会议先后通过了《关于汞的水俣公约》文本和相关文件，各方代表分别在《关于汞的水俣公约》上签字。

根据该公约相关规定，该公约将自第 50 个缔约方提交批准书之后第 90 天正式生效，该公约已于 2017 年 8 月 16 日起生效。

该公约对使用和排放汞的各种产品、工艺和行业规定了控制和削减措施，并对汞矿开采、金属汞的进出口和废弃汞的安全储存做出一系列规定。

该公约的核心要求包括对汞的供应来源和贸易（原生汞矿开采、汞及其化合物的库存以及汞的进出口）、汞的使用（添汞产品、使用汞的工艺以及小型采金业）、汞的环境排放（大气、水体和土壤）、含汞废物（汞含量超过公约规定阈值的废物或物品）、汞污染的场地实施全过程监管。《关于汞的水俣公约》对汞的管控要求如表 1-4 所示。

表 1-4　《关于汞的水俣公约》对汞的管控要求

管控类别		时间期限	管控要求
原生汞矿开采		公约对该缔约方生效后	禁止开采原生汞矿
		公约对该缔约方生效后 15 年内	关闭现有原生汞矿
添汞产品	附件 A 第一部分：电池；开关和继电器；含汞电光源；化妆品（含汞量超过百万分之一）；农药、生物杀虫剂和局部抗菌剂；气压计、湿度计、压力表、温度计、血压计	2020 年	淘汰未申请豁免的添汞产品的生产、进口和出口
	附件 A 第二部分：牙科汞合金		逐步减少使用

（续表）

管控类别			时间期限	管控要求
使用汞或汞化合物的生产工艺	淘汰类	乙醛生产	2018 年	淘汰使用汞或汞化合物的生产工艺
		氯碱生产	2025 年	淘汰使用汞或汞化合物的生产工艺
使用汞或汞化合物的生产工艺	限制类	氯乙烯单体的生产	2020 年	每单位产品汞使用量比 2010 年减少 50%
		甲醇钠、甲醇钾、乙醇钠或乙醇钾的生产	缔约方大会确认现有无汞替代工艺技术上可行 5 年后	缔约方大会确定基于现有无汞催化剂工艺技术和经济上都可行 5 年后,不得继续使用汞
			2020 年	至 2020 年时,以 2010 年使用量为基准,将生产每单位产品的汞排放量和释放量削减 50%
			公约生效期 10 年内	淘汰使用含汞催化剂的生产工艺
		聚氨酯生产	公约生效期 10 年内	淘汰使用含汞催化剂的生产工艺
注:以上含汞工艺自公约生效后禁止新建生产设施;公约生效日起 3 年内需向公约秘书处提交设施数量和类型相关信息以及设施内汞或汞化合物的估计年使用量				
手工和小型采金业				减少并淘汰汞齐法采金活动中汞和汞化合物的使用、排放和释放
大气汞排放(点排放源:燃煤电厂、燃煤工业锅炉、有色金属生产使用的冶炼和焙烧工艺设施、废物焚烧设施、水泥熟料生产设施)			公约对该缔约方生效后 4 年内	制定一项国家计划,并提交缔约方大会
			公约对该缔约方生效后 5 年内	采用最佳可用技术和最佳环境实践,控制新建排放源的排放,建立并保存一份关于相关排放源排放情况的清单
			公约对该缔约方生效后 10 年内	采取一种或多种措施,减少现有排放源汞和汞化合物的大气排放

(续表)

管 控 类 别	时 间 期 限	管 控 要 求
土地或水体汞的排放	公约对该缔约方生效后3年内	查明相关点排放源的类别
	公约对该缔约方生效后4年内	制定一项国家计划,并提交缔约方大会
	公约对该缔约方生效后5年内	保存一份关于各相关排放源排放情况的清单
含汞废物		以环境无害化方式进行管理
汞污染的场地		制定适当战略,识别和评估污染场地;以环境无害化方式降低污染场地的风险

参考文献

[1] United Nations Development Programme. UNDP guide for integrating the sound management of chemicals into development planning[EB/OL]. [2019 - 6 - 30]. https://www. undp. org/content/undp/en/home/librarypage/environment-energy/chemicals_management/Guide_for_integrating_SMC_into_development_planning. html.

[2] The United Nations. AGENDA 21 Chapter 19, Environmentally sound management of toxic chemicals, including prevention of illegal international traffic in toxic and dangerous products[EB/OL]. [2019 - 7 - 31]. http://www. ilo. org/legacy/english/protection/safework/ghs/ghsdocs/chapt19. pdf.

[3] IOMC. Key elements of a national programme for chemical management and safety [R]. New York: IOMC, 1998.

[4] UNEP. Strategic approach to international chemicals management[EB/OL]. [2019 - 6 - 30]. http://www. saicm. org/Portals/12/Documents/saicmtexts/New%20SAICM%20Text%20with%20ICCM%20resolutions_E. pdf.

[5] United Nations. Transforming our world: the 2030 agenda for sustainable development [EB/OL]. [2017 - 11 - 1]. https://sustainabledevelopment. un. org/post2015/transformingourworld.

[6] IOMC. Preliminary analysis of policy drivers influencing decision making in chemicals management[EB/OL]. [2019 - 7 - 31]. http://www. oecd. org/officialdocuments/publicdisplaydocumentpdf/? cote=env/jm/mono(2015)21&doclanguage=en.

[7] The European Union. Regulation (EC) No 1907/2006 of the European Parliament and of the Council[EB/OL]. [2019 - 7 - 20]. https://eur-lex. europa. eu/legal-content/

EN/TXT/PDF/？uri＝CELEX：32006R1907&.qid＝1564471647715&.from＝EN.

［8］Frank Fecher. Practical chemical management toolkit for your company，company handbook，module 3：hazardous waste management［M］. Bonn：GIZ/ BMZ，2012：11－20.

［9］Paul Anastas，John Warner. Green chemistry：theory and practice［M/OL］. Oxford：Oxford University Press，2000：20－50［2019－7－20］. https：//global. oup. com/academic/product/green-chemistry-theory-and-practice-9780198506980? cc＝cn&. lang＝en&.

［10］OECD. A definition of sustainable chemistry［EB/OL］. ［2019－5－4］. http：//www. oecd. org/chemicalsafety/risk-management/sustainablechemistry. htm.

［11］UNEP，FAO. Annex Ⅲ chemicals［EB/OL］. ［2019－12－13］. http：//www. pic. int/TheConvention/Chemicals/AnnexIIIChemicals/tabid/1132/language/en-US/Default. aspx.

［12］United Nations Environment Programme. Stockholm convention on persistent organic pollutions（POPs）［EB/OL］. ［2019－11－23］. http：//www. pops. int/TheConvention/Overview/TextoftheConvention/tabid/2232/Default. aspx.

［13］联合国环境规划署. 关于汞的水俣公约（正文和附件）［EB/OL］.［2019－12－15］. http：//www. mercuryconvention. org/Portals/11/documents/Booklets/COP1%20version/Minamata-Convention-booklet-chi-full. pdf.

第 2 章

发达国家化学品健全
管理理念与实践

2.1 欧盟颁布专项条例,施行化学品
危险性分类与公示策略

为了实现 2020 年化学品健全管理战略目标,各国主管当局都在修订和调整本国的化学品管理法律法规和管理政策,采纳执行联合国《全球化学品统一分类和标签制度》及其最新修订版。

欧盟 2008 年颁布了《关于化学物质和混合物分类、标签和包装条例(EC1272/2008)》(以下简称《CLP 条例》)专项法规,要求从 2010 年 12 月 1 日起对化学物质、从 2015 年 6 月 1 日起混合物全面实施 GHS 分类标签制度。所有化学品必须根据《CLP 条例》采纳的 GHS 危险性分类标准进行分类和标签。如果一种物质的危险性评估结果符合《CLP 条例》规定的危险性分类标准,则被认定为危险物质,必须强制性进行危险性公示,提供符合 GHS 的标签和 SDS。从此,该条例替代了欧盟以往多部立法,成为关于化学物质和混合物分类及标签的单一现行立法。

深入了解欧盟颁布施行的《CLP 条例》等相关法规、标准导则,进行化学品危险性分类和公示的经验做法,对我国实施 GHS 立法管理及化学品健全管理具有重要参考借鉴意义。

2.1.1 欧盟《CLP 条例》立法框架及相关规定

欧盟《CLP 条例》于 2009 年 1 月 20 日生效。自 2015 年 6 月 1 日起,该条例成为欧盟关于化学物质和混合物分类及标签的唯一一部现行立法。

欧盟《CLP 条例》替代了原欧共体理事会颁布的《关于统一危险物质分类、包装与标签指令(67/548/EEC)》以及《关于统一危险制品分类、包装和标签指令(1999/45/EEC)》,并修订了《REACH 条例》相关规定,将欧盟现行化学品分类与标签立法标准与联合国 GHS 相协调一致。

欧盟《CLP 条例》立法目标是确保高水平地保护健康和环境,并确保化学

物质、混合物和物品的自由销售流通。《CLP 条例》对欧盟各成员方都具有法律约束力，直接适用于欧盟的所有工业行业。《CLP 条例》的主要目的之一是识别确定一种化学物质或混合物是否具有导致其危险性分类的性质并将化学品危险性分类作为开展危险性公示沟通的起点。该条例要求化学物质和混合物的制造商、进口商或下游用户在其危险化学品上市销售之前进行危险性分类、标签和包装。

《CLP 条例》涵盖的危险种类包括物理危险、健康危害和环境危害以及欧盟补充的危险性。如果一种物质或混合物的相关信息（如毒理学数据）符合《CLP 条例》规定的分类标准时，则通过判定其危险种类和类别，来确定该物质或混合物的危险（害）性。

一种化学物质或混合物一旦被判定为属于危险化学品，就必须通过制作规定的标签和 SDS，将所识别确定的危险性信息传递给供应链上的其他行为人，包括该物质或混合物的使用者和消费者，提醒他们该化学品存在的危险性以及相应的风险防控措施。

《CLP 条例》对每个危险种类及类别的标签要素，即象形图、信号词、危险说明以及（预防、应对、储存及处置）防范说明都做出了详尽的要求。该条例还规定了通用的包装标准，以确保危险物质和混合物的安全供应。除了通过标签方式传递危险信息之外，该条例还为欧盟化学品风险管理立法奠定了法律基础。

欧盟《CLP 条例》立法框架结构及其规定内容如表 2-1 所示。

表 2-1　欧盟《CLP 条例》立法框架结构及其规定内容

条例篇名	章 节 名	条款（项）数	规定相关内容
前言		79 项	目标、立法依据和立法过程说明
第一篇　总则		共 4 条（第 1～4 条）	立法目的和适用范围、术语定义、危险种类以及分类、标签与包装责任义务
第二篇　危险性分类	第一章　物质标识与信息审查	共 4 条（第 5～8 条）	物质和混合物标识与可提供数据审查、动物试验数据等
	第二章　危险信息评估与分类决定	共 8 条（第 9～16 条）	危害数据评估、物质和混合物分类的浓度限值和放大系数、分类判定以及混合物分类规则等
第三篇　标签形式及危险性公示	第一章　标签内容	共 14 条（第 17～30 条）	总则、象形图、信号词、危险说明、防范说明、替代保密信息、补充说明和信息更新等

(续表)

条例篇名	章节名	条款(项)数	规定相关内容
第三篇 标签形式及危险性公示	第二章 标签的使用	共4条(第31～34条)	标签布局、大小、内外包装标签、化学品安全使用信息报告等
第四篇 包装		共1条(第35条)	对危险化学品包装的要求
第五篇 物质的统一分类和标签以及分类和标签名录	第一章 建立物质的统一分类和标签	共3条(第36～38条)	适用统一分类和标签物质范围;实施统一分类和标签的程序
	第二章 分类和标签名录	共4条(第39～42条)	统一分类物质名录的建立与更新
第六篇 主管当局和实施		共5条(第43～47条)	主管当局的委任指定及其相互合作、设立帮助平台、监督健康应急响应机构,并接收相关的上报信息、履职情况报告和处罚等
第七篇 共同和最终条款		共15条(第48～62条)	维护信息与请求信息,欧盟化学品管理局(European Chemicals Agency, ECHA)的职责,适应技术进步的更新,对原指令(67/548/EEC)等的修改和生效施行日期
附件一 危险物质分类和标签要求		共4个部分	分类一般原则,物理、健康和环境危害采纳的危险性分类积木块①及分类标准、标签要素和分类判定程序等
附件二 某些物质和混合物标签和包装的特别规定		共5个部分	关于某些已分类物质和混合物标签包装的特别规定以及补充危险性说明等
附件三 危险说明、补充危险说明和补充标签要素一览表		共3个部分	关于危险性说明代码和文字;补充危险性信息代码和文字;补充标签要素/信息代码和文字
附件四 防范说明一览表		共2个部分	防范说明代码和文字,适用危险种类/类别以及使用条件
附件五 危险象形图		共3个部分	象形图代码、颜色、符号名称和适用危险种类/类别等

① 积木块(Building Block)是指联合国 GHS 危险性分类种类/类别中全部或者其中一部分种类/类别。

（续表）

条例篇名	章 节 名	条款(项)数	规定相关内容
附件六　统一分类和标签的危险物质名单		共 3 个部分	实施统一分类和标签的危险物质标识、危险性分类结果及其标签要素以及分类判定结果卷宗要求等
附件七　将原指令(67/548/EEC)危险性分类转化成本条例的分类		共 1 个部分	如何将原指令(67/548/EEC)的危险性分类结果转化成本条例分类方法说明

《CLP 条例》的主要相关规定可归纳为如下 5 个方面。

1. 化学品危险性分类

一种化学物质或混合物的分类反映出该物质或混合物的危险(害)种类及其严重程度。化学品供应商需要通过收集可提供的数据并参照《CLP 条例》规定的化学品分类标准，来确定其供应的化学物质或混合物的危险种类和危险类别。这一过程通常称为自我分类。例如，一种液体的闪点在 23～60℃时，其被分类为易燃液体类别 3。根据这一危险性分类结果，可以在《CLP 条例》相关附件中容易地查到其相应的易燃液体信号词、象形图、危险说明及防范说明(图 2－1)。

7.3.2.6　易燃液体			
危险类别　　　信号词　　　　　　　危险说明			
1　　　　　　危险　　　　　　　　H224 极易燃液体和蒸气			
2　　　　　　危险　　　　　　　　H225 高度易燃液体和蒸气			
3　　　　　　警告　　　　　　　　H225 易燃液体和蒸气			
防范说明			
预防	应对措施	储存	处置
P210	P203＋P361＋P353	P403＋P235	P501
远离热源、高温表面、火花、明火和其他引燃源。禁止吸烟	如果皮肤(或头发)接触上，立即脱掉全部污染的衣物，用水冲洗(或淋浴)	储存在通风良好的场所。保持阴凉	处置内装物/容器
高度推荐	当制造/供应商认为适合某种特定化学品时，应当包括括号中文字	对易燃液体类别 1 以及挥发性并可能产生爆炸氛围的其他易燃液体	根据当地/地区/国家/国际法规(列明)
P233	可选择，除非认为有必要，如由于产生潜在的爆炸性氛围风险	高度推荐	制造商/供应商明确说明处置要求是否适用于内容物、容器或两者

(续图)

保持容器严格密封——如果该液体有挥发性并可能产生爆炸性氛围	P370＋P378		*如果该物质/混合物需遵从危险废物法规,对一般公众是强制性的。虽然不需要列出参照的适用立法,但推荐说明处置场地
*对于类别1高度推荐,除非已指定使用P404术语	着火时:使用······灭火		
*对于类别2推荐,除非已指定使用P404术语	——如果用水会增大风险。······制造商/供应商明确说明适当的灭火剂		
*对于类别3,可选项	*如果需要特定灭火剂,高度推荐		*对工业/供应商推荐
P235			
保持阴凉			

图 2-1　易燃液体信号词、象形图、危险说明及防范说明示例

2.《CLP 条例》建立了强制性分类名单

根据《CLP 条例》,欧盟对具有致癌性、生殖细胞致突变性、生殖毒性或呼吸致敏性的四类危险物质在欧盟范围内强制性执行规定的统一分类和标签的内容,建立了《统一分类和标签的危险物质名单(*List of Harmonized Classification and Labelling of Hazardous Substances*)》,并以《CLP 条例》附件六形式公布。要求化学品生产厂家按该名单规定的危险类别进行最低限度分类并做出标签。企业可以在此基础上补充自己识别出的其他危险类别,但不得撤销、修改该名单中所列的危险类别和标签要素。

截至 2020 年 9 月底,欧盟对《CLP 条例》附件六列出的 4 287 种(类)危险物质要求实施统一分类和标签,并且每年进行更新。从 2021 年 9 月 9 日起,欧盟将对该名单中 4 287 种危险物质实施统一分类和标签。对于其中所列的各种物质或混合物,供应商必须采用统一的分类和标签。当使用强制性分类时,还需要注意以下事项:对于某些危险类别,包括急性毒性和特定靶器官毒性(反复接触),附件六中的分类应当视为最低限度分类;对于某些条目(标示＊＊＊),由于数据不足,统一分类未包括其物理危险性,在这种情况下应当通过试验确认正确的物理危险性分类;每个条目的注解项(即 A、B、P、H)说明了统一分类的适用条件。

附件六中的强制性分类结果可以从 ECHA 建立的分类和标签名录中

获取。该名录中还收录了化学品制造商和进口商申报和注册物质的危险性分类和标签信息。例如,查询获得乙醇的统一 GHS 分类结果如图 2-2 所示。

乙醇

物质标识			
H_3C⎯⎯OH	EC 名称:乙醇(Ethanol)	SMILE	CCO
	IUPAC① 名称:乙醇(Ethanol)	物质类型	单一成分物质
	其他名称:—	来源	有机物
		注册组成	79
EC 编号	200-578-6	其中含有	39 种与分类相关的杂质
CAS 登记号	64-17-5		7 种添加物
名录索引号(Index Number)	603-002-00-5	列入名单情况	列入欧盟现有商业化学物质名录(EINECS)
分子式	C_2H_6O		
危险性分类和标签			
		ECHA 收到 9 627 个申报中的分类结果	
		易燃液体类别 2	H225(危险说明)统一分类
信号词:危险/根据欧盟批准的统一分类和标签(CLP00),该物质为高度易燃液体和蒸气		眼睛刺激类别 2	H319
		特定靶器官毒性(一次接触)类别 2	H371
		急性毒性类别 4	H302
此外,各公司根据《REACH 条例》进行注册时,向 ECHA 提供的分类结果判定,该物质对器官造成损害、吞咽有毒、皮肤接触有毒、吸入有毒、造成严重眼睛损伤和皮肤刺激		急性毒性类别 3	H301
此外,各公司根据《CLP 条例》向 ECHA 申报提供的分类结果判定,该物质造成严重眼睛刺激		皮肤刺激类别 2	H315
		……	

图 2-2　乙醇的统一 GHS 分类结果

---

① IUPAC 命名法是一种系统命名有机化合物的方法。该命名法是由国际纯粹化学和应用化学联合会(International Union of Pure and Applied Chemistry,IUPAC)规定,并于 1993 年完成最近一次修订。

3.《CLP条例》对标签的要求

《CLP条例》对每个危险种类及类别的标签要素,即象形图、信号词、危险说明以及(预防、应对、储存及处置)防范说明都制定了详尽要求。《CLP条例》规定,标签中应当包括GHS标签要素和欧盟的补充危险性信息(参阅关于包装和标签的特别规则)。图2-3为《CLP条例》规定的金属锂CLP标签样例。

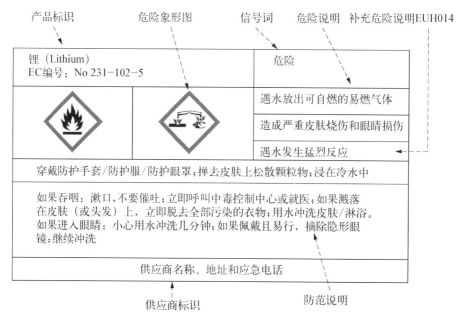

图 2-3 《CLP条例》规定的金属锂CLP标签样例

《CLP条例》还明确规定了不同容量包装的标签及象形图最小尺寸(表2-2)。

表 2-2 不同容量包装的标签及象形图最小尺寸

包 装 体 积	标 签 尺 寸	象 形 图 尺 寸
≤3 L	如可能,至少62 mm×74 mm	不小于10 mm×10 mm, 如可能,至少16 mm×16 mm
>3 L,但≤50 L	至少74 mm×105 mm	至少23 mm×23 mm
>50 L,但≤500 L	至少105 mm×148 mm	至少32 mm×32 mm
>500 L	至少148 mm×210 mm	至少46 mm×46 mm

《CLP条例》关于标签的其他规定还有以下4项。

(1) 6条防范说明规则:除非必要,标签上防范说明文字不得超过6条。

(2) 语言:应当使用成员方规定的正式语言编写。

(3) 隐瞒组成物质的信息:供应商可以请求对混合物中的某一种物质使

用一个替代化学名称,以保护其机密商业信息,特别是他们的知识产权。使用化学物质的替代名称需要向 ECHA 提出申请并获得其批准。

(4) 小包装(≤125 mL):可以省略 GHS 某些标签要素(表 2-3)。

表 2-3　小包装(≤125 mL)可以省略的 GHS 标签要素

容器尺寸	危险性分类	可以省略的标签要素
≤125 mL	易燃液体类别 2 或类别 3	危险说明和防范说明
	易燃气体类别 2	防范说明
	金属腐蚀物	象形图、信号词、危险说明和防范说明

《CLP 条例》附件二中还列出了关于包装和标签的特别规定,即对于 GHS 中未包括,但过去曾是欧盟分类和标签制度规定一部分的"补充危险性信息"也应当列入 SDS 和标签中。例如,含有 0.15%(质量分数)以上铅的混合物,应当在标签上标示"欧盟危险说明术语 EUH 201-含铅,不得在可能被儿童咀嚼或吮吸的表面使用"。未被分类为致敏物质,但至少含有一种致敏物质的混合物,应当在标签上标示"欧盟危险说明术语 EUH 208-含有(致敏物质名称),可能引起过敏反应"。农作物保护产品的标签,应当在标签上标示"欧盟危险说明术语 EUH401-避免对人类健康和环境的风险,遵守使用说明书要求"。

此外,《CLP 条例》还要求在某些危险化学品的包装上作出阻止儿童扣件和触摸危险警告。对于销售给一般公众的化学品,当其分类为某些危险类别或者如果包装件中装有 3% 以上甲醇或者 1% 的二氯甲烷时,则必须在其包装上贴上阻止儿童扣件和/或触摸危险警告。

触摸危险警告通常为一个小凸起的三角形物,目的是提醒盲人和部分丧失视力者,他们正在触及危险化学品。包装上标示阻止儿童扣件或触摸危险警告的 GHS 危险类别如表 2-4 所示。

表 2-4　包装上标示阻止儿童扣件或触摸危险警告的 GHS 危险类别

危 险 类 别	阻止儿童扣件	触摸危险警告[①]
易燃气体 类别 1 和类别 2		√
易燃液体 类别 1 和类别 2		√
易燃固体 类别 1 和类别 2		√
急性毒性 类别 1,2 和 3	√	√
急性毒性 类别 4		√
特定靶器官毒性(一次接触) 类别 1	√	√

（续表）

危 险 类 别	阻止儿童扣件	触摸危险警告
特定靶器官毒性(一次接触) 类别2		√
特定靶器官毒性(反复接触) 类别1	√	√
特定靶器官毒性(反复接触) 类别2		√
皮肤腐蚀 类别1A、1B 和1C	√	√
呼吸过敏 类别1		√
吸入危害 类别1	√	√
生殖细胞致突变性 类别2		√
致癌性 类别2		√
生殖毒性 类别2		√

注：① 这项规定不适用于仅分类并标记为"极易燃气溶胶"或"易燃气溶胶"的气溶胶。

4. 提交分类和标签信息通报

根据《CLP 条例》关于报告义务的规定，对于未列入《统一分类和标签的危险物质名单》，但符合《CLP 条例》规定 GHS 分类标准的其他危险物质，化学品生产和进口企业应当对照《CLP 条例》的分类标准自主进行分类和危险性公示，并向 ECHA 做出报告。

《CLP 条例》要求，自一种化学物质首次在欧盟市场上销售之日起一个月内，欧盟制造商或进口商应当将该物质的标识、分类和标签信息通报提交给 ECHA。提交分类和标签信息通报的方式有多种，其中最方便的方式是在线提交。需要注意的是，生产或进口量小于 1 t/a 的非危险物质不需要提交分类和标签信息通报。

根据企业提交的分类报告，ECHA 将企业报告的分类结果在其官方网站上建立了《公共化学品分类和标签名录》（*The Public Classification and Labelling Inventory*，C&L Inventory）数据库，公示这些危险化学品分类和标签要素信息。

截至 2020 年 9 月底，欧盟《公共化学品分类和标签名录》中已收录了 180 270 种危险化学品的分类和标签要素数据。ECHA 负责维护并随企业申报数据的增加及时对数据库进行更新，但不负责审查或核实其分类信息的准确性。当同一种化学品的分类结果出现不一致时，ECHA 会敦促各成员方主管部门要求相关申报企业负责对该化学品危险性分类进行协商并达成一致分类意见。

5. 关于 SDS 的内容和格式要求

《CLP 条例》规定，化学物质的分类和标签信息必须记录在 SDS 中。在欧盟,SDS 的内容需要按照欧盟《REACH 条例》相关条款进行管理。欧盟《REACH 条例》的附件 II 中列出了关于 SDS 的格式和内容的详细要求。在 2015 年 6 月 1 日以后新编制的或现有 SDS 更新时,必须符合《REACH 条例(2015/830)》规定的新版本要求。

《REACH 条例》规定 SDS 的格式和内容应当遵循国际公认的 GHS 格式,其内容分为 16 部分。SDS 必须以该化学物质或混合物上市销售的成员方正式语言文字提供。其中 3 项重要信息如下。

第 1 部分:必须提供在欧盟注册时,该物质获得的注册编号以及电子邮件地址。

第 8 部分:列出适用的职业接触限值、推导的无效应水平(Derived No-effect Level,DNEL)和预测的无效应浓度(Predicted No Effect Concentration,PNEC)。

第 15 部分:关于该物质授权许可和限制的信息;说明是否已开展了化学品的安全评估。

扩展版 SDS(The Extended Safety Data Sheets,eSDSs)要求注册人和下游用户在编制该化学品安全报告时,还必须将相关的暴露场景情况列入 SDS 的附件部分。对于年生产量或者进口量超过 10 t,且分类为危险化学物质,其扩展版 SDS 必须包含"暴露情景"信息,说明该物质已识别的用途、操作条件以及与该用途相关的风险管理措施。危险化学品用户应当根据 SDS 提供的暴露场景信息,检查自己是否按供应商提供的暴露场景及其风险管理措施使用这些物质。如果发现自己使用的情景不同,该用户应当向其供应商提供特定的使用情况信息,随后供应商必须考虑该用户提供的信息,对 SDS 的暴露场景进行修改完善。

2020 年 6 月 18 日欧盟议会和理事会发布了对《REACH 条例》附件 II 关于 SDS 的内容和格式的修订令,将从 2021 年 1 月 1 日起施行,其最重要的变化包括以下三个方面。

(1) SDS 第 2 节危险标识和第 11 节毒理学信息:为了改进化学品供应链上内分泌干扰特性危害信息的传递沟通,必须说明该物质是否被列入根据《REACH 条例》第 59 条第(1)款确定的内分泌干扰物质名单或者该物质是否被识别确定具有内分泌干扰特性信息。

(2) SDS 第 3 节组成/组分信息:对于列入《CLP 条例》附件六第 3 部分的物质,必须说明其特定浓度限值、M 系数和急性毒性估计值;如果 SDS 中含有一种或几种纳米材料或物质时,必须说明其颗粒特性;对于一种混合物,应当提供该混合物中所存在的质量浓度大于或等于 0.1%,且符合附件 II 的表 1.1 所述危害种类/类别及其浓度限值标准的每种组成物质信息。修订中还对表 1.1

混合物中物质危害种类/类别及其浓度限值标准数据进行了更新。

（3）SDS 第 9 节物理化学性质：进一步明确了各项理化特性数据。为了能采取适当控制措施，应当提供该物质或混合物的所有相关理化特性信息。本节信息应当与注册时或化学品安全报告以及该物质或混合物分类中提供的信息保持一致。

2.1.2　欧盟颁布《CLP 条例》实施化学品危险性分类和标签的经验分析

1. 颁布施行《CLP 条例》并适应技术进步进行修订

欧盟 2008 年颁布了《CLP 条例》专项法规，要求从 2010 年 12 月 1 日起对化学物质，从 2015 年 6 月 1 日起对混合物全面实施 GHS 分类标签制度。所有化学品必须根据《CLP 条例》采纳的 GHS 危险性分类标准进行分类和标签。如果一种物质危险性评估结果符合《CLP 条例》规定的危险性分类标准，则被认定为危险化学物质，必须强制性进行危险性公示，提供符合 GHS 的标签和 SDS。

根据联合国 GHS 文书关于积木块的原则，即 GHS 统一分类和标签要素可以看成是构成法规管理方法的一组"积木块"。各国可以自主决定将哪些积木块应用在本国化学品分类制度中。但是，当该国的分类制度中包含了 GHS 的某些内容，并准备实施 GHS 时，所采用的内容应当与 GHS 规定保持一致。例如，如果一个国家化学品分类制度包含致癌性，该国就应当遵从统一分类标准和统一的标签要素（参见 GHS 文书 1.1.3.1.5.4 节"积木块方法说明指南"）。

根据各成员方国情和主管部门的实际需求，欧盟《CLP 条例》采纳了 GHS 的积木块原则，其未采纳下列 GHS 危险性积木块，即加压化学品（全部类别）、易燃液体类别 4、急性毒性类别 5、皮肤腐蚀/刺激性类别 3、吸入危害类别 2 以及水生急性毒性类别 2 和类别 3。

欧盟采取适应技术进步方式（Adaptations to Technical Progress，ATPs），对《CLP 条例》的规定及其适用 GHS 版本定期进行更新修订。例如，欧盟 2016 年 7 月 19 日颁布了《CLP 条例第 9 次修订令（EU 2016/1179）》，修正后该条例与 GHS（第 5 修订版）内容保持一致，并从 2018 年 3 月 1 日起全面执行。

2017 年在对《CLP 条例》修订中新增加了一个附件八，以落实根据第 45 条规定通报统一分类信息的要求。这些信息将提交给各成员方指定的机构（中毒控制中心），用于卫生应急响应。附件八明确定义了唯一的分子式标识符（Unique Formula Identifier，UFI），要求报告企业标示在混合物的标签上。该标识符将市场销售的混合物与可提供的卫生应急响应信息之间建立了明确的链接对应关系。欧盟最近一次修订《CLP 条例》是第 10 次适应技术进步的修订。第 10 次修订后的欧盟统一分类和标签名单从 2018 年 12 月 1 日起施行。

2019 年 3 月 27 日欧盟发布了《为适应科学技术进步对〈CLP 条例〉第 12 次修正令(EU 2019/521 号)》,从而该条例的危险性分类标准和标签要素与联合国 GHS(第 6 修订版)和 GHS(第 7 修订版)保持一致。本次条例的修订从 2020 年 10 月 17 日施行,但是从发布之日起就可以用于化学品的分类和标签。

本次修订的主要变化包括以下 5 个方面。

(1) 增加一个新危险种类,退敏爆炸物(Desensitized Explosives,爆炸性化学品中,如通过添加水来抑制其爆炸性)。

(2) 在易燃气体危险种类中,增加一个发火气体(易燃气体)新危险类别(在与氧气短暂接触后容易点燃的易燃气体)。

(3) 做出澄清和更正以确保与 GHS 相关术语保持一致。

(4) 对危险种类的定义进行了更新,以确保术语一致性。

(5) 更新了引用的测试方法,如 ISO 测试方法或 OECD 化学品测试导则(OECD TG)),以反映测试方法的发展情况。

除了《CLP 条例》之外,欧盟还通过实施《REACH 条例》,注册收集欧盟化学品生产、使用、进口和暴露场景数据,以及化学品安全和风险防控措施信息。经过危害识别与评估,筛选确定最危险化学物质(The Most Hazardous Substances),也就是"极高关注物质(Substances of Very High Concern, SVHC)"名单。欧盟 ECHA 在进行风险评估和社会经济影响分析之后,确定并公布"需授权许可化学物质名单",对这些引起极高关注的危险物质进行授权许可和限制程序,实施禁止或严格限制措施。

自 2006 年欧盟颁布实施《REACH 条例》以来,欧洲化学品的法规管理发生了巨大变化,化学品的使用正在变得更加安全。据统计,截至 2020 年 9 月底,欧盟已经筛选确定 209 种候选的极高关注化学物质,其中有 54 种物质已被列入《REACH 条例》附件 XIV《需授权许可化学物质名单》,有 71 种(类)化学物质被列入该条例附件 XVII《限制生产或使用化学物质名单》。根据《REACH 条例》,已做出 20 项关于限制使用的决定,限制了部分极高关注危险化学品的使用,降低了健康和环境风险。

《REACH 条例》和《CLP 条例》是一对孪生法规。《CLP 条例》用于识别判定化学品危险性分类和进行危险性公示沟通。《REACH 条例》用于注册评估,筛选确定最危险化学品并进行管理控制。两者相辅相成,共同的目标都是实现化学品安全生产和使用,保护人类健康和环境,同时增强欧洲工业的创新和竞争力。

自 2009 年欧盟实施《CLP 条例》以来,欧盟企业每天都产生和向 ECHA 提交其生产或进口的危险化学品对人类健康和环境影响的 GHS 危险性分类数据,并通过 ECHA 网站平台公示给其他企业和社会公众。有了这些信息,企业可以促使其下游供应链上的用户安全使用危险化学品并做出可持续发展的业务选择。

而在《REACH 条例》和《CLP 条例》实施之前,即使负责化学品安全的主管当局也难于获得这样多种多样的数据。欧盟 ECHA 和各成员方主管当局利用这些数据改进了化学品安全监管,并将其注意力专注于那些对保护人类健康和环境最受关注的化学物质上。目前 ECHA 筛选确定的极高关注化学物质正在被逐步淘汰,许多已被更安全的替代品所替代,只有很少企业申请授权使用极高关注化学物质。欧洲企业正日益采取创新的方式寻找最危险化学物质的安全替代品。随着对极高关注化学物质认识的提高、消费者需求和对循环经济的驱动,最终消费者可以做出更安全的选择,用更安全的化学品替代这些危险化学品。

通过实施《REACH 条例》和《CLP 条例》,欧盟在全球化学品安全领域位居领先地位。

2. 建立《统一分类和标签的危险物质名单》和《公共化学品分类和标签名录》

欧盟将根据原《关于统一危险物质分类、包装与标签指令(67/548/EEC)》颁布的欧盟《危险物质分类名单》,参照 GHS 分类标准转化成《CLP 条例》的《统一分类和标签的危险物质名单》,作为《CLP 条例》附件六加以公布,要求化学品生产和进口厂商对该名单所列危险化学品实施统一的分类和标签内容。通常由各成员方主管职业安全与健康的督查官员负责监督检查企业危险化学品安全标签和 SDS 合规情况。

《CLP 条例》规定了欧盟实施统一分类和标签化学品名单的选定程序。通常先由一个成员方的主管当局(有时也可以是一家公司企业)向 ECHA 提交一项提案。随后由 ECHA 的风险评估委员会(Risk Assessment Committee,RAC)审查评估后,向欧盟委员会提交关于该化学品实施统一分类和标签的最终决定方案建议,呈送欧盟委员会审议核准后,依法将该物质增补列入《统一分类和标签的危险物质名单》中。

为了顺应技术进步,《CLP 条例》还规定,可以视情况适时修改条例附件六所列《统一分类和标签的危险物质名单》,补充新的需统一分类化学品条目或者删除或修改现有统一分类化学物质条目。

纳入《统一分类和标签的危险物质名单》的危险化学品多为引起极高关注化学物质。其危险类别包括:人类致癌、致突变和生殖毒性物质(CMR 类别 1A 或 1B)或呼吸致敏性物质;一种物质作为农药产品的活性组分;认为有必要在欧盟范围内实施统一分类的其他危险物质。

实施统一分类触发或启动了根据欧盟《REACH 条例》和其他职业安全、环境和化学产品立法对这些极高关注危险化学品采取的法律监管行动。例如,当一种化学品被分类为人类致癌、致突变和生殖毒性(CMR 类别 1A 或 1B)物质时,通常禁止将这些化学品提供给消费者使用。统一分类还是实现化学品安全使用和促进替代的重要手段。统一分类促进了通过监管措施和提供信息,鼓励并允许企业自行采取行动来替代这些极高关注危险化学品的使用。

截至 2020 年 9 月底,《CLP 条例》附件六《统一分类和标签的危险物质名单》收录了 4 287 个化学品条目,并且每年进行更新。从 2021 年 9 月 9 日起,欧盟将对该名单中 4 287 种危险物质实施统一分类和标签。

此外,对于未列入《统一分类和标签的危险物质名单》,但符合《CLP 条例》采纳 GHS 危险性分类标准的其他危险物质,要求制造商和进口商利用自己掌握的危险性数据,参照《CLP 条例》规定的分类标准对其生产或进口化学品进行自我分类,并将分类结果申报提交给 ECHA。

根据企业的分类报告,ECHA 在其官方网站上建立了《公共化学品分类和标签名录》数据库。该数据库中收录了企业根据《CLP 条例》以及《REACH 条例》申报的危险物质分类结果、标签要素等数据。

混合物也需要根据《CLP 条例》规定的标准进行自我分类,但是与化学物质不同,其分类结果不记录在《公共化学品分类和标签名录》中。《CLP 条例》允许公司申请使用所分类化学品的替代名称,以保护混合物中某些组成物质的化学名称在特定条件下的保密状态。ECHA 会处理这种请求,并决定是否可以使用替代的化学名称。

ECHA 建立《公共化学品分类和标签名录》的目的有以下 3 点。

(1)为化学品生产和供应企业、社会公众以及各成员方主管当局提供欧盟生产和上市销售的符合《CLP 条例》分类标准,以及根据《REACH 条例》注册的全部危险化学品的危险性公示信息的来源。

(2)披露各化学品生产供应厂商对同一化学物质报告的分类和标签结果存在的差异点,以便敦促相关供应厂商查核分类差异的原因,核实更正分类结果,探讨是否需要对某一特定物质实施统一的分类和标签。申报人和注册人有义务尽力将其化学品自我分类的结果达成一致意见。ECHA 在该数据库系统界面上设立了专门平台,为申报企业讨论达成一致分类结果提供便利。

(3)当各成员方主管当局根据《REACH 条例》的规定评估是否需要对某一危险物质实施限制和授权许可时,该名录数据库可以作为相关化学品危险性公示和风险管理的重要工具。

《CLP 条例》还设立了对化学品包装的一般性要求,确保安全供应和使用危险物质或混合物。通过这些管理机制,《CLP 条例》对实现高水平的人类健康和环境保护以及化学品的自由贸易做出了重要贡献。

实施对极高关注危险化学品统一分类和标签以及对其他危险化学品的自我分类,是加强危险化学品安全使用的一项强大而有效的工具。在很多情况下,化学物质或混合物被分类为危险化学品就触发或启动了欧盟企业根据《REACH 条例》所承担的实施风险评估与风险管理的义务。

对所有的危险化学品,企业都有义务编制安全标签和向客户提供 SDS,并没有设置最低的吨位限值。对于年生产量 10 t 以上的化学品,欧盟企业还有义务在 SDS 中增加该化学品的"暴露场景说明"内容。而且通过安全标签向消费者提供该化学品危险性信息,可以使消费者对其购买的产品做出明智选择和知悉何时需要采取防护措施。

欧盟的经验告诉我们,不是所有危险化学品都要采取授权许可管理方式,而是要对引起极高关注的危险化学品实施授权许可管理和实施规定的"统一危险性分类和标签",而且对所有的危险化学品,企业都有义务自我鉴别分类,编制安全标签并向客户提供 SDS。

3. 编制实施 GHS 分类指南,创建公共化学品分类和标签信息公示平台

在实施《REACH 条例》过程中,ECHA 编制和公布了一系列关于化学品注册、信息要求、评估和申请授权许可等导则指南文件。为了帮助企业和利益相关者正确识别化学品危险性分类和制作标签,ECHA 还编制公布了《CLP 条例介绍指南(第 2.1 版)》《欧盟 CLP 条例分类标准应用指南(第 5 版)》《根据欧盟 CLP 条例编制标签和包装指南(第 4 版)(2019 年)》《准备统一分类和标签卷宗指南(第 2.0 版)》《如何申报 CLP 名录实用指南》等一系列导则指南文件,并定期进行修改更新。这些导则指南文件对指导和帮助企业理解法规要求和GHS 分类标准、实施化学品自我分类和标签以及化学品危险性公示沟通起到不可或缺的重要作用。

从 2011 年起,ECHA 拨付资金研发数据模型和建立 IT 平台,并整合了欧盟企业提交的化学品注册数据或者 ECHA 监管过程产生的化学品数据,在其官方网站主页上创建了全球最大的化学品数据库信息平台。截至 2018 年 5 月31 日《REACH 条例》预注册截止日期,ECHA 的化学品注册信息数据库收录了 88 319 份化学品申报注册卷宗和 21 551 种化学物质信息,包括根据《REACH 条例》注册的化学品固有危险性和用途信息、物质评估结果、法规管理过程与授权许可限制信息。

ECHA 根据《CLP 条例》建立的《公共化学品分类和标签名录》数据库平台,截至 2020 年 9 月底收录了 180 270 种危险化学物质分类和标签信息以及欧盟统一分类和标签危险化学品名单信息等。ECHA 通过整合所拥有的化学品数据资源,并实现网络平台免费查询使用,大大加强了欧盟化学品风险管理。

　　ECHA、各成员方主管当局、欧盟委员会通过 ECHA 安全 IT 系统提供的化学品信息数据资源,实施其日常的监管活动,并以有效方式实现成员方主管当局之间的管理互动。欧盟成员方其他化学品风险管理相关机构也可以获取这些数据。

　　该 IT 信息平台以化学物质为核心,集成反映了《REACH 条例》和《CLP 条例》实施过程中化学品风险法规监管的最新动态以及 ECHA 根据《杀虫剂产品条例》和《事先知情同意条例》等其他化学品相关立法所获得的化学品信息。

　　ECHA 建立的化学品信息门户网站不仅散发公示企业提交的数据,而且同时公示散发主管部门法规监管过程中产生的与化学品监管相关的信息,显著地提高了所公布数据的可访问性。

　　目前,该化学品数据库系统门户网站已成为全球内容最丰富的化学品法规监管数据库系统,不仅支持欧盟履行其在全球首脑会议上做出的广泛提供化学品信息的承诺,而且该系统收录的化学品数据可以通过 ECHA 网站平台,提供给各国利益相关者和社会公众访问查询,并从中获益。

　　例如,加拿大和澳大利亚主管当局正在利用欧盟的化学品数据,改进完善本国化学品监管体系。企业和非政府组织可以浏览查询他们所感兴趣的化学品信息。ECHA 的化学品数据库系统已被链接到经济合作与发展组织创建的化学品信息门户网站(eChemPortal)上,欧盟开发的化学品管理软件研究成果也被纳入 OECD QSAR[①] 工具包系统,可以通过趋势分析、QSAR 估算或者交叉参考判断帮助填补化学品数据的空白。ECHA 网站平台提供的化学品数据统计如表 2 - 5 所示。

表 2 - 5　ECHA 网站平台提供的化学品数据统计

项　　目	说　　明
注册的化学品数目	截至 2018 年 5 月 31 日预注册期结束时,收录了 88 319 份根据《REACH 条例》注册的化学品卷宗,涉及 21 551 种注册化学物质信息
化学品危害性分类数据	截至 2020 年 9 月底,《公共化学品分类和标签名录》收录了 180 270 种化学物质危险性分类信息
研究概要	200 多万份关于化学品特性性质和效应的研究概要文件
最危险化学品管理信息	截至 2020 年 9 月底,已识别确定 209 种极高关注化学物质名单,其中包括 71 种(类)已采取限制措施的化学物质和 54 种需要授权许可的化学物质

---

①　定量的结构效应关系(Quantitative Structure-Activity Relationship, QSAR)是指一种物质的化学结构与其特定效应能力之间的关系。OECD 定量的结构效应关系工具包系统(the OECD QSAR Toolbox)是一套供政府主管部门、化学工业界和其他利益相关方,用来预测化学品危害评估所需要的毒性和生态毒性数据,以填补其空白的软件应用程序。

4. 编制散发化学品信息卡和简要说明文件,进一步扩大化学品危险性公示交流

在过去的 10 年中,ECHA 通过多种方式改进其化学品危险性信息的公示传递。2016 年 1 月,ECHA 在其政府门户网站上又新推出一种向公众展示化学品信息的全新方式。ECHA 将其收集的 15 万种以上化学品信息,针对不同受众的需求,经过整合编辑后形成三种不同格式的数据文件,呈现给查询的公众,即信息卡(Infocard)、简要说明文件(Brief Profile)和详尽来源数据(Detailed Source Data)。

网站查询到的每种化学品都可以"信息卡"形式,用通俗易懂的语言提供化学物质关键信息,让查询使用者可以快速了解一种化学品的核心信息。例如,该化学品如何分类的、是否属于危险化学品。如果是危险化学品,ECHA 或者各成员方主管当局如何进行审查监管的。

网站中显示的"简要说明文件"对上述这些危险性等核心信息给出了内容更广泛的概要性说明。"简要说明文件"提供的化学品数据可以供社会各界人士下载使用。例如,科技界学者可以利用这些信息来验证其通过 QSAR 模型对化学品特性的预测结果。

"详尽来源数据"则提供了企业向 ECHA 报告的有详尽数据来源的数据信息。ECHA 的化学品信息卡——三氧化铬的信息卡样例如图 2-4 所示。

三氧化铬 chromium trioxide		
法规管理使用名称:2　翻译名称:24　CAS 名称:1　IUPAC 名称:7　商品名称:14 其他标识:4		
物质标识 EC 编号:215-607-8 CAS 登记号:1333-82-0 分子式: CrO₃ 	危险性分类和标签 **危险!**　根据欧盟批准的统一分类与标签(CLP00)规定,该化学品吸入致命;吞咽有毒;皮肤接触有毒;造成严重皮肤烧伤和眼睛损伤;可能引起遗传缺陷;可能致癌;反复或长期接触对器官造成损害;对水生生物毒性非常大且具有长期持续影响;可能引发火灾或爆炸(强氧化剂);怀疑损害生育能力;吸入可能引起皮肤过敏反应和可能引起过敏或哮喘症状或者呼吸困难。 此外,注册企业根据《REACH 条例》向欧盟化学品管理局提供的分类数据,识别出该物质皮肤接触致命,怀疑损害生育力或未出生的胎儿以及可能引起呼吸刺激	受关注的危害性 致癌性 致突变性 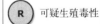可疑生殖毒性 皮肤过敏 Sr 呼吸过敏

(续图)

该物质相关信息	重要注意事项
在欧洲经济区内该物质的生产量和/或进口量为 1～100 000 t/a。该物质被用于物品中；被专业工人（广泛分散使用）；在工业场地被用于配制或重新包装以及工业制造。	极高关注物质并且已被列入需要授权许可的极高关注物质候选名单之中（参见《REACH 条例》附件ⅩⅣ）
消费者使用情况 欧盟化学品管理局不掌握表明该物质是否或可能用于哪种化学产品中的公开注册数据，也不掌握关于该物质向环境中释放的最可能途径公开注册数据。	**如何安全使用** **建议的防范措施：**该物质生产和进口厂商建议的防范措施（附网址链接）
物品服务寿命 该物质会发生环境释放的工业使用：物料配制过程。 欧盟化学品管理局不掌握表明该物质是否使用或加工制造的物品类别公开注册数据。	**安全使用指南：**该物质生产和进口厂商提供的安全使用指南（附网址链接）
专业工人广泛分散使用 该物质被用于下列产品：吸附剂和实验室化学品。 欧盟化学品管理局不掌握使用该物质的制造业种类公开注册数据。 该物质会发生环境释放的工业使用：物料配制过程。 该物质的其他环境释放途径可能发生在：作为反应性物质的室内使用	**信息卡最新更新日期：**2019 年 12 月 12 日

图 2‑4 三氧化铬的信息卡样例

尽管欧盟实施《REACH 条例》过程中，企业申报提交的化学品注册卷宗的质量和全面性以及实施《CLP 条例》提交的危险化学品自我分类结果存在相互矛盾的分类差异，需要申报企业努力达成一致分类结果，但是欧盟化学品管理局创建的化学物质数据库系统门户网站已成为全球内容最丰富的化学品法规监管数据库系统之一，对欧盟乃至全球化学品健全管理做出了突出贡献。

2.1.3 欧盟化学品管理值得研究借鉴的管理理念和经验分析

中国目前主要通过中华人民共和国全国人民代表大会（以下简称“全国人大”）或国务院针对医药品、食品添加剂、危险化学品、农药、兽药、麻醉和精神药品、易制毒化学品等各类不同用途的化学品分别颁布专项法律或行政条例实施不同的管理要求。国家现行化学品法律、行政法规和部门规章中均未明确规定实施《全球化学品统一分类和标签制度》的法律地位。

根据国务院《危险化学品安全管理条例》，危险化学品生产企业应当提供与其生产的危险化学品相符的化学品安全技术说明书，并在危险化学品包装上粘贴或者挂挂与包装内危险化学品相符的化学品安全标签。化学品安全技术说明书和化学品安全标签所载明的内容应当符合国家标准的要求。

中国对危险化学品的管理实行目录管理制度。目前列入《危险化学品目录》(2015 版)的危险化学品只有 2 828 种。对于未列入《危险化学品目录》(2015 版)的危险化学品和混合物或者危险特性尚未确定的化学品，该条例并没有明确提出由生产或进口企业负责其化学品危险性识别分类，并对符合"危险化学品确定原则"的危险化学品履行编制和散发安全标签和 SDS 的责任义务。

中国是全球化学品的生产和使用大国。根据生态环境部(原环境保护部)发布的《中国现有化学物质名录》统计，1994—2011 年中国已经生产和进口现有化学物质 45 614 种。按照生态环境部 2016—2020 年施行新物质申报登记对申报新化学物质危险性 GHS 分类认定结果统计，其中危险类物质占全部获准常规申报登记新物质总数的 82.0%。如果按此比例估算，中国目前生产和进口的 4.5 万多种化学物质中，有大约 3.69 万种化学物质可能属于危险化学品，但其中很大一部分却未鉴别认定其危险性分类和实施危险性公示沟通及有效监管，我国危险化学品安全管理存在巨大的监管空白。

联合国环境与发展大会通过的《21 世纪议程》中强调，"评估化学品可能对人类健康和环境危害的风险是筹划化学品安全和有益使用的先决条件之一"。危险化学品的安全生产、使用、储存和运输很大程度上取决于国家是否建立健全化学品危险性分类和危险性公示制度，以及人们是否了解化学品的危险性质、安全防护以及环境保护措施等。

目前我国缺少一部全国人大颁布的"国家化学品管理法律"或者国务院颁布的行政条例，全面规范调整工业化学品的生命周期，包括生产、进口、加工使用、储存、运输直至废弃处理处置过程中的危险性鉴定分类和危险性公示要求并实施风险管理。

鉴于我国化学品专项法律、法规未能有效规范解决化学品健全管理中存在的危险(害)性鉴定分类和危险性公示问题，迫切需要制定一部类似欧盟《CLP 条例》的"关于化学物质和混合物实施 GHS 危险性分类和标签"的专项法律或国务院行政条例，以保障 GHS 顺利实施。关于中国实施化学品 GHS 现状、存在问题、国家化学品健全管理的需求及其对策建议，请参见本书第 3 章第 3.4 节。

现仅就如何借鉴欧盟《CLP 条例》实施化学品危险性分类和公示经验，研究制定我国化学品危险性分类与公示条例，实施 GHS 立法管理及化学品健全管理提出如下建议。

我国需要尽快研究制定一部实施化学品 GHS 分类和标签的专项法规。

该专项法规应当明确 GHS 实施与国家化学品健全管理战略的关系和定位,明确界定危险化学品的定义和确定原则;明确规定相关主管部门、企业和各利益相关者在实施 GHS 中的职责分工及其责任义务;明确化学品生产和进口企业对其化学品危险性鉴定分类和标签的主体责任等。

建议在该专项法规起草制定中,就以下 5 个事项做出明确的规定。

1. 明确危险化学品的定义和确定原则

专项法规中应对我国"危险化学品(Hazardous Chemicals)"术语做出进一步明确的法律定义,明确我国采纳的 GHS 危险类别(即"危险化学品确定原则")。一种化学品的危险性符合我国采纳的 GHS 危险类别的,即属于法定的"危险化学品"。危险化学品名单范围应当包括列入《危险化学品目录》并实施行政许可管理的危险化学品,以及那些未列入《危险化学品目录》,但其危险性符合危险化学品确定原则的其他危险化学品。所有危险化学品都需要按照 GHS 相关国家标准,实施危险性公示沟通,提供符合 GHS 规定的标签和 SDS。

2. 明确规定企业提供符合 GHS 规定的标签和 SDS 的时间期限

明确规定企业生产或进口销售超过一定量级(如 1 t/a 以上)的化学品(包括化学物质和混合物)应当提供遵循 GHS 规定的标签和 SDS 的时间期限及其过渡期限。建议对于混合物能给予较长的宽限期(如五年以上)。

3. 明确化学品生产和进口企业对其化学品危险性鉴定分类和标签的主体责任

在欧盟,化学品危险性鉴定分类和标签公示都是化学品生产和进口企业的责任。政府主管部门则负责颁布法规、分类标准、审核和公示企业报告的分类结果以及提供其他危险性信息公示,指导(编制指南导则)和实施合规监管检查的责任。

我国《危险化学品安全管理条例》第三条第二款规定:"危险化学品目录,由国务院安全生产监督管理部门会同国务院工业和信息化、公安、环境保护、卫生、质量监督检验检疫、交通运输、铁路、民用航空、农业主管部门,根据化学品危险特性的鉴别和分类标准确定、公布,并适时调整。"第一百条规定:"化学品的危险特性尚未确定的,由国务院安全生产监督管理部门、国务院环境保护主管部门、国务院卫生主管部门分别负责组织对该化学品的物理危险性、环境危害性、毒理特性进行鉴定。根据鉴定结果,需要调整危险化学品目录的,依照本条例第三条第二款的规定办理。"

按照《危险化学品安全管理条例》的上述规定,在我国似乎由国家主管部门负责鉴别确定化学品危险性分类,企业只需根据《危险化学品目录》中的分类结果提供标签和 SDS。该规定大大超越了政府主管部门的实际能力,也不利于化学品危险性分类和公示制度的施行。而且对未列入《危险化学品目录》管理的其他化学品危险性的鉴定分类与标签责任也没有明确规定。

因此,应当明确化学品生产和进口企业对其供应的化学品危险性鉴定分类和标签的主体责任,并建立我国化学品危险性分类和标签申报制度。

建议专项法规应当明确由化学品生产企业和进口供应商参照国家相关标准,根据其掌握的现有可提供数据自主进行鉴定分类,并向主管部门报告其生产和上市销售的化学品危险性分类结果和分类依据。

此外,明确规定危险化学品生产、使用和进口企业应当参考供应商提供的标签、SDS 和其他可提供的数据信息,建立自身生产、使用和销售的危险化学品的标签和 SDS 档案,对其生产、使用的危险化学品采取必要的安全和环境风险防控措施,制定突发事件应急预案,并负责定期对其员工开展关于 GHS 标签要素、安全防护与环境污染防控措施的教育培训等。

4. 明确主管部门在实施 GHS 和化学品健全管理中的职责权限

建议专项法规应当明确规定政府主管部门的职责权限,包括但不限于以下 6 个方面。

(1)负责颁布化学品健全管理法规、危险性鉴别分类相关标准,及时参照联合国 GHS 紫皮书最新修订版本,适时做好我国国家相关标准的更新修订工作。

(2)负责受理生产和进口企业提交的危险化学品分类结果申报和审核,设立国家危险化学品分类和标签信息公示平台(或实施 GHS 网站平台),公示企业报告的分类结果,指导化学品生产、进口企业编制化学品标签和 SDS,并定期进行更新。

(3)组织专家组编制和发布"化学品 GHS 分类标准应用指南"和"标签与 SDS 编制指南"等规范文件,对企业和专业人员从事化学品危险性分类和实施 GHS 提供指导帮助。

(4)履行监管化学品危险性公示沟通的责任。对企业提供的化学品供应链上的标签和 SDS 合规情况进行监督检查,指导和帮助企业提高对合规性和履行社会责任义务的认识,提高社会公众的化学品安全意识。

(5)组织研究开发用于预测化学品物理危险性参数、健康毒性和生态毒性等数据的各类化学品危险(害)性预测 QSAR 模型,促进化学品危险性分类和登记管理。负责组织实施我国化学品 GLP 实验室检测和管理的考核检查,全面提升我国 GLP 实验室检测和管理水平,并加快我国 GLP 实验室实现数据国际互认的步伐。

(6)充分发挥行业协会、工会、环保团体和社会中介机构等社团组织在宣传、推介实施 GHS 中的作用。通过广播、电视、新闻媒体以及各种宣传画册向社会公众开展关于 GHS 危险性分类、象形图、标签要素等知识普及培训活动，宣传普及化学品危害和风险防范基础知识等。

5. 考虑与现行危险化学品立法相衔接，并进一步修订完善现行法规

在研究制定我国化学品分类和标签的专项法规时，应当充分考虑与国家现行危险化学品安全立法相衔接以及进一步修订完善《危险化学品安全管理条例》等工业化学品安全立法。

如上所述，为了保护人类健康和环境，实现化学品健全管理的目标，欧盟施行《CLP 条例》和《REACH 条例》这一对孪生法规，《CLP 条例》用于识别判定化学品危险性分类和进行危险性公示；《REACH 条例》用于注册收集欧盟化学品生产、使用、进口和暴露场景数据，以及化学品安全和风险防控措施信息。经过危害识别与评估，筛选确定"极高关注物质名单"以及"需授权许可的极高关注化学物质名单"，通过授权许可和限制程序，对其实施禁止或严格限制措施。两部法律相辅相成，共同的目标都是实现化学品安全生产和使用，保护人类健康和环境，同时增强欧洲工业的创新和竞争力。通过实施《REACH 条例》和《CLP 条例》，欧盟在全球化学品安全领域位居领先地位。

因此，我国在研究制定化学品分类和标签管理专项条例时，应当充分考虑与《危险化学品安全管理条例》等国家现行危险化学品安全立法相衔接并考虑对《危险化学品安全管理条例》等进行必要的修订调整。

与欧美等发达国家化学品安全立法体系和制度相比，我国工业化学品安全管理立法中，尚缺少发达国家通行的几项化学品管理制度。例如，"优先化学品筛选和风险评估制度""污染物释放和转移登记制度"等核心制度，可能今后亟须进行调整，才能应对已上市销售的现有化学品生产和使用带来的日益突出的人体健康和环境污染风险问题。

建议修改完善《危险化学品安全管理条例》等现行法规时，借鉴发达国家实施"优先化学品筛选和风险评估制度"的成功做法，明确设立"优先化学品筛选和风险评估制度"，筛选确定需要实施许可管理的最危险化学品名单。

此外，现行《危险化学品目录》管理思路和方式也需要适当调整。根据《危险化学品安全管理条例》编制的《危险化学品目录》(2015 版)列出了 2 828 种危险化学品名称，对没有列入《危险化学品目录》(2015 版)的大量危险化学品没有给出明确清晰的管理方式。建议对《危险化学品目录》(2015版)进行修订时，适当调整管理思路和方式，即只将那些危险性最大的危险化学品品种和最需要实行行政许可管理的危险化学品纳入《危险化学品目录》(2015 版)管理。

对其他具有较高或中等危险(害)的危险化学品不纳入《危险化学品目录》管理,但仍然需要执行危险化学品登记、危险性公示沟通等管理制度,通过其他手段依靠政府部门、企业和社会公众的全员积极参与,共同治理监控其安全风险。

2.2 日本化学品立法管理理念及其管理策略

为了顺应国际化学品管理趋势的发展变化,日本政府提出以可持续发展世界首脑会议确立的 2020 年化学品管理战略目标为导向,建立与欧盟《REACH条例》类似的现有化学物质风险评估体系,修订新化学物质的评审制度并建立高关注化学物质的管理方法。

日本在 1986 年、2003 年、2005 年、2009 年曾四次修订《化学物质控制法》,对新化学物质实行严格的上市前审查评估制度。在第四次修订前,虽然日本《化学物质控制法》要求对该法颁布以前已经上市的现有化学物质由日本政府主管部门负责开展危害评估和风险评估,必要时采取法规管制措施,但是一直未针对所有现有化学物质实施风险评估。

日本迫切需要通过责成现有化学物质的制造商和进口商申报每年化学品的生产量和进口量,必要时要求其提交毒性数据,来稳步实施现有化学物质的风险评估,进一步加强对特定化学物质等严格监管。

2009 年 5 月日本国会通过了修订的《化学物质控制法》,自 2011 年 4 月起全面施行。基于风险管理的理念,日本引入了"优先评估化学物质筛选和风险评估制度"。对于生产量或进口量在 1 t 以上的一般化学物质,要求企业报告生产量、进口量和使用用途信息等。要求生产或进口在 1 t 以上的优先评估化学物质企业报告其生产量、进口量和详尽使用用途等信息并在产品供应链上传递优先评估化学物质的相关信息。

根据收集的全部信息,由政府主管机关负责开展优先评估化学物质筛选和风险评估,并根据评估结果,对确定会造成健康和环境有害效应引起关注风险的化学物质,可以按照《化学物质控制法》对"第 2 类特定化学物质"生产和使用的相关规定进行管理。

本节综述了日本化学品管理立法体系、管控的重点对象物质、优先评估化学物质筛选和风险评估程序方法、各类管控化学物质监管措施以及日本化学品监管体制与协调机制等。评述重点放在 2011 年 4 月全面修订施行的《化学物质控制法》以及 2008 年 11 月修订的《促进掌握特定化学物质环境排放量及改善管理法》(以下简称《PRTR 法》)两部主要法律的立法目的、主要管理规定、优先评估化学物质筛选和风险评估程序、重点管理对象物质和其监管措施以及法律实施现状等。

最后针对我国化学品安全和健全管理,从十个方面归纳提出值得研究借鉴的日本化学品立法管理理念和实践经验。

2.2.1　日本化学品管理立法体系概述

1. 日本化学品管理立法框架体系

日本是亚太地区的经济发达国家,化学工业较发达。据 Cefic 2020 年发布的《欧洲化学工业事实与数字(2020 年版)》报告,2018 年全球化学品销售总额为 33 470 亿欧元。其中,中国、欧盟、美国和日本化学品销售额分别为 11 980 亿欧元、5 650 亿欧元、4 680 亿欧元和 1 800 亿欧元。日本化学品销售额位居世界排名第四(图 2-5)。

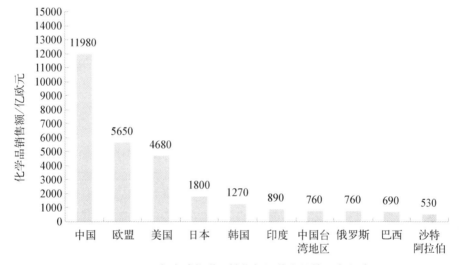

图 2-5　2018 年全球化学品销售额居前十位的国家和地区

20 世纪 60 年代日本经济快速增长,曾经发生过有机汞污染造成的“水俣病”、镉污染造成的“骨痛病”、“四日市哮喘病”和“多氯联苯污染的米糠油”四大公害事件。例如,1953—1956 年日本熊本县水俣湾由于石油化工厂排放含汞废水,造成当地居民食用水俣湾的鱼贝后甲基汞中毒事件。当时有 111 人中毒,死亡 41 人。1973—1975 年最终确认 1 603 人受害,226 人死亡。患者手足协调失常、步行困难,有运动、智力、听力及言语障碍,肢端麻木、视野缩小;重症者神经错乱、痉挛,最后死亡。

因此,1973 年日本颁布了世界上首部《化学物质控制法》,对化学品环境安全性进行审查评估与监管。目前,日本已经建立了较完整的化学品安全和环境管理法规体系(表 2-6)。

表2-6 日本化学品安全和环境管理相关立法(以施行年份为序)

序号	法律名称及施行年份	主管当局	法规适用范围
1	《食品卫生法》No. 233,1947	厚生劳动省	食品、食品添加剂、容器以及包装等的卫生和健康危害管理
2	《农用化学品控制法》No. 82,1948	农林水产省、环境省	农药等农用化学品登记、药效、安全和施用
3	《建筑标准法》No. 201,1950	国土交通省	可能造成居室内卫生问题化学物质(如毒死蜱和甲醛)的管理
4	《有毒有害物质控制法》No. 303,1950	厚生劳动省	特定有毒物质和有害物质(Deleterious Substances)健康卫生管理
5	《药事法》No. 145,1960	厚生劳动省、农林水产省	医药品、化妆品、医疗器械质量、效果和安全管理
6	《家用产品质量标签法》No. 104,1962	内阁府、经济产业省	普通消费者日常生活使用,且在其采购时难于确认其质量的纺织品、塑料制品、电气和电器产品质量安全管理
7	《大气污染防治法》No. 97,1968	环境省	有害大气污染物污染防治和排放标准等
8	《废物处置与清扫法》No. 137,1970	环境省	固体废物处理处置
9	《水污染防治法》No. 138,1970	环境省	废水污染防治和排放标准
10	《工业安全与健康法》No. 57,1972	厚生劳动省	作业场所相关化学品,工人安全与健康,防止事故危害管理
11	《含有害物质家用产品管理法》No. 112,1973	厚生劳动省	家用产品中含有化学物质管理
12	《化学物质控制法》No. 117,1973	厚生劳动省、经济产业省、环境省	工业化学品(农药、肥料、医药品等其他法规管理的化学品除外)
13	《通过控制特定物质保护臭氧层法》No. 53,1988	经济产业省、环境省	破坏臭氧层的特定化学品
14	《PRTR法》No. 86,1999	经济产业省、环境省	控制对健康和环境有害的指定化学物质(包括破坏臭氧层物质)的环境排放和报告要求
15	《二噁英类物质特别措施法》No. 105,1999	环境省	二噁英类污染物标准和控制措施
16	《土壤污染对策法》No. 53,2002	环境省	防止和消除特定危险物质对农田的污染

同时,日本化学品相关法规监控化学品的急性和慢性毒性对人体健康和环境的危害,监控化学品的暴露场景途径不仅涉及工作环境作业场所,还包括消费者通过食品、医药品、农产品和日用化学产品的暴露以及通过环境中有毒有害物质和环境污染物排放的暴露(表 2-7)。

表 2-7 日本主要化学品相关法规监控的化学品危害与暴露的范围

暴　露	危　害		
	对人体急性毒性	对人体长期慢性毒性	对生活环境(含动植物)的影响
工作环境	《有毒有害物质控制法》	《工业安全与健康法》 《农用化学品控制法》	《通过控制特定物质保护臭氧层法》
消费者	《农用化学品控制法》 《食品卫生法》 《药事法》 《家用产品质量标签法》 《含有害物质家用产品管理法》 《建筑标准法》		
通过环境	《有毒有害物质控制法》	《PRTR 法》 《农用化学品控制法》 《化学物质控制法》 《通过控制特定物质保护臭氧层法》	
通过污染物和烟囱的排放	《大气污染防治法》 《水污染防治法》 《土壤污染对策法》		
废物	《废物处置与清扫法》及其他法令		

2. 主要化学品管理立法概述

日本化学品管理最主要的三部法律是《化学物质控制法》《PRTR 法》《工业安全与健康法》。

日本《化学物质控制法》旨在防止化学物质的环境污染对人体健康或生态系统造成损害的风险。该法对工业化学品的生产、进口、使用等实施审查评估和监管,设立了新化学物质审查评估、优先评估化学物质筛选和风险评估等制度。

根据《化学物质控制法》的规定,经审查评估后,将化学物质分别指定为第

1 类特定化学物质、第 2 类特定化学物质、监测化学物质、优先评估化学物质或者一般化学物质,并依法实施相应的监管措施。

《PRTR 法》旨在促进企业自愿改进其化学品管理,并通过管理化学品的环境释放来防止环境污染。该法要求相关公司企业报告其向环境中释放和通过废物转移处置的第 1 类和第 2 类特定化学物质的数量。

政府主管部门每年公布全国 PRTR 汇总结果,借以检验评估国家化学品管理对策的绩效,并促进企业改进化学品管理和鼓励公众参与。根据《PRTR法》,企业还必须通过 SDS 和标签向其供应链下游用户传递第 1 类和第 2 类特定化学物质危害和安全防范措施信息。

《工业安全与健康法》旨在维护作业场所工人的安全与健康,防止化学事故发生并创造舒适的工作环境。该法规定了预防职业危害的标准和综合性监管措施。对严重危害工人健康、威胁作业安全的 2 000 多种各类有害化学物质,采取了禁止生产使用、经批准后才能生产使用及进行适当安全防护等措施,并要求企业参照日本《基于 GHS 标签和 SDS 的化学品危险性公示标准(JIS Z7253)》,提供符合 GHS 要求的标签和 SDS。这三部法律的实施大大促进了日本的化学品健全管理。

本章 2.2.2 和 2.2.3 小节将对《化学物质控制法》和《PRTR 法》进行详尽介绍。

2.2.2 《化学物质控制法》述评

1. 立法目的

日本制定《化学物质控制法》的目的是在制造或进口前建立一项新化学物质危害特性评估制度,并适当考虑其危害特性和暴露等情况下,对化学品的生产、进口和使用等采取必要的管制措施,防止化学物质环境污染对人体健康造成损害或干扰动植物栖息和/或生长的风险。

2. 主管当局

2001 年以前,该法主管当局为日本厚生省、通商产业省①。2001 年 1 月以后环境省参与该法的共同管理。此后一直由厚生劳动省、经济产业省以及环境省三个部门共同执法监管。

3. 颁布与修订情况

日本《化学物质控制法》颁布于 1973 年,并于 1986 年、1999 年、2003 年和 2009 年进行过四次较大调整修订。2017 年又对部分条款进行修订。现将《化学物质控制法》修订基本情况概述如下。

---

① 2001 年,日本厚生省组改为厚生劳动省,通商产业省组改为经济产业省。

（1）1973 年颁布：主要对具有持久性、生物蓄积性和人体健康长期毒性的物质，如多氯联苯类物质实施生产/进口限制。

（2）1986 修订：考虑到有必要对具有持久性和长期毒性，而非生物蓄积性的物质（如三氯乙烯等）实施限制，根据这类物质在日本环境中的残留状态进行了修订。

（3）1999 年修订：2001 年 1 月日本政府和部委进行机构改革重组，该法修改为由三个部门，即厚生劳动省、经济产业省和环境省共同负责监管。

（4）2003 年修订：引入增加了以对动植物影响（生态毒性）为重点的评审/核查制度，并考虑了对环境污染物排放的评估制度。

（5）2009 年修订：全面修改了化学物质审查评估和核查制度。引入"优先评估化学物质筛选和风险评估"制度。对所有超过一定数量的生产/进口化学物质（包括现有化学物质）实施筛选评估，对筛选出不能确定风险足够低的"优先评估化学物质"，逐步收集其生产、使用用途和长期毒性等信息并由政府主管部门实施风险评估和风险管理。

（6）2017 年部分修订：修改了低产量新化学物质（Low Production Volume New Chemical Substances，LPVNCS）和小量新化学物质（Small Volume New Chemical Substances，SVNCS）上限值基准及确定该值的环境释放量排放因子（Emission Factor）。此外，还修改了一般化学物质（General Chemical Substance，GCS）的定义范围，重新从中划定出"特定一般化学物质（Specified General Chemical Substance，SGCS）"和"特定新化学物质（Specified New Chemical Substance，SNCS）"，并实施针对性管理措施。

现具体分析 2017 年《化学物质控制法》修订的情况。按照日本《化学物质控制法》规定，应当每 5 年对该法可能需要修订事项进行一次评估，以使该法与化学品相关行业现状相适应。《化学物质控制法》前一次修订于 2011 年 4 月完成。日本政府于 2016 年年底举行了 3 次咨询会议，就该法可能需要修订与利益相关方进行了磋商。而后 2017 年 1 月，日本经济产业省和环境省公布了该法的修正草案，进一步征求公众意见。2017 年 3 月 7 日日本政府审议通过了对《化学物质控制法》的修正案。

《化学物质控制法》本次修订主要涉及两个主要问题。第一个问题针对工业界提出的诉求意见。根据《化学物质控制法》规定，全国生产或进口总量小于 1 t/a 的新化学物质被视为"小量新化学物质"。在经厚生劳动省、经济产业省和环境省审核确认后，企业可以豁免进行审查评估，实行事前备案制度。同样，对于生产或进口总量小于或等于 10 t/a 的新物质被视为"低产量新化学物质"，企业也可享有简化审查的事前备案制度。但是，工业界抱怨认为该新物质申报的量级门槛设定太低。当有多家企业申请同一物质的少量豁免时,其总吨位往往会超过豁免的门槛,造成相关申报企业不得不磋商谈判和减少生产或进口量,这对企业的经营产生负面影响。

为了解决这一问题,日本主管部门在本次《化学物质控制法》修订后,采用一个称为"环境释放量"的新概念和新的申报量级计算方法。在修订的《化学物质控制法》中,对上述量级的上限值基准做出了调整:对 LPVNCS,上限值修改为基于计划生产或进口量计算得到该物质向全国环境中排放的总量小于或等于 10 t/a;对 SVNCS,上限值修改为基于计划生产或进口量计算得到该物质向全国环境中排放的总量小于或等于 1 t/a。

为了计算向环境中排放的总量,日本主管部门提出了适用于不同行业各用途种类的排放因子。排放因子是指一种新化学物质向环境介质排放的强度。其根据新物质的具体用途种类来确定并因行业而异。对于同一种化学物质,其排放因子值可能因不同的用途而异。

2018 年 9 月 14 日日本厚生劳动省、经济产业省和环境省联合公布了 LPVNCS 和 SVNCS 生产/进口量级计算方法及其环境释放量的排放因子计算方法,并自 2019 年 1 月 1 日起施行。

LPVNCS 和 SVNCS 环境释放量计算公式为

$$环境释放量=新物质经确认的生产或进口计划量×日本主管省$$
$$厅部长确定的该新物质每种用途的排放因子$$

适用于各用途种类的新化学物质排放因子如表 2-8 所示。

表 2-8 适用于各用途种类的新化学物质排放因子

用途代码	用 途 种 类	排放因子
101	中间体	0.004
102	油漆、凡士林、涂料、油墨、复印产品或杀生物产品使用的溶剂	0.9
103	黏合剂、压敏黏合剂或密封剂使用的溶剂	0.9
104	金属清洗用溶剂	0.8
105	纤维布料清洗用溶剂①	0.8
106	清洗其他物品(104、105 除外)使用的溶剂	0.8
107	工业溶剂(102~106 除外)	0.4
108	气溶胶或物理发泡剂使用的溶剂	1
109	其他溶剂(102~108 除外)	1

（续表）

用途代码	用 途 种 类	排放因子
110	化学过程调节剂	0.02
111	染色剂(供染料、颜料、染色材料等使用)	0.01
112	水性清洗剂(限工业使用)	0.07
113	水性清洗剂(限日常生活或商业使用)	1
114	蜡(地板、轿车、皮革等)	1
115	涂料或喷涂	0.01
116	油墨或复制碳粉	0.1
117	船舶底漆使用的防污剂或渔网用防污剂	0.9
118	杀生物药剂(限物品中使用)	0.04
119	杀生物药剂(工业使用,且排除物品中使用)	0.2
120	杀生物药剂(日常生活使用或商业使用)	0.4
121	爆炸品、化学发泡剂或固体燃料	0.02
122	空气清新剂或除臭剂	1
123	黏合剂、压敏黏合剂或密封剂	0.02
124	抗性材料、摄影材料或印刷版材料	0.05
125	合成纤维或纤维处理剂	0.2
126	造纸用化学品或纸浆制造用化学品	0.1
127	塑料或塑料添加剂或塑料加工助剂	0.03
128	合成橡胶或橡胶添加剂或橡胶加工助剂	0.06
129	皮革加工药剂	0.02
130	草制品、搪瓷产品或水泥产品	0.03
131	陶瓷、耐火产品或细陶瓷产品	0.1
132	砂轮、磨料、摩擦材料或固体润滑剂	0.1
133	金属制造和加工用材料	0.1
134	表面处理剂	0.1
135	焊接材料或钎焊材料或熔断材料	0.03
136	液压油、绝缘油或润滑油	0.02
137	金属加工液或防锈油	0.03

(续表)

用途代码	用　途　种　类	排放因子
138	电气材料或电子材料	0.01
139	电池材料(限初级电池或二级电池使用)	0.03
140	水处理用化学品	0.05
141	干燥剂或吸收剂	0.09
142	热传导液	0.08
143	防冻液	0.08
144	建筑材料或建筑材料用添加剂	0.3
145	灭火用化学品或填埋处置预处理用化学品②	1
146	分离或精炼工艺用药剂③	0.1
147	燃料或燃料添加剂	0.004
199	供出口用产品	0.001

注：① 如干洗溶剂、除锈斑溶剂。
② 如防冻剂、土壤调节剂、灭火剂。
③ 如浮选剂、金属浸出剂、扩散剂、絮凝剂。

为了计算 LPVNCS 和 SVNCS 环境释放量,日本主管当局于 2018 年 7 月 27 日发布公告,要求申报人请求主管部门事先核实其申报物质量级时,需提供使用证明材料(如销售合同、发票和用途确认文件),包括新物质名称、用途编码和用途种类等。

通过《化学物质控制法》的上述修订,不仅解决了申报企业关注的申报量级基准值偏低且可能对企业生产经营造成负面影响的问题,而且有利于促进企业努力减少新化学物质的环境释放,保护人体健康和环境,同时可以减轻主管部门审核评估常规申报新物质的工作负荷。

2017 年《化学物质控制法》修订中解决的另一个重要问题是针对某些对人体健康或动植物有高毒性化学物质的监管问题。根据《化学物质控制法》规定,按照新化学物质审查评估程序和评估标准,如果在审查评估中,发现某种物质不具有环境持久性和生物蓄积性等危害特性,确认其不属于第 1 类特定化学物质、第 2 类特定化学物质或者优先评估化学物质,则作为"一般化学物质"进行管理。显然,这些化学物质的分类结果并未充分考虑其毒性危害水平,也缺少适当管理措施。

近年来针对一般化学物质中存在某些对人体和动植物高毒性的化学物质,但缺少必要管控措施的情况,为了防止这些物质随意排放到环境中,在

2017 年《化学物质控制法》修订中,日本政府主管部门修改了一般化学物质的定义范围,从法定的 GCS 中重新划分出 SGCS 和 SNCS 两子类物质,并实施针对性管理措施。

SGCS 是指在一般化学物质中的任何对人类和动植物具有高毒性的化学物质。SNCS 是指符合特定一般化学物质的高毒性范围内的新化学物质。

《化学物质控制法》修订后,规定了如下 3 项管控措施。

(1)告知评估结果。如果一种新化学物质经审查评估被确定属于 SNCS,则(厚生劳动省、经济产业省和环境省)主管部长必须告知该物质的申报人,并公告该评估结果。

(2)提供指导和建议以及企业的报告责任。主管部长可以对企业经营者的 SGCS 或 SNCS 的操作处置提供指导和建议,并要求企业经营者报告该物质操作处置的情况。

(3)信息沟通义务。当企业经营者转运或提供 SGCS 或 SNCS 给其他企业经营者时,必须努力向接收用户提供该物质属于 SGCS 或 SNCS 的信息。

2017 年 12 月 13 日日本主管当局发布内阁第 304 号令,明确规定,对 SGCS 和 SNCS 的相关规定从 2018 年 4 月 1 日起施行。

4.《化学物质控制法》管控的化学品类型

《化学物质控制法》管控的化学品类型和截至 2020 年 9 月底已经列入管控名单的各类化学品数目情况如表 2-9 所示。

表 2-9　《化学物质控制法》管控的化学品类型和截至 2019 年
12 月底已经列入管控名单的各类化学品数目情况

管控物质名称	定　义　解　释	数　量
第 1 类特定化学物质	具有持久性、高生物蓄积性和长期毒性(对人类或较高营养级别食肉动物的长期毒性)的化学物质	33 种
第 2 类特定化学物质	具有持久性、低生物蓄积性和长期毒性(对人类或人类生活环境中动植物的长期毒性),且在广域环境中大量残留的化学物质	23 种
监测化学物质	具有持久性和高生物蓄积性,但其长期毒性不确定的化学物质(作为第 1 类特定化学物质候选对象)	41 种
优先评估化学物质	具有持久性、低生物蓄积性,未查明确定该化学物质的长期毒性;且在环境中有相当数量残留,不能确定对人类和生活环境中动植物有足够低风险的物质(作为第 2 类特定化学物质的候选对象)	257 种
一般化学物质	除上述以外的其他工业化学物质	

（续表）

管控物质名称	定 义 解 释	数 量
特定一般化学物质	在一般化学物质中任何对人类和动植物有高毒性的化学物质	
特定新化学物质	符合特定一般化学物质高毒性范围内的新化学物质	

5.《化学物质控制法》的审查评估程序

《化学物质控制法》的审查评估程序如图2-6所示。

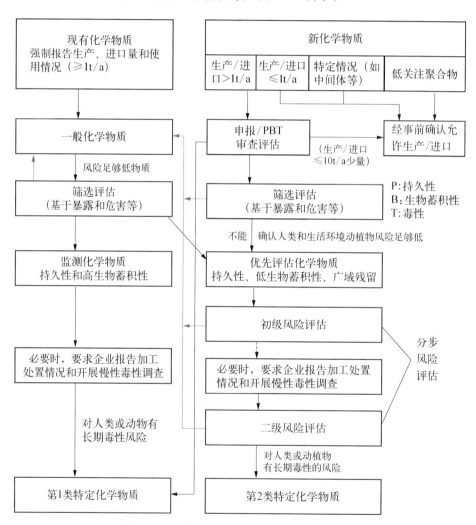

图 2-6 日本《化学物质控制法》审查评估程序

6. 新化学物质审查评估和历年申报情况统计

根据《化学物质控制法》规定，日本对生产/进口量大于或等于1 t/a的新化学物质应进行生产前或进口前申报制度。在生产或进口一种新化学物质之前，生产厂家和进口商应事先向日本主管部门提出申报，并提交该物质的分解性、蓄积性和毒性数据。由主管部门根据生产商或进口商提交的申报材料，进行事前评估和判定，以确认新化学物质是否具有以下危害特性：（1）可降解性，即该物质是否在自然环境中易于生物降解或化学分解；（2）蓄积性，即该物质是否易于蓄积在生物体内；（3）对人类长期（慢性）毒性，即该物质是否可能通过持续摄入影响人体健康；（4）对环境的影响，即该物质是否会影响动物和/或植物的栖息或生长。

首先，进行"PBT 物质的审查评估"。根据 PBT 物质判定标准，对具有多氯联苯那样的持久性、高蓄积性、慢性毒性的化学物质直接列为第 1 类特定化学物质，原则上禁止生产或使用。

其次，进行"筛选评估"。根据《化学物质控制法》规定，基于化学品的危害性和暴露水平进行筛选评估。将危害等级和暴露等级均评定为"高"，且不能确认风险足够低的物质指定为"优先评估化学物质"，进行后续的风险评估。

最后，经风险评估后，将确认具有持久性、低蓄积性、慢性毒性的化学物质列为第 2 类特定化学物质，对其生产量和进口量进行控制。而将可以认定风险足够低的化学物质撤销原"优先评估化学物质"的指定，仍作为一般化学物质管理。

新物质的备案核准：对全国生产/进口量小于或等于 1 t/a 的少量新物质；作为中间体在密闭条件下使用的新物质；低关注聚合物（PLC）新物质以及低产量（生产/进口总量小于或等于 10 t/a）、具有持久性，但无生物蓄积性的新物质实行事前备案制度。经主管部门核实确认后，允许其生产或进口。

多年来日本新化学物质申报数量基本上呈逐年上升趋势。在 2012 年日本受理评估的新化学物质常规申报数量最多，申报总数为 702 件。2018 年新化学物质常规申报总数为 574 件。日本历年新化学物质申报登记情况统计如表 2-10 所示。

表 2-10　日本历年新化学物质申报登记情况统计

年份/年	生产/件	进口/件	生产和进口/件	合计/件
1974	114	96	—	210
1975	45	37	—	82
1980	160	93	—	253
1985	286	90	—	376
1990	218	54	—	272
1995	223	73	—	296

（续表）

年份/年	生产/件	进口/件	生产和进口/件	合计/件
2000	291	82	—	373
2005	349	94	—	443
2008	502	164	—	666
2009	440	182	—	622
2010	402	151	27	580
2011	—	—	684	684
2012	—	—	702	702
2013	—	—	552	552
2014	—	—	624	624
2015	—	—	578	578
2016	—	—	597	597
2017	—	—	517	517
2018	—	—	574	574

7. 优先评估化学物质的筛选评估与指定

根据修订的《化学物质控制法》规定，日本建立了"优先评估化学物质筛选和风险评估"制度。该法将"优先评估化学物质的风险评估"定义为"评估确定这些化学物质的环境污染是否会对人体健康造成伤害风险或者对人类生活环境中动/植物的栖息和生长造成损害风险"。风险评估旨在使主管部门能根据《化学物质控制法》的规定，确定其行使监管权力的必要性。

优先评估化学物质筛选和风险评估首先要从一般化学物质中筛选甄别指定"优先评估化学物质"，然后再对优先评估化学物质开展风险评估，并根据评估结果将符合判定条件标准的优先评估化学物质指定为第 2 类特定化学物质并实施监管。如果经风险评估确定其为风险较低或无风险的化学物质，则仍作为一般化学物质管理。

日本优先评估化学物质筛选和风险评估流程如图 2-7 所示。

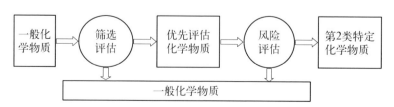

图 2-7　日本优先评估化学物质筛选和风险评估流程

现将优先评估化学物质筛选评估程序分为以下三个步骤。

（1）步骤一：判定危害性分类

优先评估化学物质筛选评估中，危害性评估只考虑化学物质的反复接触慢性毒性[①]、致突变性、致癌性和生殖毒性，并从高到低设定类别 1、类别 2、类别 3 和类别 4 这四个表示危害水平的类别。根据申报企业自愿报告的化学物质危害性数据和主管机构已掌握的危害性信息，参照 GHS 分类标准和《化学物质控制法》规定的分类规则，判定每种报告化学物质的反复接触慢性毒性、致突变性、致癌性和生殖毒性的危害类别。

如果一种物质的反复接触慢性毒性和致突变性缺少分类数据时，则可以采用"类别 2"代表其危害性分类类别，而不是视为"无危害"。但是致癌性和生殖毒性缺少分类数据时，则不做分类。

最后选择一种化学物质四个危害类别中毒性最高者，代表该物质的健康危害类别进行优先性评估。环境危害性分类也采用类似的方法进行判定。

健康和环境危害性类别判定选择方法如图 2-8 所示。

危害性种类	类别1	类别2	类别3	类别4
反复接触慢性毒性		○		
致突变性	无数据			
致癌性	无数据			
生殖毒性			○	

危害分类：类别2　　选择4个危害类别中毒性最高者代表该物质健康危害类别

图 2-8　健康和环境危害性类别判定选择方法

（2）步骤二：确定暴露等级分级

① 确定化学物质的用途种类

作为不同用途使用时，化学物质向环境中的排放因子不同。在筛选优先评估化学物质时，日本主管部门根据化学物质危害特性，将化学物质的用途划分为若干个用途种类和子用途类别。对于一般化学物质，设立了约 50 个用途种类。对于优先评估化学物质、监测化学物质，除了设立的 50 个用途种类之外，还将每个用途种类进一步细分，设立了大约 280 个子用途类别。要求超过规定数量（1 t 或 1 t 以上）的生产或者进口所有化学物质（包括现有化学物质）的制造商或者进口商申报其每年生产或者进口该物质的数量，并按照要求如实填报其申报化学物质的用途种类和子用途类别代码。

---

① 特定靶器官毒性（反复接触）。

② 设定化学物质排污因子

根据开展化学物质环境监测调查以及生产、使用过程中化学物质环境释放情况调查结果等,日本设定了用于优先评估化学物质筛选评估中各用途种类(类别)的排污因子。

③ 环境排放量(暴露量)的估算

环境排放量(暴露量)通过化学物质生产和进口量以及每个用途种类的排污因子进行估算。根据申报企业报告的各类化学物质的年生产量、进口量等以及每种物质的详尽用途种类信息,计算其环境排放量(暴露量)的公式为

$$环境排放量(暴露量)=生产阶段的排放量(A)+$$
$$使用阶段的排放量(B)$$

式中,$A=$报告的生产量$\times$生产阶段的排污因子;$B=\sum[(报告的)每个$用途种类的输送量$\times$每个用途种类的排污因子]。

④ 确定暴露分级

计算出一种化学物质的全国总排放量后,按照下述暴露等级分级基准,确定其暴露程度等级。其暴露等级分级基准如表 2-11 所示。

表 2-11 暴露等级分级基准

暴露程度等级	全国总排放量/t
类别 1	>10 000
类别 2	1 000~10 000
类别 3	100~1 000
类别 4	10~100
类别 5	1~10

(3) 步骤三:优先评估化学物质的判定

根据上述步骤确定了一种化学物质的危害性分类和暴露等级结果后,将获得的信息用于生成一份化学品优先级矩阵图(图 2-9)。在筛选评估中,基于风险管理的理念,将危害等级和暴露等级均评定为"高"的化学物质视为"不能确定风险足够低的化学物质",并指定为"优先评估化学物质"。

再由(经济产业省、厚生劳动省和环境省委派专家组成的)部际间联合委员会对上述矩阵图中危害等级和暴露等级评定为"中"的化学物质进行详尽评估。如果该委员会认为有必要,那么该化学物质也可以指定为"优先评估化学物质"。

将处于低风险区域的化学物质视为"可确认风险足够低的化学物质",并仍作为"一般化学物质"管理。

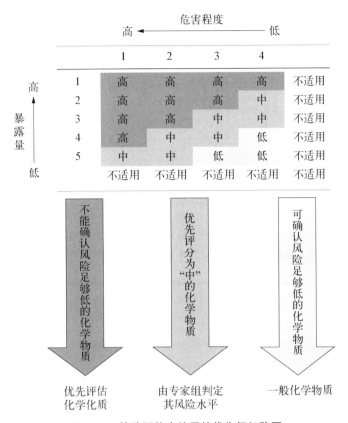

图 2 - 9　筛选评估中使用的优先级矩阵图

8. 优先评估化学物质的风险评估

根据《化学物质控制法》的规定,日本按照排定的优先顺序,分步骤地要求相关企业开展危害性测试调查等,逐步收集所需要的化学品危害和暴露相关信息,完成优先评估化学物质的风险评估。

日本之所以采取逐步开展风险评估做法是基于以下两点考虑。

(1) 需要进行风险评估的优先评估化学物质数目众多,一下子就对所有优先评估化学物质进行详细风险评估既不现实,也需要大量的信息、时间和人力资源。

(2) 日本《化学物质控制法》规定了企业应当向主管部门报告其生产数量等信息。必要时,主管部门可以要求企业报告化学品危险信息或加工处置情况,并指示企业开展化学品危害性测试调查,以实施优先评估化学物质的风险评估。因此,优先评估化学物质的风险评估程序需要与逐步收集信息制度相协调一致。

日本优先评估化学物质的风险评估流程如图 2 - 10 所示。

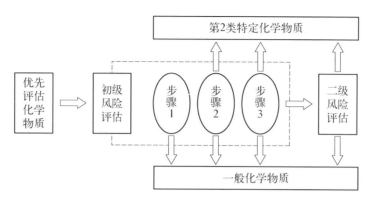

图 2-10　日本优先评估化学物质的风险评估流程

风险评估过程分为初级风险评估（Primary Risk Assessment）和二级风险评估（Secondary Risk Assessment）两个阶段。初级风险评估分为三个步骤完成。

步骤 1：仅利用相关企业报告的数据，如生产/进口量、暴露量来评估确定需要开展后续步骤 2 的优先评估化学物质的优先顺序。当可以提供致突变性或致癌性危害信息时，根据估计的排放量进行优先排序。反之，则利用估计的排放量来设定要求企业提供危害性信息报告的优先顺序。如果一种优先评估化学物质估计的全国排放量在 1 t 或 1 t 以下时，则该物质不再进入下一轮的步骤 2 进行评估，仅需要对其下一年度的生产/进口量进行监测。

步骤 2：利用根据《PRTR 法》获取的 PRTR 数据和全国化学品环境监测调查数据来确定评估化学品的哪些用途需要企业进一步报告其加工处置情况；确定是否可以利用现有数据将该优先评估化学物质指定为第 2 类特定化学物质，或者对该物质进一步危害性调查提出指导意见。如果不能完成这两项任务，则评估确定开展后续步骤 3 的必要性，并明确说明要求相关企业报告该物质加工处置情况及开展补充监测调查的区域。

步骤 3：利用企业新报告的化学品加工处置信息和补充监测数据来确定是否需要指示相关企业开展进一步危害性测试调查。如果已经获得《化学物质控制法》规定的长期毒性根据，则不再开展进一步危害性调查或者二级风险评估，就可以决定第 2 类特定化学物质的指定。根据步骤 3 的结果，还可以确定是否撤销原优先评估化学物质的指定。

二级风险评估审查评估关注的是化学物质的长期（慢性）毒性，并确认其是否应当作为第 2 类特定化学物质进行监管。此外，根据初级风险评估步骤 3 的评估结果，确定撤销哪种优先评估化学物质的指定。

日本优先评估化学物质风险评估步骤的简要工作说明如表 2-12 所示。

表 2 - 12　日本优先评估化学物质风险评估步骤的简要工作说明

步　骤	简要工作说明
1. 初级风险评估	以全部优先评估化学物质为对象进行风险评估
1.1　评估准备工作	为了开展初级风险评估步骤 1,按照其生产量等准备和整理优先评估化学物质的降解性/生物蓄积性信息
1.1.1　信息梳理	梳理相关企业报告的信息,如生产量和特性信息(降解性、蓄积性、危害性、物理化学性质)
1.1.2　优先评估化学物质的提取	整理和汇总企业报告的生产量信息等。对生产/进口总量小于或等于 10 t/a 的物质进行审核检查
1.1.3　识别确定需评估的化学物质对象	从以下方面识别和确定需评估的化学物质对象: 评估/确定后的化学物质,即通过检查核对降解性试验中存在/不存在降解产物(无论母体化合物,还是降解产物等),识别和选定作为评估对象的化学物质; 评估/确定前的化学物质,即核对所指定的优先评估化学物质与其危害信息之间对应关系的适当性
1.1.4　选择数据	对每种评估对象的化学物质,按照可靠性进行排序,选择降解性、蓄积性和物理化学性质数据
1.1.5　降解性和蓄积性评估	提取出可疑的不能快速降解/高蓄积性的物质; 评估降解性和蓄积性(通过分子结构预测、类比方法进行总体评估等)
1.2　步骤 1	根据可提供的少量信息数据,设定后续阶段工作的优先顺序
1.2.1　危害评估	人体健康影响,即推导出一般(慢性)毒性/生殖发育毒性的危害评估值[①],并推导出可能的致突变性或致癌物质; 环境影响,即推导出对水生生物的 PNEC
1.2.2　暴露评估	根据企业报告生产量等信息估算出每个假设释放源的环境排放量; 根据环境排放量估算出每个假设释放源的暴露量估计值,其中,对人体健康影响为估计吸入暴露量(通过大气吸入)和经口暴露量(通过饮用水、农作物、动物产品和鱼贝类摄入),对环境影响为估计水生生物的暴露浓度(河水中浓度)
1.2.3　风险评估	将每个假设释放源的暴露量与危害评估值或水生生物 PNEC 进行比较,并且如果暴露量大于或等于危害评估基准值,则认定具有引起关注的风险; 人类健康影响即计算引起关注风险的全国环境释放源的数量,并计算所关注风险的受影响范围; 环境影响即汇总引起关注风险的全国假设环境释放源的数量
1.2.4　设定优先评估的顺序	当估算出环境排放总量小于或等于 1 t/a 时,对该物质的生产/进口量进行监测; 对已完成初级风险评估步骤 1 评估的化学物质,根据评估结果,设定开展下一步初级风险评估步骤 2 的优先顺序; 对于潜在的致突变性或者致癌物质,根据其环境排放量等设定其开展初级风险评估步骤 2 的优先顺序;

（续表）

步　　骤	简要工作说明
1.2.4　设定优先评估的顺序	对于缺少慢性毒性数据信息的物质,根据其环境排放量设定调查其相关危害性信息的优先顺序
1.3　步骤2	在初级风险评估步骤2中,利用已掌握的信息对化学物质/危害性进行多层次的评估
1.3.1　危害评估	调查研究现有评估报告以及危害评估步骤1中的信息,补充相关危害性信息并选定核心的研究结果; 人类健康影响即推导出(慢性毒性、生殖和发育毒性以及致癌性)危害评估值; 环境影响即推导出(水生生物,必要时沉积物)的PNEC
1.3.2　暴露评估	收集现有的暴露信息,并审查其降解性和理化性质相关数据; 根据企业报告的PRTR信息(当其属于《PRTR法》管制的对象物质时),编制提出其暴露量模型估计值; 利用化学品环境监测调查信息(当属于开展环境监测调查的对象物质时); 根据其使用用途类别,补充暴露场景和模型估计方法等
1.3.3　风险评估	说明引起关注风险的释放源的全国地域分布
1.3.4　总结说明	总结说明风险评估过程获得的信息和风险评估报告结果等,以便将这些信息和结果用于指导优先评估化学物质的危害性调查等
1.4　步骤3	利用新获得的暴露信息,对步骤2的评估结果依据不足的化学物质进行重新评估从步骤2中认为引起关注风险的环境释放源行业获取信息;考虑利用新获得的暴露信息和危害性数据进行重新评估
2. 二级风险评估	对上述指导开展危害性测试调查的优先评估化学物质进行风险评估。并利用新获得长期毒性信息进行评估,以确认暴露要求的适用性

① 危害评估值(Hazard Assessment Values):将重复给药毒性试验等获得的未观察到有害效应水平(No Observed Adverse Effect Level, NOAEL)等浓度值除以不确定性系数(Uncertainty Factor, UF)后得到的数值。其相当于可容许的日摄入量(Tolerable Daily Intake, TDI)和可接受的日摄入量(Acceptable Daily Intake, ADI)或者欧盟《REACH条例》规定的推导的无效应水平。

9. 对各类管控化学物质的风险管理

（1）制定"污染防控技术导则和技术标准",采取针对性风险管控措施

日本修订《化学物质控制法》后,化学品监管的重点对象放在四类化学物质上,即第1类特定化学物质;第2类特定化学物质;监测化学物质;优先评估化学物质,对其采取不同的严格监管控制措施。日本《化学物质控制法》管制的化学物质类别及其管理控制措施如表2-13所示。

表 2－13　日本《化学物质控制法》管制的化学物质类别及其管理控制措施

管制的化学物质类别	管理控制措施
第 1 类特定化学物质 （包括多氯联苯在内的 33 种具有持久性、高 生物蓄积性和对人类 或者动植物有长期毒 性的化学物质）	制造和/或进口需要事先许可（实际上禁止）； 禁止任何非内阁政令准许的用途； 禁止进口内阁政令规定的某些产品； 当产品制造过程中使用第 1 类特定化学物质为必不可少原材料 时，只要其使用不会造成环境污染的风险，则允许其例外使用， 但须遵守相关技术标准； 主管机关可以命令其实施召回和采取其他措施（当该物质和/或 产品被内阁政令指定，且未遵守法规规定时）
第 2 类特定化学物质 （包括三氯乙烯在内的 23 种具有持久性、低 生物蓄积性和对人类 或者动植物有长期毒 性的化学物质）	强制性报告计划和实际的生产量和/或进口量、用途等； 如果认为有必要，主管机关可以发布命令改变其计划生产量和 进口量； 主管机关颁布《第 2 类特定化学物质环境污染防控技术导则》和 实施《第 2 类特定化学物质的安全标签规定》等规定； 主管机关可以指示要求经营使用该物质的企业报告其经营使用 情况； 要求企业自愿报告其已掌握未公开的化学物质危害性数据，并 强制性报告通过实验获得的化学物质危害性新信息
监测化学物质 （包括环十二烷在内的 41 种已经确认具有持 久性和高生物蓄积性， 但不能确定其慢性毒 性的化学物质）	要求生产量或者进口量在 1 t 或 1 t 以上的制造商或者进口商申 报其年生产量或者进口量以及用途等详尽信息； 必要时，主管机关可以发布技术导则和建议等并指示要求经营 使用该物质的企业报告其经营使用情况； 要求企业自愿报告其已掌握的未公开的化学物质危害性数据， 并强制性报告通过实验获得的化学物质危害性新信息； 必要时，主管机关可以要求生产厂家和进口商开展指定的危害 性研究，提交实验获得的毒性数据测试结果； 如果慢性毒性评估和风险评估结果表明，即使采取降低风险 措施，该物质仍然具有长期毒性和污染环境的风险，主管机关 可以指定其为"第 1 类特定化学物质"，禁止其生产、进口和/ 或使用
优先评估化学物质 （包括 257 种在环境中 有相当数量残留，且未 查明其长期毒性，不能 确定对人类和生活环 境中动植物有足够低 风险的物质）	要求生产量或者进口量在 1 t 或 1 t 以上的制造商或者进口商按 所在地区申报每年生产量或者进口量以及用途等详尽信息； 要求生产厂家和进口商申报提交已掌握的该物质的物理化学性 质、可降解性、蓄积性、慢性毒性和水生毒性等信息； 生产厂家和进口商应当通过产品供应链向收货单位披露该物质 已被主管机关指定为优先评估化学物质等相关信息； 主管机关可以要求经营使用企业报告其经营使用该物质的情况； 主管机关可以要求生产厂家和进口商开展指定的危害性研究， 提交实验获得的毒性数据测试结果

（续表）

管制的化学物质类别	管理控制措施
一般化学物质 （可以确认其具有足够 低风险的化学物质）	要求生产量或者进口量在 1 t 或 1 t 以上的制造商或者进口商申报其年生产量或者进口量以及用途信息； 要求企业强制性报告通过实验获得的化学物质危害性新信息

截至 2020 年 9 月底，日本根据《化学物质控制法》已将 33 种化学品列为第 1 类特定化学物质，如多氯联苯、多氯萘（三氯以上）、六氯苯、艾氏剂、狄氏剂、滴滴涕和氯丹等。

对属于《斯德哥尔摩公约》管制 POPs 名单上的第 1 类特定化学物质，为了消除国内管理要求与国际公约要求上的不一致，日本重新审议了国内对第 1 类特定化学物质的管理要求，确定可以在严格按照公约要求的控制条件下例外使用。

例如，2009 年 5 月日本根据《化学物质控制法》，将《斯德哥尔摩公约》监控的 12 种 PFOS 指定为第 1 类特定化学物质。从 2010 年起，当产品制造过程中使用第 1 类特定化学物质为"必不可少原材料"时，只要其使用不会造成环境污染的风险，则允许其例外使用。这种"必不可少的使用"情况是指"使用其他替代物质非常困难，且该物质的使用不会对人体健康或者环境造成显著有害影响"。但其使用时仍需遵守对第 1 类特定化学物质（包括含有该物质的产品）的标签、其他标识信息和相关技术标准的要求。

日本将使用 PFOS 制作半导体蚀刻剂、半导体保护层和工业摄影胶片的三种用途指定为"必不可少的使用"。为了预防其环境污染，要求经批准许可使用 PFOS 制造半导体蚀刻剂、半导体保护层和工业摄影胶片以及含 PFOS 泡沫灭火剂的企业必须遵守关于储存方法、迁址安置方法、保存储存记录和泄漏处置等相关技术标准。在转移运输这些化学产品时，必须贴附规定的安全标签。在标签上注明产品内含有 PFOS、PFOS 百分含量、防范措施说明以及编制标签单位联系地址等。

2010 年 5 月 26 日日本颁布了《经营处理 PFOS 及其用作半导体蚀刻剂、半导体保护层和工业摄影胶片的技术标准》。2010 年 9 月 3 日颁布了《经营处理泡沫灭火剂技术标准》以及《第 1 类特定化学物质以及含有第 1 类特定化学物质产品标签的规定》。上述三项技术标准已于 2010 年 10 月 1 日起施行。

此外，日本于 2012 年 2 月禁止含多氯联苯副产物的有机颜料的制造和进口。2014 年 5 月日本禁止了农药硫丹及其异构体的生产、进口和使用；同年 10 月起禁止了六溴环十二烷阻燃剂的使用。

截至 2020 年 9 月底，日本政府已发布 23 种第 2 类特定化学物质，包括三氯乙烯、四氯乙烯、四氯化碳和有机锡化合物等。对于具有持久性、低生物蓄积性、慢性毒性的第 2 类特定化学物质,日本对其生产量和进口量进行控制。有关厂家必须遵守防止污染技术准则,并且在产品包装上附有规定的标志。主管当局还可以对企业生产、储运实行现场检查。

日本政府主管部门还颁布了《第 2 类特定化学物质环境污染防控技术导则》,并要求经营处理企业遵守《第 2 类特定化学物质的安全标签规定》。例如,《使用四氯乙烯作干洗剂、金属清洗剂等产品技术导则》中对清洗装置的结构、检查与控制、作业说明、泄漏处置等做出了明确规定。要求这类产品容器的标签、包装和销售票据上应当注明产品中使用的第 2 类特定化学物质名称、对人体健康和环境的危害以及安全操作处置注意事项等。除了第 2 类特定化学物质的生产和进口厂商之外,这些物质的批发销售商也必须遵守相关技术导则和标签的规定。

日本实施第 2 类特定化学物质管控对策以来,三氯乙烯等三种第 2 类特定化学物质生产运输量有大幅下降。第 2 类特定化学物质(三氯乙烯、四氯乙烯和四氯化碳)生产运输量变化趋势如图 2-11 所示。

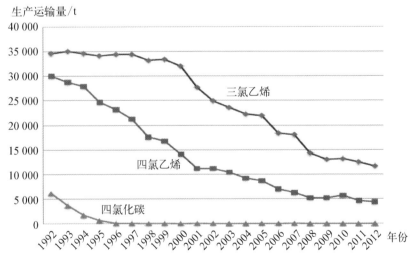

图 2-11　第 2 类特定化学物质(三氯乙烯、四氯乙烯和四氯化碳)生产运输量变化趋势

(2)开展化学物质环境安全性调查与监测

日本环境省自 1974 年以来一直从事化学物质环境安全性综合调查监测工作,旨在收集整个国土化学物质的污染情况信息、测定化学污染物的时空变化和检验降低化学物质风险的措施。

该调查监测工作分为三个阶段进行。第一阶段(1979—1988 年),从 2 000 种优先监测化学物质名单中每年选择 50 种,对其在全国水体、污泥和大气环境中的浓度进行系统调查。第二阶段(1989—1998 年),根据国际上对化学品控制情况的变化又从 1 100 种新优先监测化学品名单中每年选出 20 种物质,对其在全国水体、底泥和鱼类中的浓度展开调查工作。1974—2000 年,日本环境省完成了对环境中 794 种化学物质的环境安全性调查监测工作。

1985—1997 年,日本环境省还对化学合成及燃烧过程中非有意生成的持久性有机污染物二噁英类(PCDDs/PCDFs)和多氯联苯开展了环境调查工作。2000 年又对地表水、底泥、野生生物(鱼类)和大气环境中的溴代二噁英(PBDDs/PBDFs)和多氯联苯进行了补充调查工作。

为确保调查结果在《化学物质控制法》和《PRTR 法》的化学品监管体系中能得到有效利用,日本主管部门多次对化学物质环境调查的内容进行修订。日本的环境调查主要包括三项内容:初步环境调查评估、详尽环境调查评估和监测调查。日本化学品环境调查与监测步骤程序如图 2-12 所示。

选定调查对象物质	初步环境调查评估	调查确定在环境中残留状态情况不明的化学物质
⇓		
研究建立分析方法	详尽环境调查评估	调查了解在初步环境调查评估中发现环境残留物质的准确残留水平
⇓		
采样和分析(地方政府和私营公司) ⇨	监测调查	调查掌握持久性和生物蓄积性化学物质向动物体内转化情况。
⇓		
《化学物质控制法》《PRTR法》	初始环境风险评估	2010年后监测评估计划
地方政府对化学物质采取各种不同监管措施		

图 2-12　日本化学品环境调查与监测步骤程序

1974 年以来,日本环境省连续监测的环境中重点化学物质和环境介质情况如表 2-14 所示。截至 2012 年,日本主管部门已经掌握了环境介质中 1 236 种化学物质的残留情况。

表 2-14　日本环境省连续监测的环境中重点化学物质和环境介质情况

序号	化学品名称	环 境 介 质				
		地表水	底　泥	野生生物	大　气	室内空气和饮食
1	多氯联苯			B		
2	六氯苯		A	B		
3	狄氏剂			B		
4	DDT 及其衍生物		A	B		

（续表）

序号	化学品名称	环境介质				
		地表水	底　泥	野生生物	大　气	室内空气和饮食
5	氯丹		A	B		
6	六六六		A	B		
7	二氯苯		A	B		
8	2,6-二叔丁基-4-甲基苯酚		A			
9	三联苯		A			
10	磷酸三丁酯		A			
11	苯并[a]芘		A			
12	三丁基锡	C	C	B		
13	三苯基锡	C	C	B		
14	1,4-二噁烷	C	C			
15	三氯乙烯和四氯乙烯				D	D
16	四氯化碳				D	D
17	氯仿				D	D
18	1,2-二氯乙烷				D	D
19	1,2-二氯丙烷				D	D

注：A——底泥监测；B——野生生物监测；C——指定化学物质环境持久性调查；D——暴露途径调查。

2.2.3 《PRTR法》述评

1. 立法目的

日本颁布《PRTR法》的目的是建立指定化学物质环境排放和转移报告制度及SDS制度，以促进企业自愿地改进其化学品健全管理。同时让企业和社会公众了解国际化学品管理与环境保护发展趋势、化学品科学知识以及化学品生产、使用和处置相关的安全条件。

2. 主管当局

《PRTR法》由环境省和经济产业省共同实施监管。

3. 颁布及修订情况

日本政府于1999年7月颁布了《PRTR法》。根据《PRTR法》，从2001年4月起日本引入了PRTR制度，要求生产和处置第1类指定化学物质的相关企业经营者向政府报告其向环境中排放和通过废物转移指定化学物质的数量。该法管控的第 1 类指定化学物质是指在广域环境中持续存在,且具有人体健康危害或者阻碍动植物栖息或生长风险的化学物质。该制度还要求政府主管部门不仅要公布相关企业经营者报告的 PRTR 数据,而且应发布相关企业以外其他单位指定化学物质环境排放的估计数量。

2008 年 11 月日本对《PRTR 法》规定的 PRTR 制度体系进行了修订。根据修订条款,自 2011 年起需提交 PRTR 报告的第 1 类指定化学物质由 354 种增加至 462 种(含 15 种特定第 1 类指定化学物质),第 2 类指定化学物质由 81 种增加至 100 种。同时,医疗行业也被纳入需提交报告的行业范围,使提交 PRTR 报告的行业总数达到 24 个。

4.《PRTR 法》管控的指定化学物质类型

日本《PRTR 法》管控的指定化学物质是指被认为对人类和生态系统造成危害,且在自然环境中广泛分散存在并可能暴露的化学物质。日本《PRTR 法》管控的指定化学物质类型及管理要求如表 2 - 15 所示。

表 2 - 15　日本《PRTR 法》管控的指定化学物质类型及管理要求

物 质 类 别	管控的指定化学物质数目及管理要求
第 1 类指定化学物质	447 种化学物质(如苯酚、苯乙烯、三氯乙烷等); 需遵守 PRTR 报告要求和 SDS 要求
特定第 1 类指定化学物质	由于其致癌性,从第 1 类指定化学物质中选出的特定物质; 15 种特定物质(如甲醛、苯、1,3-丁二烯、六价铬化合物等); 需遵守 PRTR 报告要求和 SDS 要求; 设定了较低的报告阈值量
第 2 类指定化学物质	100 种化学物质(如 2,4-二氯苯酚、四溴甲烷、间硝基苯胺等); 仅需遵守 SDS 要求

5. 提交 PRTR 报告的行业企业和信息要求

根据《PRTR 法》的规定,需提交 PRTR 报告的为生产或使用规定的"第 1 类指定化学物质"或者含有这些物质的产品,并且在其生产经营活动中将这些物质排放到自然环境中的行业企业,包括以下 3 种。

(1) 政府法令明确规定的 24 类行业企业。

(2) 在其日常经营中雇用 21 名以上员工的企业。

(3) 每年处理 1 t 或 1 t 以上"第 1 类指定化学物质"(或 0.5 t 或 0.5 t 以上特定第 1 类指定化学物质)的企业。

PRTR 报告需要包括以下两类环境排放量和转移量信息。

(1) 环境排放量:排放到大气、公共水体、企业场地土壤中以及在其经营场地进行填海造地中所含指定化学物质的数量。

（2）转移量：转移到污水中和转移到经营场所外部进行处置的废物中所含指定化学物质的数量。

6.《PRTR 法》和实施 GHS 的关系

《PRTR 法》是支撑日本实施联合国 GHS 的三部法律之一。《PRTR 法》设立了化学品 SDS 制度，规定在企业之间转移供给受控的指定化学物质时，应当向供应链下游用户通过标签和 SDS 提供该化学物质危害和安全防护措施等相关信息。

2008 年 11 月日本颁布了《PRTR 法》修正令，要求相关企业向主管部门报告引起关注的特定化学物质环境排放量，并从 2012 年 4 月起，对该法监管的第 1 类指定化学物质（462 种）和第 2 类指定化学物质（100 种），根据日本工业标准《基于 GHS 的化学品分类方法（JIS‑Z7252）》和《基于 GHS 的化学品危险性公示方法‑标签和 SDS（JIS‑Z7253）》编制、提供符合 GHS 的标签和 SDS 并改进化学品管理。

7. PRTR 信息的披露与发布

日本经济产业省和环境省每年会定期在其官网上公布了上一年度全国 PRTR 数据的汇总结果。各相关企业提交的 PRTR 数据也在其官网上公告和应请求披露。

2020 年 3 月 19 日，日本经济产业省和环境省联合公布了 2018 财政年度（2018 年 4 月 1 日至 2019 年 3 月 31 日），包括企业经营者报告的指定化学物质环境排放量和转移量汇总结果。

据统计，日本全国 33 669 个相关企事业单位提交的 2018 财政年度 435 种指定化学物质环境排放与转移总量为 39.1 万吨，比上一财政年度同比增长 0.8%。其中，指定化学物质环境排放总量为 14.8 万吨，指定化学物质转移总量为 24.3 万吨。

除了上述相关企事业单位之外，由政府主管部门估计的其他单位（含其他行业、家庭和移动源）指定化学物质环境排放总量为 22.1 万吨。2018 年日本全国指定化学物质环境排放量与转移量情况如表 2‑16 所示。

表 2‑16　2018 年日本全国指定化学物质环境排放量与转移量情况

	排放和转移方向	排放量/t	占总排放量的比例/%	转移量/t	占总转移量的比例/%	占总排放量与转移量的比例/%
排放去向	排放到大气中	134 603	90.8	—	—	34.4
	排放到公共水域	7 142	4.8	—	—	1.8

（续表）

	排放和 转移方向	排 放量/t	占总排放量 的比例/%	转 移量/t	占总转移量 的比例/%	占总排放量 与转移量的 比例/%
排放 去向	排放到土壤中	2.1	0.001	—	—	0.000 5
	企业场地内填埋 处置	6 441	4.3	—	—	1.6
	小计	148 188	100	—	—	38
转移 去向	作为废物向企业 外部转移处置	—	—	242 262	99.6	61.9
	向下水道转移	—	—	891	0.37	0.23
	小计	—	—	243 153	100	62
合 计		—				100

注：本表翻译自日本政府主管部门发布的 2018 年度 PRTR 数据概要。由于计算时保留 2 位有效数字，比例与小计和合计数据计算可能存在不一致之处。

　　按照日本工业行业统计，在所有报告的 46 个工业行业中，制造业的指定化学物质排放与转移总量为 37.8 万吨，占全国工业行业排放与转移总量 39.1 万吨的 96.7%。排序前十位的工业行业指定化学物质排放与转移总量为 34.53 万吨，占全国工业行业排放与转移总量的 88.3%。日本排序前十位的工业行业排放与转移总量情况如表 2-17 所示。

表 2-17　日本排序前十位的工业行业排放与转移总量情况

排序 编号	工 业 行 业	工业行业排放与 转移总量/t	占全国工业行业排放与 转移总量的比例/%
1	化学工业	112 000	29
2	钢铁行业	78 000	20
3	运输机械设备制造业	40 000	10
4	塑料制品制造业	27 000	7.0
5	金属制品制造业	21 000	5.5
6	电气机械及设备制造业	18 000	4.5
7	有色金属制造业	16 000	4.2
8	陶瓷和石材制品制造业	15 000	3.9
9	通用机械设备制造业	10 000	2.6
10	出版、印刷及相关行业	8 300	2.1
合 计		345 300	88.3

注：本表翻译自日本政府统计公报。由于计算时保留 2 位有效数字，合计结果可能存在误差。

据统计,日本排序前十位的指定化学物质排放与转移总量为 27.7 万吨,占全国 435 种指定化学物质排放与转移总量 39.1 万吨的 70.8%,如表 2-18所示。

表 2-18　日本排序前十位的指定化学物质的主要用途及其排放与转移总量

排序编号	化学物质	主 要 用 途	排放量/t	转移量/t	排放与转移总量/t
1	甲苯	广泛用作合成原料和溶剂	49 791	38 134	87 925
2	锰及其化合物	用于制造特种钢和电池等	1 582	59 751	61 333
3	二甲苯	广泛用作合成原料和溶剂	25 460	7 767	33 227
4	铬和三价铬化合物	用于制造特种钢等	151	22 868	23 019
5	乙苯	用作溶剂等	14 829	3 945	18 774
6	二氯甲烷	用作合成原料和溶剂	9 753	6 969	16 722
7	氟化氢及其水溶性盐	用作玻璃或晶片蚀刻、木材防腐剂、水处理剂、金属氟盐处理剂等	2 027	12 753	14 780
8	N,N-二甲基甲酰胺	用作有机合成原料、溶剂和增塑剂等	1 874	7 161	9 035
9	铅化合物	用于制造蓄电池、电缆以及化工和冶金设备等	3 902	3 645	7 547
10	硼化合物	用作化工、冶金和建材工业原材料和助溶剂等	2 527	2 342	4 869
合　计			111 896	165 335	277 231

2001—2018 年,日本排序前十位的指定化学物质排放与转移量变化大体上呈逐年下降的趋势,如表 2-19 所示。

表 2-19　日本排序前十位的指定化学物质排放与转移量变化趋势

排序编号	化学物质名称	排放与转移总量(1 000 t/a)						
		2001	2009	2011	2013	2015	2017	2018
1	甲苯	178	113	100	89	87	86	88
2	锰及其化合物	24	24	49	50	53	61	61
3	二甲苯	65	42	41	36	36	34	33

（续表）

排序编号	化学物质名称	排放与转移总量(1 000 t/a)						
		2001	2009	2011	2013	2015	2017	2018
4	铬及三价铬化合物	14	9.9	16	17	22	21	23
5	乙苯	13	17	18	17	18	19	19
6	二氯甲烷	38	22	21	17	17	17	17
7	氟化氢及其水溶性盐	10	7.2	11	12	17	14	15
8	N，N－二甲基甲酰胺	16	10	9	9	9	10	9
9	铅化合物	18	8	9	8	8	8	8
10	硼化合物	4	6	6	6	5	5	5
当年前十位指定化学物质排放与转移总量		379	263	283	263	270	274	277
当年排放与转移总量		516	340	359	338	338	348	352

注：本表翻译自日本政府主管部门发布的统计数据文件。由于计算时保留 2 位有效数字，比例与小计和合计数据计算可能存在不一致之处。

根据日本《PRTR 法》，2018 年要求报告的 15 种特定第 1 类指定化学物质（具有人类致癌性、生殖细胞致突变性或生殖毒性）的排放与转移总量为 16 000t。此外，二噁英类排放与转移量为 1.5kg－TEQ。日本排序前五位的特定第 1 类指定化学物质排放与转移量情况见表 2－20。

表 2－20　日本排序前五位的特定第 1 类指定化学物质排放与转移量情况

排序编号	特定第 1 类指定化学物质	排放和转移总量/t	占全部特定第 1 类指定化学物质排放与转移总量的比例/%
1	铅化合物	7 500	46.9
2	镍化合物	3 300	20.6
3	苯	1 500	9.4
4	砷及无机砷化合物	1 300	8.1
5	石棉	950	5.9
	合　计	14 550	90.9

2018 年日本 15 种特定第 1 类指定化学物质的排放和转移去向中，作为废

物向企业外部转移处置占 60%；在企业场地内填埋处置占 31%；排放到大气中占 7.5%；排放到公共水域占 0.8%；排放到土壤中占 0.005%。

2.2.4　日本化学品管理体制与协调机制

1. 化学品主管部门及其职责分工

根据日本宪法和内阁法，日本实行国会-内阁政治体制。由参议院和众议院两院等组成的国会是国家最高权力机关，并拥有唯一立法权。内阁是国家最高行政机关，由首相府和 12 个省（部）及其他工作机关组成。内阁首相是最高行政长官，负责主持管理全国各级行政机关。

在日本内阁中，负责化学品监管的主要部门有厚生劳动省、经济产业省、环境省、农林水产省和总务省。厚生劳动省在化学品安全管理上拥有更多的职权，该省对《化学物质控制法》《有毒有害物质控制法》《药事法》《食品卫生法》《工业安全与健康法》等 6 部法律负有执法责任。

厚生劳动省、经济产业省和环境省合作共同负责《化学物质控制法》的监督管理。在新化学物质的安全性评价方面，厚生劳动省负责毒性测试和评价，经济产业省负责降解性和蓄积性测试评价，环境省负责生态学效应测试评价工作。

此外，农林水产省负责农药登记和安全使用监督管理，包括食品安全、农林水产品中农药和肥料等残留的风险管理与风险公示等。总务省负责监管危险货物储运安全工作。日本内阁涉及化学品安全管理的主要部门及其职责如表 2-21 所示。

表 2-21　日本内阁涉及化学品安全管理的主要部门及其职责

主　管　部　门		职　　责
厚生劳动者	1. 药品安全和环境健康局 1.1　环境健康处 1.2　食品安全标准和评估处	有毒有害物质控制；管理从环境卫生角度可能危害人体健康的化学品的生产、进口和使用；制定二噁英容许的 TDI 标准
	2. 工业安全与健康司 2.1　化学品危害控制处 2.2　工业健康处	调查《工业安全与健康法》规定的化学品毒性；开展流行病学调查以确定工人暴露的化学品以及从事作业与职业病的关系；编制预防工人接触化学品造成健康损害准则
	2.3　国立卫生研究所（NIHS）	审查批准药品、准药品、化妆品，以及医疗器械的生产、进口和复审；检验和测试国家要求批准的医药品和饲料；检验和测试供国内销售的医药品、化妆品、食品和医疗器械；检验和测试有毒有害物质；医学用植物培养和指导；相关研究工作

（续表）

主 管 部 门	职 责
经济产业省 1. 制造产业局 1.1　政策规划与协调处	在本部门职权下对化学品进行行政管理
1.2　化学品管理政策处	根据《化学物质控制法》施行有关行政工作
1.2.1　化学武器和毒品控制政策办公室	执行禁止化学武器法有关事务;管理可作为化学武器原料的化学品以及麻醉药和精神药物等的使用
1.2.2　臭氧层保护政策办公室	负责实施臭氧层保护法,对特定化学品进行管理控制
1.2.3　化学品风险评估政策办公室	负责管理化学品风险评价有关事务
环境省 1. 环境健康司 1.1　环境健康与安全处	负责制定标准和收集整理企业向环境中排放化学污染物信息;审查、研究和评价化学污染物等
1.1.1　环境风险评估办公室	负责制定二噁英日容许摄入量标准,化学污染物环境风险评价
1.2　政策规划处 1.2.1　化学品评估办公室	制定和执行与化学品生产、进口、使用和处置有关的法规标准
2. 全球环境局 2.1　全球环境事务处	制定预防海洋环境污染标准和法规;负责环境问题国际合作
2.1.1　氯氟烃管理政策办公室	制定抑制温室气体排放标准和法规,制定保护臭氧层标准和法规
3. 环境管理局 3.1　总务处	负责制定大气污染有关标准
3.1.1　二噁英控制办公室	负责预防二噁英引起的环境污染问题
3.2　大气质量管理处	负责制定污染预防及大气污染、噪声、震动和恶臭污染预防事务
4. 水环境司 4.1　水环境管理处	负责水污染有关环境标准事务
4.2　土壤环境管理处	负责土壤污染有关环境标准和预防法规
4.3　农用化学品管理处	负责禁止和限制农用化学品使用
4.3.1　地下水和地下环境办公室	负责预防地下水污染管理;制定预防地下水污染法规和标准
4. 废物管理和再生利用司 4.1　废物管理处	生活废物处理处置;制定污水净化厂管理维护标准和法规;相关技术开发和推广的全面管理
4.2　工业废物管理处	工业废物的处理处置
4.2.1　废物处置管理办公室	负责特定危险废物的进出口、运输和处置管理;具有爆炸性、毒性或感染性废物的正确处理

（续表）

主管部门		职责
农林水产省	1. 办公厅环境政策处	在本部门职权内的环境政策规划
	2. 食品安全和消费者事务局 2.1　农产品安全处	食用农林产品的生产管理（环境省主管的食品卫生及农业化学品安全保证除外）；农田土壤污染预防和消除；促进、改进和协调肥料与农用化学品的生产、销售和消费
	3. 食品安全和消费者事务局 3.1　动物卫生和畜产品安全处	促进、改进和协调饲料、饲料添加剂、兽药及医疗器械的生产、销售和事务协调
总务省	1. 火灾与灾害管理局 1.1　消防处 1.1.1　危险货物安全办公室	管理危险货物储存与道路运输安全

2. 化学品管理协调机制

为了促进化学品的有效管理，日本化学品相关主管部门之间建立了有效的协调和合作机制。日本主管部门之间的协调合作机制情况如表 2 - 22 所示。

表 2 - 22　日本主管部门之间的协调合作机制情况

机构名称	责任	秘书处	参与部门	预期目标
部际间关于内分泌干扰化学品处长级合作委员会	关于内分泌干扰物质问题，交流对人体健康的效应和国际组织活动信息，必要时在各有关主管省和厅进行交流和协调	由厚生劳动省、经济产业省和环境省轮流担任	文部科学省、厚生劳动省、农林水产省、经济产业省、国土交通省和环境省及相关处和办公室负责人	该委员会随时召开，以便在有关省厅之间交换内分泌干扰物质信息并寻求对策和有效合作
部际间关于室内空气污染物会议	在各有关主管省和厅之间交换室内空气污染物信息，必要时交流和协调	厚生劳动省	文部科学省、厚生劳动省、农林水产省、经济产业省、国土交通省和环境省	该会议协调并对建筑物中使用的装饰材料释放出甲醛等化学品造成的所谓"病房综合征"采取措施
关于二噁英政策的省厅内阁局长会议	确保关于二噁英污染及其对人类健康效应有关政策在相关行政机构之间密切交流，促进其有效全面执行	环境省	内阁办公厅、防卫省防务厅、法务省、外务省、文部科学省、厚生劳动省、农林水产省、经济产业省、国土交通省和环境省	该内阁会议在有关省厅之间交换二噁英问题信息并努力开展战略和有效合作

（续表）

机构名称	责任	秘书处	参与部门	预期目标
关于高产量化学品部际间会议	交换化学品危害评价信息，促进部际间交流/协调，适当实施 OECD 高产量化学品项目	由厚生劳动省、经济产业省和环境省轮流担任	厚生劳动省、经济产业省、环境省和日本化学工业协会	在会议上，根据其他 OECD 国家提供的信息，有关省厅主管官员交换信息和开展合作以便促进日本负责的高产量化学品的评价工作
关于 GLP 问题部际间会议	交换 GLP 信息，交流/协调各相关省厅有效执行 GLP 计划	厚生劳动省	厚生劳动省、农林水产省、经济产业省以及相关机构和负责 GLP 人员	为了有效执行 GLP 计划并与其他 OECD 国家圆满处理 GLP 事务，有关省厅建立交换 GLP 信息论坛，有目的地解决 GLP 审核和检查出现的问题
关于 GHS 相关省厅等联络会议	交换国内外关于全球化学品统一分类和标签活动信息，必要时加强相关省厅之间的交流和协调	厚生劳动省	厚生劳动省、内阁消费者厅、总务省消防厅、外务省、农林水产省、经济产业省、国土交通省、环境省、日本GHS专家小组委员会、日本国立技术与评估研究所(NITE)以及日本化学工业协会	会议为各有关省厅提供交换信息并讨论与 GHS 有关问题的论坛
关于国际化学品安全性论坛(IFCS)部际间会议	在相关省厅之间交换政府间化学品安全论坛信息	厚生劳动省	外务省、厚生劳动省、农林水产省、经济产业省和环境省以及相关机构人员	日本在 IFCS 第2届和第3届会议期间当选为亚太地区副主席。日本认为促进本地区国家的合作是重要的，并通过本会议寻求国内各部门的合作

（续表）

机 构 名 称	责 任	秘 书 处	参 与 部 门	预 期 目 标
关于《斯德哥尔摩公约》省厅局长会议	根据《斯德哥尔摩公约》要求，制定日本国家实施方案，审查进展和推动有效执行公约	环境省	外务省、内阁办公厅、厚生劳动省、农林水产省、经济产业省和环境省	2002 年 8 月日本签署批准《斯德哥尔摩公约》，本会议旨在促进国内有关当局之间交流和合作制定国家实施方案
关于防止废物非法国际运输部际间会议	对废物非法出口采取预防性措施，在发生非法废物出口时，采取适当对策	环境省	防卫省、外务省、财政省、经济产业省、国土交通省和环境省	鉴于 1999 年发生向菲律宾非法出口废物事件，2000 年 1 月成立该会议以避免非法出口废物事件再次发生并促进废物适当处理处置。该会议及时交换信息以便对实际和可疑废物非法出口迅速做出反应，同时采取措施防止事件发生

3. 化学品管理技术支持机构

日本还有许多依托政府部门成立的独立行政法人单位，在政府部门的授权下从事与化学品危害鉴别及风险评估相关的研究工作，为国家化学品健全管理提供技术和信息支持。例如，NITE、国立职业安全与健康研究所和国立高级工业科学与技术研究所（NAIST）等。

其中日本 NITE 内设化学品管理中心，配置了充足的管理和技术资源，具有强有力的管理和技术支持能力，在日本《化学物质控制法》和《PRTR 法》等法律实施中发挥着重要作用。

该化学品管理中心承担的主要职责任务有以下四项。

（1）日本 NITE 的化学品管理中心内设规划处、数据分析处、安全评估处、PRTR 处和风险评估分析处，除了东京总部之外，在全国设有 8 个地区办公室，参与执行申报企业合规性检查监管工作。

（2）为实施《化学物质控制法》提供技术咨询和技术支持工作，包括化学物质名称审核和遵循 IUPAC 命名法规范化;"中间体"或"小量(小于 1 t/a)"备案审查与现场检查;通过提供咨询和沟通,帮助生产/进口厂商优化履行法律合规性责任;为评审委员会准备材料;开展优先评估化学物质筛选和风险评估,预测化学品对人类健康和环境中生物可能造成的不利影响。风险评估结果用于选择《化学物质控制法》监控管理的各类特定化学物质,并确定必要的监管措施;对 GLP 实验室进行符合性检查认证;开发和推动采用 QSAR 模型,估计化学物质结构与其生物活性之间的相关性,对化学品风险评估方法提出建议等。

(3) 支持环境省《PRTR 法》实施,负责解答数据报告相关疑问,接收企业报告 PRTR 数据,并整理和汇总相关企业报告的指定化学物质环境排放数据。汇总的全国环境排放数据以 PRTR 地图的形式发布在 NITE 网站上,地图显示日本全国境内每 5 千米或 1 千米距离指定化学物质排放源的位置、排放量及大气环境中的浓度。该 PRTR 地图使人们能够一目了然地了解到指定化学物质的排放点位和环境排放数量。通过提供这些信息,NITE 促进企业经营者自主管理化学品,促进所有利益相关方之间对化学品风险和管理方法的沟通,更好地理解化学品管理的目标。

(4) 配合《化学物质控制法》和《PRTR 法》等的实施,全面收集化学品危害、暴露、GHS 分类和风险评估管理信息,建立、更新维护日本化学品风险信息公示平台(Chemical Risk Information Platform,CHRIP),提供有关国内外化学品法律法规和危险性信息。NITE 还开发并运行维护"亚洲-日本化学品安全数据库系统(AJCSD)",存储东南亚各国新颁布的化学品管理法律法规信息,利用"日本化学品综合知识数据库(J‐CHECK)",广泛散发《化学物质控制法》管控的化学品安全信息。NITE 通过提供这些化学品安全信息,为日本各界和国际化学品健全管理提供技术支持和信息服务。

2.2.5　日本化学品管理值得研究借鉴的管理理念和经验分析

1. 化学品立法管理的适用范围

日本建立了较完整的化学品管理框架体系(16 部主要相关法律),其有以下两项特点。

(1) 按照化学品各类用途(药品、农药、食品添加剂、工业化学品等)分别建立专项立法。例如,《化学物质控制法》的管制对象为工业上作为原材料使用的化学品,即通常所述的工业化学品(General Industrial Chemicals),该法管制的化学品适用范围不包括元素、天然产品、放射性物质或者根据《有毒有害物质控制法》管制的特定有毒物质;《食品卫生法》管制的是食品和食品添加剂等,《农用化学品控制法》管制的是农药使用;《药事法》的适用范围不包括药品使用等。

（2）按照化学品生命周期过程的环节进行立法监管。应当对化学品实施全生命周期管理，包括生产（进口）、加工使用、储存、运输直至废弃处理处置进行立法管理，但不是通过一部立法来实施管理。例如，日本《化学物质控制法》管控工业化学品的生产（进口）、加工、使用环节的审查以及风险评估与监管；《工业安全与健康法》管控作业场所化学品的职业安全与健康监管；《PRTR 法》专门监管化学物质环境排放与转移和相关信息公示；《大气污染防治法》《水污染防治法》和《土壤污染对策法》分别监管各类污染物排放控制；《废物处置与清扫法》监管固体废物处理处置；《消防法》等监管危险货物（含危险化学品）的道路运输和事故应急等。

2. 管理理念和指导思想

2010 年 4 月修订的《化学物质控制法》全面施行后，日本化学品管理政策理念由以往仅根据化学品固有危害性的"基于危害的管理"转变为既考虑化学品固有危害性，也考虑其暴露量的"基于风险的管理"，并紧跟国际化学品健全管理发展趋势与需求适时修订完善。日本化学品管理理念转向"基于风险的管理"主要体现在以下三个方面。

（1）采用"透明的基于科学的风险评估程序（Transparent Science-based Risk Assessment）"，同时考虑"预先防范的方法（Precautionary Approach）"

为了实现可持续发展世界首脑会议提出的 2020 年化学品健全管理的目标，日本主管部门认为，化学品风险评估有必要采用"透明的基于科学的风险评估程序"，同时考虑"预先防范的方法"。

所谓"预先防范的方法"是指在制定和实施日本环境保护基本规划时，"缺乏充分的科学确定性"不应当作为推迟采取措施的理由，同时应当采取行动改进对科学的认知。

日本修订的《化学物质控制法》反映了采取"预先防范的方法"。在主管部门掌握化学品相关信息有限、缺少充分的科学确定性的情况下，日本基于安全的前提下，将具有潜在风险的化学物质指定为"优先评估化学物质"，组织开展优先评估化学物质的风险评估。按照估计的风险水平高低设定优先顺序，通过扩大收集信息的范围和开展必要的有指导的毒性测试，来增进对科学知识的认知，让这种不确定性变成已知。此外，如果企业能够提供减少不确定性的信息，在考虑使用该信息之前需要确认其信息的可靠性。

日本透明的基于科学的风险评估体现在其风险评估方法的选择上。为了保证风险评估和决策的科学性，日本主管部门认为，需要根据科学依据和国际化学品管理实践建立本国的化学品风险评估方法。应当"从公认有效的风险评估方法中选定本国的风险评估方法，以保证风险评估方法的透明性和可靠性，进而主管当局可以依据其评估结果做出决定"。

为此,日本参考了国际上目前采用的各种化学品风险评估方法,包括数学模型方法等,并根据《化学物质控制法》规定和本国国情进行了改进。在选择现有风险评估方法时,既考虑了方法的有效性,也考虑了与国际通用方法的一致性。具体选择条件是"候选的风险评估方法已应用于日本或其他类似国家的化学品管理体系,并且该方法的科学依据是可以追溯的"。

此外,日本主管部门将风险评估方法编制为标准方法的技术指南文件并向社会公众公开。技术指南内容除了风险评估的概念和程序之外,还包括使用的实际公式和参数、选定这些公式和参数的依据以及方法的验证结果和灵敏度分析,以便确保根据日本《化学物质控制法》实施管制措施的各种化学物质风险评估的公正性和一致性,确保风险评估的概念和技术方法的透明度。

为了体现风险评估和管理决策的透明性,根据《化学物质控制法》规定,日本在风险评估确定第2类特定化学物质的指定,或者指导企业开展优先评估化学物质的慢性毒性危害调查时,三个政府主管部门应当召开部门联席会议基于科学的依据进行审议。为了保证其透明度,这种审议会议应当公开举行。

此外,主管部门在确定第2类特定化学物质的指定、对优先评估化学物质危害性调查提出指导意见,或者撤销原优先评估化学物质的指定时,在考虑保护企业商业秘密和知识产权的前提下,对相关化学品的名称及类别参考编号和风险评估结果概要应当通过政府官报向公众披露。在完成化学品审查评估之后,政府部门收集的化学品危害性信息也应当在考虑保护企业商业秘密和知识产权的前提下向公众公开,而且需要披露每种优先评估化学物质风险评估的进展情况。

(2)全面考虑化学品风险高低,调整其管理类别

《化学物质控制法》修订后,日本改变了原来单纯基于固有危害性高低来选择管制对象的做法,而是全面考虑其风险高低来确定。

① 即使是第1类特定化学物质,在经济发展迫切需要,而又没有适当替代产品的情况下,且满足国际公约要求的严格控制条件的同时也可以允许其使用,而不再是"一律原则上禁止"。

② 对于原《化学物质控制法》指定的第2类和第3类监测化学物质,经过筛选将"不能确认风险足够低的化学物质"列为"优先评估化学物质",开展详尽风险评估确定是否作为第2类特定化学物质管理。而经过筛选"确认风险足够低的化学物质",即使其具有符合原来监测化学物质的危害特性,也撤销指定并视为"一般化学物质"管理。

③ 对于列入现有化学物质名录的化学物质,只要不能确认其"具有足够低风险"都需要通过"优先评估化学物质"筛选评价步骤,确认其风险足够低后,才

能视为"一般化学物质"。

④ 对于不可能通过污染环境危害人体健康或动植物的"低关注聚合物"等,采取事前确认方式,免除新化学物质常规申报的要求。

(3) 化学品申报登记管理充分考虑化学物质环境暴露量

① 在引入"现有化学物质全面申报评估制度"中,基于风险管理的理念,充分考虑豁免那些生产(进口)量小,不会导致较高环境暴露量的物质。因而豁免了生产量、进口量小于 1 t/a 的物质以及研究开发使用的化学物质的申报,避免了耗费宝贵的管理资源去审查这些风险低化学物质。

② 暴露评估方法充分考虑化学物质的环境暴露量。日本在筛选优先评估化学物质时,环境暴露量的估算不是简单地将化学物质的生产量或者进口量等同视为"环境暴露量",而是以化学物质生产、使用中"环境排放量"作为评价其暴露量大小的依据。在暴露评估中,将化学物质的不同用途种类直接相关的排污因子乘以其生产量分别计算出环境排放量。其暴露量的计算结果更为科学。

3. 化学品管理重点管控的对象物质

日本化学品相关法律都明确列出管理重点对象物质并公布管理名单。例如,《化学物质控制法》监管工业化学品,其重点放在以下四类化学品监管上:(1) 第 1 类特定化学物质;(2) 第 2 类特定化学物质;(3) 监测化学物质;(4) 优先评估化学物质。

日本《PRTR 法》管控的重点化学品为第 1 类指定化学物质和第 2 类指定化学物质(对人类和生态系统造成危害,且在自然环境中广泛分散存在并可能暴露的化学物质),尤其是特定第 1 类指定化学物质(具有人类致癌性、生殖细胞致突变性或生殖毒性的物质)。

4. 化学品立法核心制度——"审查筛选"和"风险评估"

化学品审查与评估的核心是"审查筛选"和"风险评估"。日本《化学物质控制法》无论对新化学物质,还是现有化学物质都是遵循"申报→审查筛选→(优先评估化学物质)风险评估→发布管理名单→实施管理监控"的审查评估基本模式。在鉴定化学品最关注的危害特性(致癌、致突变和生殖毒性及其他慢性毒性)和环境归趋(持久性和生物蓄积性)基础上,通过暴露水平评估和风险评估,确定重点管理对象并列入管控名单,实施针对性风险管控措施。

通过审查筛选识别出"优先评估化学物质",再经过风险评估确定出需重点监管的"特定化学物质",并发布各类管控化学物质名单。因而,是否能够筛选评估出需要重点监管的化学品并实施科学监管是检验一部化学品审查评估立法是否科学有效的标志。在几十年的运作中,截至 2020 年 9 月底,日本根据《化学物质控制法》审查评估并发布第 1 类特定化学物质 33 种、第 2 类特定化学物质 23 种、监测化学物质 41 种、优先评估化学物质 257 种。

5. 实施优先评估化学物质筛选和风险评估制度

日本《化学物质控制法》不是对所有审查的化学物质都进行风险评估,而是对审查筛选确定的"优先评估化学物质"进行风险评估。目前日本主管部门已经公布优先评估化学物质 257 种。此外,对于审查评估中确认具有高持久性、高生物蓄积性和慢性毒性的化学物质,未经过风险评估就直接列入第 1 类特定化学物质,原则上禁止生产和使用。

日本主管部门根据所掌握的信息和专家资源,采取了分期分批逐步开展风险评估的方法,并要求相关企业开展优先评估化学品危害的补充测试调查,其逐步收集信息的做法也值得研究借鉴(参见 2.2.2 节)。

6. 对各类管控化学物质实施针对性监管措施

如前所述,日本修订的《化学物质控制法》施行后,化学品监管的重点对象放在第 1 类特定化学物质、第 2 类特定化学物质、监测化学物质和优先评估化学物质四类化学物质上,并对各类物质采取不同的针对性监管控制措施(表 2-13)。

对第 1 类特定化学物质原则上禁止生产、进口和/或使用,对于作为必不可少的原材料使用的特殊情况,需经特别许可批准,且必须遵守相关技术标准,不得造成环境污染,并可能随时命令其召回产品。

对第 2 类特定化学物质,则采取限制其生产、使用措施。要求企业在生产使用时遵守《第 2 类特定化学物质环境污染防控技术导则》和实施《第 2 类特定化学物质的安全标签规定》等,并报告生产、进口和使用用途等信息。

对监测化学物质和优先评估化学物质则要求相关企业报告其生产、进口、使用用途详尽信息,报告已掌握的该化学品危害性信息,根据主管部门指令开展必要的毒性测试和提交测试结果等。

特别值得学习借鉴的是,日本主管部门根据《化学物质控制法》监管各类特定化学物质时,不仅仅依靠申报登记和许可加以禁止或限制,而且注重针对第 2 类特定化学物质和监测化学物质,编制发布《第 2 类特定化学物质环境污染防控技术导则》《第 2 类特定化学物质的安全标签规定》等标准规范文件,对这些物质的生产和/或进口以及使用和处理方法给予必要的指导建议并要求企业遵守。例如,《使用四氯乙烯作干洗剂、金属清洗剂等产品技术导则》中对清洗装置的结构、检查与控制、作业说明、泄漏处置等做出了明确规定。

7.《PRTR 法》是化学品环境立法管理的重要手段

美国根据《应急计划与公众知情权法》(*Emergency Planning and Community Right-to-Know Act*,EPCRA),最早建立并成功实施有毒物质释放清单(Toxic Release Inventory,TRI)报告制度。加拿大、英国、澳大利亚、韩国等国家也根据《环境保护法》等法律实施了 PRTR 制度,而日本是世界上制定 PRTR 专项立法的少数国家之一。

日本《PRTR 法》实施的主要功效有以下四点。

（1）掌握指定化学物质环境排放量和环境介质及地域分布情况，为化学品风险评估中的暴露水平提供支持。日本全国 3 万多家相关企业填报的受控指定化学物质的环境排放或转移总量基本上呈逐年减少的趋势。

日本通过《PRTR 法》的实施，不仅可以了解每家相关企业指定化学物质的排放量，而且汇总后公开发布的全国 PRTR 地图能显示日本境内每 5 千米或 1 千米距离指定化学物质排放源的位置、排放量及大气环境中的浓度。PRTR 地图使人们能够一目了然地了解到指定化学物质的排放点位和环境排放量。

（2）检验主管部门化学品环境管理对策有效性；通过每年每个地域或企业环境排放量变化及其趋势，审视检验主管部门采取的化学物质环境减排和管控措施的绩效。

（3）鼓励企业自愿主动采取源头削减措施。

（4）向社会公众提供信息，鼓励公众知情参与。

8. 环境介质中化学物质调查监测是化学品环境管理的重要内容

日本是世界上仅有的全面开展环境介质中化学物质调查监测的国家，只有掌握各种环境介质中高关注化学物质的浓度和地域分布，才能采取针对性的有效措施，做到对大气、水体和土壤环境介质的保护。例如，1974 年以来日本环境省连续监测地表水、底泥、大气和野生生物等环境介质中的 19 种有毒物质残留情况。目前日本主管部门已将其掌握的环境介质中存在的 1 236 种化学物质残留实际监测数据用于《化学物质控制法》优先评估化学物质的暴露评估以及水、大气和土壤环境污染防治中。

9. 需要强有力的化学品管理体制与部门间协调机制

日本化学品管理主要涉及厚生劳动省、经济产业省、环境省、农林水产省和总务省五个政府主管部门。各项化学品相关立法大多由 1~3 个政府部门合作监管。例如，《化学物质控制法》由经济产业省、厚生劳动省和环境省三个部门分工合作监管；《PRTR 法》由环境省和经济产业省合作监管。

在各种政府主管部门内设置相应司局和处室，配制足够的管理人员编制和力量。各主管部门都下设技术支持机构，如 NITE 化学品管理中心，以保证化学品健全管理的科学、有效，并使其符合国际惯例规范。

为了促进化学品健全管理，日本化学品相关主管部门之间建立了有效的协调和合作机制。日本设有多个各部门间协调机构，如关于《斯德哥尔摩公约》省厅局长会议、关于 GHS 相关省厅等联络会议和部际间关于内分泌干扰化学品处长级合作委员会等（表 2-22）。

10. 化学品安全信息平台是化学品健全管理的三大支柱之一

国家化学品健全管理需要建立"法律标准体系""化学品 GLP 实验室测试

体系"和"化学品安全信息平台"三大支柱。日本高度重视化学品信息平台建设,其也是发达国家中化学品安全信息平台的佼佼者。

日本各主管部门和技术支持机构的官网都及时公布化学品管理法规政策、导则规范、化学品 GHS 分类和国际化学品管理动向等信息(日本版和英文版概要)。例如,日本 NITE 建立维护的"日本化学品风险信息公示平台""亚洲-日本化学品安全数据库系统"和"日本化学品综合知识数据库",为日本各界和国际化学品健全管理提供技术支持和信息服务等。

2.3 美国化学品立法管理理念及其管理策略

美国是高度发达的现代市场经济国家,化学工业发达。美国建立了较完整的化学品安全和环境管理立法体系,拥有强有力的化学品安全主管当局,严格的执法管理计划与程序,较完备的化学品管理技术支持体系和公众参与机制。继 1973 年日本颁布《化学物质控制法》之后,1976 年美国颁布了《有毒物质控制法》(TSCA),设立了新化学物质申报登记制度,为其他国家树立了执行范例。

在 20 世纪 70 年代至 90 年代,美国化学品立法管理的政策理念和实践常被作为指导欧洲和各国化学品管理决策者的"灵感"。然而,由于美国《有毒物质控制法》执行近 40 年,存在众多问题而未得到及时修订完善,到了 21 世纪的今天,欧盟已经接替了美国的"化学品政策发展领导者"的地位。

直至 2016 年美国国会审议通过了《21 世纪化学品安全法》,美国化学品管理立法发生重大变革,重新开启了美国工业化学品健全管理的新纪元。

近几年来,人们普遍关注美国化学品管理立法体系发生的变革及其对国际化学品健全管理的影响。例如,美国《有毒物质控制法》新化学物质申报制度实施效果如何,该法执行中存在哪些问题,为什么需要做出修订;美国新颁布的《21 世纪化学品安全法》做出哪些重要修订,现有化学品的优先筛选和风险评估如何进行,该法颁布实施三年多来取得了哪些进展。

此外,美国 EPA 依据 1986 年颁布的《应急计划与公众知情权法》实施有毒物质释放清单报告制度已经三十多年,TRI 报告制度一直为世界各国实施 PRTR 制度提供着指导示范作用。

本节概述了美国工业化学品的立法管理,包括《有毒物质控制法》新物质申报制度和化学品管理计划实施情况;新颁布的《21 世纪化学品安全法》主要规定、高度优先化学品筛选和风险评估程序;《应急计划与公众知情权法》TRI 报告制度的内容及实施现状;美国化学品技术支持与信息公示体系等。针对我国化学品安全与环境健全管理与发达国家管理存在的差距和问题,笔者归纳提出值得研究借鉴的美国化学品立法管理理念和实践经验。

2.3.1　美国化学品管理立法体系和监管体制概述

1. 美国国家化学品管理政策

美国是全球最大的化学品生产国,化学工业发达。美国化学品年总产值大约为 4 000 亿美元,占美国国内生产总值的 2.1%,拥有大约 170 家大型化工公司,有 3 600 万名员工在化学品相关企业工作,其中化工行业直接聘用员工 100 多万人,有近一半员工从事化工生产,有 9 万多名化学家、工程师和技术人员从事化工科研与开发工作。化学工业也是美国制造业中第二大能源消费用户,每年花费在污染防治上的费用超过 50 亿美元。

据 Cefic 2020 年发布的《欧洲化学工业事实与数字(2020 年版)》报告,2018 年全球化学品营业总额为 33 470 亿欧元。美国化学品销售额为 4 680 亿欧元,位居第三。中国和欧盟分别位居第一和第二。美国与全球其他国家和地区的化学品销售额排名比较可参见图 2 - 5。

美国建立了较完整的化学品安全和环境管理立法体系,其化学品管理的重点和需求,依部门机构和地区而异。

美国国家化学品管理政策明确提出,应当管理那些损害健康或对环境带来不可接受风险的化学品,并对那些即将发生危害的化学品采取行动。主管当局在实现《有毒物质控制法》的主要目标时,既要保证化学物质的革新和贸易不会对人类健康或环境带来不可接受的风险,同时又不会过度妨碍技术革新或对它造成不必要的经济障碍。

美国 EPA 制定的主要环境目标提出,应当保证:① 美国人消费的食品总是安全的;② 让所有的美国人生活、学习和工作在一个安全和健康的环境中;③ 在化学品生产和消费过程中,通过污染预防、重复使用和再生利用,使全体美国人生活在没有有毒物质影响的社区中;④ 美国人民在改善环境质量上应当是知情者和受过教育的参与者,他们对自己居住社区的污染物拥有知情权,知晓与环境政策相关的决定并参与地方和国家优先事项的确定。

美国 EPA 提出化学品计划的指导原则是通过预防污染提供保护健康和环境的首要和最佳机会,让公众能够获得信息以利于确保遵守现行法规,并鼓励化工公司采取附加措施减少工业化学品排放。美国 EPA 认为污染预防、公众知情权和利益相关者参与合作三项原则构成了当前和未来国家工业化学品计划的基础。

2. 美国主要化学品管理立法概述

美国主要化学品管理有关法律法规如表 2 - 23 所示。

表 2-23 美国主要化学品管理有关法律法规

序号	法 律 名 称	主管当局	适 用 范 围
1	《21世纪化学品安全法》,即原《有毒物质控制法》	环境保护局	工业化学品生产、进出口申报,测试评价,鉴别和控制工业化学品对人体健康和环境的危害
2	《联邦杀虫剂、杀菌剂和杀鼠剂法(FIFRA)》	环境保护局	对美国销售的所有农药进行登记,管理农药标签和安全使用
3	《联邦食品、药品和化妆品法(FFDCA)》	食品药品监督管理局(FDA)、环境保护局	医药品、化妆品及食品中农药的残留管理
4	《职业安全与健康法》	职业安全与健康管理局(OSHA)	释放到职业环境中的有毒化学品;作业场所工人健康与安全,制定阈限值标准
5	《应急计划与公众知情权法》	环境保护局	化学事故应急计划,有毒物质释放清单报告
6	《危险物品运输法》	运输部(DOT)	危险货物的安全和环境无害化运输
7	《安全饮用水法》	环境保护局	制定饮用水最高污染物水平限值(MCLs)标准,保护公众健康
8	《联邦危险物质法》	消费产品安全委员会(CPSC)	管理日用消费品中化学品的安全、标签和禁止使用的危险物质
9	《联邦消费产品安全改进法(CPSIA)》	消费产品安全委员会(CPSC)	管理日用消费品中化学品的安全、极易燃黏合剂和含铅涂料
10	《预防中毒包装法(PPPA)》	消费产品安全委员会(CPSC)	管理日用消费品中化学品的安全、危险产品的包装要求
11	《污染预防法》	环境保护局	管理工业化学品、农药和消费产品,制定实施源头削减、污染预防战略
12	《清洁空气法(CAA)》	环境保护局	控制有毒空气污染物、排放标准
13	《清洁水法(CWA)》	环境保护局	地表水中有毒污染物标准,防止有毒物质对生态系统的慢性影响
14	《资源保护与回收法(RCRA)》	环境保护局	管理危险废物的处理处置
15	《综合环境反应、赔偿和责任法(CERCLA)》	环境保护局、有毒物质与疾病登记局(ATSDR)	执行超级基金计划,净化化学品污染严重的场地,评估危险物质释放对公众健康的影响,进行危险物质暴露人群登记

《有毒物质控制法》颁布于 1976 年,在 1980 和 1990 年曾经两次修订,施行了近 40 年时间。直至 2016 年 6 月经国会审议对《有毒物质控制法》进行重要修订,通过了《21 世纪化学品安全法》,该法于 2016 年 6 月 22 日正式颁布施行。

《有毒物质控制法》授权美国 EPA 对工业化学品的生产、加工、销售、使用、处置的风险性进行监督管理。根据该法的规定,在一种新化学物质投产或进口以前,生产厂家或进口商必须向 EPA 进行申报。如果审查中发现一种化学品对健康或环境会存在不合理的风险,EPA 可以禁止或限制其生产与使用。

《有毒物质控制法》规定,EPA 的官员可以进入任何生产、加工和进口化学品的设施内进行检查。必要时可以传唤证人、索取文件记录和其他信息。对违反该法的行为可以提请地区法院加以制止或强制采取罚没行动。根据该法的规定,EPA 已对多氯联苯、石棉、二噁英、氯氟烃、哈龙、丙烯酰胺、铅、六价铬和氯代溶剂等对人体或环境有严重危害的化学品进行了重点管理控制。

根据《联邦杀虫剂、杀菌剂和杀鼠剂法》的授权,EPA 农药计划办公室(Office of Pesticide Programs, OPP)负责农药管理工作。一种新农药投放市场前必须向 EPA 申请登记,同时提交包括致癌风险、出生缺陷及对野生动物危害性的测试数据。如果数据表明,一种农药的使用可能对人类和环境造成的风险超过其带来的效益,EPA 可以拒绝给予登记,或限制该农药的使用范围、施用量或施用次数,以减少其风险性。任何农药产品必须经过登记并取得登记号才能合法销售。多年来,美国 EPA 依法停止了滴滴涕、艾氏剂、异狄氏剂、2,4,5-涕、毒杀芬和二溴乙烷等 18 种农药的商业销售,撤销了 34 种有害农药的登记和 60 种有毒惰性组分的使用。

《联邦食品、药品和化妆品法》管理控制食品、药品和化妆品中农药最高容许残留量。1996 年该法经修订并强化管理。环境保护局和食品药品监督管理局是该法的执法当局。

《职业安全与健康法》管理释放到职业环境中的有毒化学品。执法当局是职业安全与健康管理局。

1986 年美国颁布了《应急计划与公众知情权法》,以预防和应对化学品事故对环境污染和人体健康的危害。要求各州成立州和地方应急计划委员会,制定危险化学品事故应急计划和应急报告制度。该法规定实行了 TRI 报告制度,要求针对生产、加工、储存列入控制名单的 690 多种极危险物质的设施,企业每年必须向本州应急计划委员会报告其向环境中排放有毒物质以及通过危险废物转移处置的情况。

1996 年 8 月美国修订了《安全饮用水法》,设立了 MCLs 标准。环境保护局是执法当局。

美国还颁布了《危险物品运输法》，确保实现危险货物的安全和环境无害化运输，运输部是执法当局。《联邦危险物质法》《联邦消费产品安全改进法》和《预防中毒包装法》管理日用消费品中化学品的安全。消费产品安全委员会是执法当局。

1990 年美国颁布了《污染预防法》，要求工业企业采取源头削减等污染预防措施，减少向环境中排放的任何危险物质数量，以减轻对人体健康和环境的危害。

美国依据《清洁水法》《清洁空气法》《资源保护与回收法》，管理控制向环境中排放污染物质。这些法规都建立了有毒污染物名单或有害污染物名单，授权环境保护局制定排放标准，确定污染源和最佳实用控制技术。例如，在 1990 年《清洁空气法》的修订中，公布了 190 种有害空气污染物名单，授权环境保护局可以定期审查修改名单，确定污染源种类，制定排放标准和监测方法。

《综合环境反应、赔偿和责任法》授权环境保护局执行超级基金计划，以净化被化学品严重污染的场地；授权 ATSDR 负责评估危险物质释放对公众健康的影响，开展毒理学研究，建立和维护危险物质暴露人群登记并对物质的紧急排放做出反应。环境保护局和 ATSDR 是执法当局。

3. 美国化学品监管体制与协调机制

美国建有较完善的联邦化学品监管体制与部门协调机制，EPA、OSHA、CPSC、FDA 四个联邦当局负责执行化学品安全管理的大部分法规。每个当局都负责监管化学品生命周期中不同的阶段。其他当局对化学品的安全管理仅起到配合和提供技术的支持作用。

EPA 根据国会授权负责执行《有毒物质控制法》等 10 部主要化学品安全法律法规，负责工业化学品生产和进口的申报管理、农药生产和使用的登记管理；饮用水安全，大气、地表水和固体废物的污染物排放标准及污染防治；化学事故应急计划，有毒物质释放清单报告等。

在 EPA 内设有化学品安全和污染预防办公室（Office of Chemical Safety and Pollution Prevention，OCSPP）负责保护公众健康和环境，防控农药和有毒化学品的潜在风险。其下设污染预防和有毒物质办公室（Office of Pollution Prevention and Toxics，OPPT）负责管理新物质和现有化学物质风险评估计划，采取适当措施预防或削减污染并实施风险管理计划。

农药计划办公室负责农药登记和制定食品中农药最高残留浓度限值，协调农业工人健康防护和预防农药残留，参与农药环境管理计划等伙伴关系。科学协调与政策办公室（OSCP）负责暴露评估和协调政策部门。

OSHA 是美国劳工部内设的一个管理部门，负责预防、控制职业病和保护劳动者的健康。OSHA 拥有大约 2 100 多名监察人员和技术支持人员，负责制定和强制实施劳动防护标准，并通过技术援助和咨询计划将这些标准深入雇主和工人心中。

OSHA 负责监督管理工作场所化学品的安全,通过制定针对特定化学品允许的职业接触限值标准及其暴露评价、医疗监护要求和其他控制计划来控制工人的暴露水平。该管理局还制定了各种工作场所化学品安全标准,包括呼吸防护计划、易燃液体储运、实验室通风和化学品处置等要求。

OSHA 制定的《危险性公示标准》(HCS)要求化学品生产厂家和进口商必须鉴别评估其化学品的危险性分类,并通过标签和 SDS 将这些信息散发给其下游用户。其要求所有在工作场所使用危险化学品的雇主单位实施危险性公示交流计划,向员工提供危险性信息及其防范措施并进行培训。

CPSC 负责消费产品的安全管理,对危险产品的包装和标签或对禁止家庭使用的危险化学品和产品做出规定。其管理的消费产品包括极易燃的接触性黏合剂、含铅涂料及相关产品等。CPSC 可以宣布一种物质由于具有紧迫危险性,需要立即制定管理规定而作为禁止的危险物质。

CPSC 可以通过启动司法程序,没收粘贴假冒商标或者禁用的危险物质。CPSC 在制定风险评估准则和开展定量的风险评估与解释方面拥有卓越的能力。其制定的风险管理政策内容包括制定标签、业绩标准或禁令等。

FDA 是美国卫生和人类服务部的公共卫生服务局下属的一个机构,负责监控管理食品、饲料、化妆品、医药品和医疗器具、兽药以及辐射性产品的安全。FDA 负责保证上述产品附有真实、适当的安全标签。

为了保障食品的安全和有益健康,FDA 负责监督检查和监测农副产品和各种食品中农药的残留限量。FDA 还监控管理处方药、非处方药品和化妆品的安全;审批食品和化妆品中颜料和其他添加剂的使用;收集和分析上市销售的医药品和医疗器械的报告,监测其任何意想不到的副作用。

在其他与化学品安全管理相关的当局中,农业部(USDA)与 EPA 及 FDA 合作负责农药残留的监控工作。其中 USDA 负责对国内生产和进口的肉类、奶制品和蛋类中农药残留实行监测调查,强制实行最高允许限值标准。

USDA 还与 EPA 密切合作,执行统一的研究、技术开发和转让制度,支持保护环境的农业实践活动。为了减少农药风险和使用,USDA 和 EPA 推行了可持续农业和综合害虫管理做法,包括生物和栽培控制制度。USDA 还与各州的农业实验站合作,支持开展研究和培训计划。

DOT 负责监督和保证各种危险货物的安全和环境无害化运输。DOT 参与了联合国危险货物运输专家委员会的工作。美国境内外危险货物的运输都执行联合国《规章范本》的规定。

ATSDR 负责预防由废物场地或其他环境污染源释放的危险物质造成的暴露和有害健康效应以及其对生活质量的降低。ATSDR 对废物场地开展公共卫生评价、特定危险物质健康咨询、健康监护和登记,对危险物质的突发泄漏事故做出应急救治,研究支持公共卫生评价、信息收集和散发以及开展与危险物质有关的教育和培训活动。

美国已经建立了有效的化学品安全协调管理机制。其中 EPA 负有较多的责任。EPA 主管化学品安全和污染预防办公室工作的助理局长负责国际上政府间化学品安全论坛(IFCS)的国家联络点工作并负责与国务院、其他主管当局以及利益相关者进行合作,以确保化学品安全问题得到广泛讨论,并协调各有关政府部门、管理当局和非政府组织的政策立场。其采取的协调方式通常为召开部门间工作组会议,或者分别与有关非政府组织开会进行磋商。例如,在参加 IFCS 会议和其他国际会议以前,通常要召开一次或几次国内各主管部门间化学品工作组的预备会议。该工作组成员包括国家涉及化学品安全管理、研究或信息部门的所有主管当局的全部机构。

此外,为了解决制定法规和执行法规管理中跨部门化学品管理问题,在政府主管当局之间还建立了特别协调机制。联邦主管当局还向各种利益相关团体和协会,包括各州利益相关者代表进行咨询。

以农药管理协调为例,农药和害虫控制问题常常涉及几个联邦当局的权限。为了促进联邦当局管理的有效性和一致性,EPA 农药计划办公室经常通过理解备忘录和非正式工作组会议形式协调各主管当局的活动。

需要协调的活动领域包括:EPA 管理的食品安全和杀生物农药(如医用消毒剂)问题;USDA 管理的粮食和农业安全(如农业工人的防护和农药储存与处置)问题;CPSC 管理的产品标签问题;内政部(DOI)管理的濒危物种问题;OSHA 管理的工人健康防护问题;海关和海岸警卫队负责的进出口问题;国防部(DOD)负责的军事设施的害虫控制问题;运输部负责的危险化学品安全标准的统一问题等。

根据《有毒物质控制法》的授权,美国化学品安全管理还设立了"部门间测试委员会(ITC)",负责判定研究需求和协调对农药和工业化学品的测试工作。该机构是一个独立的顾问委员会,由以下政府机构推荐的管理和技术专家作为法定成员:商业部(DOC)、美国环境保护局、国家癌症研究所(NCI)、国家环境卫生科学研究院(NIEHS)、总统环境质量委员会(CEQ)、国家职业安全与卫生研究院(NIOSH)、国家科学基金会(NSF)以及职业安全与健康管理局。

此外,有毒物质与疾病登记局、消费产品安全委员会、国防部、内政部、食品药品监督管理局、国家医学图书馆(NLM)、国家毒理学计划(NTP)和农业部的专家也是 ITC 委员会的联络员。

根据《有毒物质控制法》第 4(e)款的授权,ITC 委员会负责筛选确定并定期向环境保护局局长推荐需要优先测试评估的有毒化学品名单及其修订报告,以满足政府各成员机构进行化学品安全管理时对化学品数据的需求。

2.3.2　《有毒物质控制法》概述

1.《有毒物质控制法》的主要规定

《有毒物质控制法》是美国最重要的一部化学品管理法律。该法授权美国环境保护局多项权限,针对新化学物质和现有化学品物质采取某些法规监管行动。作为一部管理工业化学品的立法,该法适用范围不包括某些烟草产品、核材料物质、弹药、食品和食品添加剂、医药品、化妆品和仅作为农药使用的化学物质。《有毒物质控制法》的主要规定如表 2 - 24 所示。

表 2 - 24　《有毒物质控制法》的主要规定

法 令 条 款	要 求 和 注 释
第 4 节　现有化学品测试	授权 EPA 要求企业开展一种现有化学物质的测试
第 5 节　新物质审查	要求新化学物质制造商和进口商在生产/进口前提交生产前申报书(PMN)并取得 EPA 批准
第 5 节　重要新用途规则	要求一种化学物质的制造商和进口商遵守重要新用途规则(Significant New Use Rule, SNUR),在生产/进口前向 EPA 提交 SNUR 申报
第 6 节　危险物质的管理	授权 EPA 禁止或限制一种危险物质的生产、加工或商业销售。例如,禁止多氯联苯和含有多氯联苯的物品生产、加工或销售
第 8 节　报告和保存记录	化学品数据报告(Chemical Data Reporting, CDR):要求列在现有化学物质名录上的化学物质的生产或进口量在 25 000 磅①以上的制造商和进口商每五年报告一次其生产、使用和暴露等数据。 要求公司报告发现的其化学品对健康或环境造成的重大风险。 要求公司记录、保存和报告没有正式证明或因果证据的"显著不良反应"
第 13 节　进口	要求进口商书面声明其进口的化学物质符合 TSCA 规定或不适用 TSCA 的相关规定

2. 新化学物质申报要求和评审程序

1) 新化学物质申报适用范围和要求

《有毒物质控制法》第 5 节要求打算生产或进口一种新物质的生产或进口厂商应当在其生产或进口前至少提前 90 天向 EPA 提交生产前申报书并获得其批

---

① 1磅=0.453 6千克。

准。新化学物质被定义为未列在美国《TSCA 现有化学物质名录》上的物质。

申报人必须向 EPA 提交附带可提供的数据的完整电子版申报材料,并等待 EPA 的 90 天审查结果。虽然提交新物质毒理学数据是非强制性的,但如果申报人掌握,则必须提交。

下列物质被排除或完全豁免 PMN 申报:① 天然存在的物质;② 发生事故时化学反应的产物;③ 最终使用反应的产物;④ 混合物,但非混合物中的组分;⑤ 杂质或副产物;⑥ 仅供出口生产的物质;⑦ 未分离的中间体;⑧ 物品制造中生成的物质。

此外,还有一些特殊类型的 PMN 豁免,但这些豁免需要获得 EPA 批准,如表 2-25 所示。

表 2-25　特殊类型的 PMN 豁免

特殊类型的 PMN 豁免	解　释　说　明
研究与开发豁免	用于研究与开发活动(非商业使用)的物质; 小量的物质(无固定限值); 用于不需要 EPA 批准的用途; 需要保存研究与开发记录
聚合物豁免	必须符合 EPA 的低关注聚合物标准; 用于不需要 EPA 批准的用途
低产量豁免	生产/进口量小于或等于 10 t/a 的物质; 需要提交低产量豁免申请(类似 PMN); 评审期限为 30 天
低释放和低暴露豁免(LoREX)	必须符合 EPA 的低释放和低暴露标准; 需要提交 LoREX 申请(类似 PMN); 评审时间为 30 天; 无生产量或进口量限值
上市销售进行测试的豁免	打算商业开发和上市销售而进行测试; 需要提交为上市销售进行测试的豁免申请(类似 PMN); 评审时间为 45 天; 测试完成后需要提交 PMN 申报

应当注意的是,豁免 PMN 的申报人不需要向 EPA 提交新物质生产/进口的启动通报(Notice of Commencement,NOC),并且豁免申报的物质也不列入现有化学物质名录中。但是,向美国进口该化学物质时,仍然需要提交符合 TSCA 规定的书面声明。所谓"PMN 和生产/进口启动通报"是指一种新化学物质的 PMN 获得批准后,要求该申报人在首次进口或生产该新化学物质的 30 天之内,向 EPA 提交启动该新物质生产/进口活动的通报。收到该 NOC 之后,EPA 就将该新化学物质增补列入《TSCA 现有化学物质名录》之中。

2）新化学物质的评审程序

EPA 的评审工作全部由 EPA 内部专家完成,称为内审。EPA 实施的是分级分阶段评审,主要以会议形式进行,不同会议的参会人员数和级别也不同。越往后的会议,参加人员的级别也越高,体现筛查式的评审设计。评审并不只针对申报人提供的资料,EPA 还根据以往申报管理的数据库、科学文献和 EPA 内部专家的职业判断,来评估申报物质的风险。

评审期通常为 90 天,有合理理由时,EPA 可根据 TSCA 第 5(c)款将 PMN 评审期再延长最多 90 天(可少于 90 天),最多共 180 天,但需在第一个 90 天内通知申报人延期。此外,若与申报人达成一致,可在评审期间暂停一段时间。

EPA 在任何评审阶段都可决定无须继续评审,放弃受评审物质的继续审查。虽然终止审查,但申报人仍不能开始活动,只有等到评审期限结束后才能开始生产或进口活动。同时,在评审期内申报人也可以随时书面提出撤销申报,停止评审,不需要说明理由,EPA 收到后就自动生效。

美国 EPA 的新化学品计划由 OPPT 的化学品控制处(Chemical Control Division)的新化学品管理科(the New Chemicals Management Branch)负责管理。

在收到申报人提交的 PMN 或者豁免申请后,在 EPA 的 90 天审查期限内,该申报材料经过下列评审程序流程(图 2-13)。

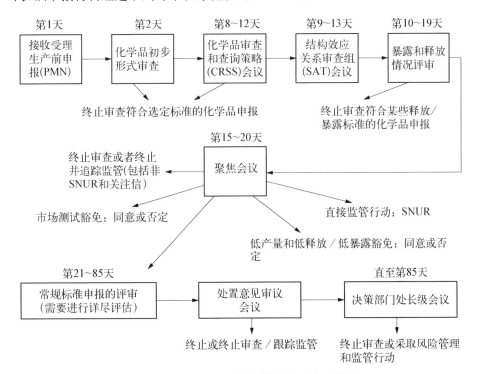

图 2-13　美国 EPA 新化学物质评审程序流程

EPA 的 90 天新化学物质评审程序流程简要说明如下：

（1）化学品初步形式审查（第 2 天）

对提交的申报材料的完整性进行形式审查。

（2）化学品审查和查询策略会议（第 8～12 天）

CRSS 会议审查和决定的内容包括：新物质的化学标识信息；分子结构/命名方法；类似物/TSCA 名录状态；生产合成方法（包括副产物和杂质）；用途/类似用途；理化性质（包括物理形态、相对分子质量、熔点/沸点、蒸气压、水溶解度、正辛醇/水分配系数、pH）等，并对申报人提交的污染预防信息等进行审查，EPA 做出替代合成途径的建议；对申报材料完整性、有效性、可报告性，是否符合豁免或排除申报的资格，基于暴露评审的候选资格以及该申报是否符合 CRSS 放弃审查的某些标准等做出 CRSS 决定。

（3）结构效应关系审查组会议（第 9～13 天）

由跨学科专家组的化学家、生物学家、毒理学家和信息专家利用结构效应关系（SAR）、PMN 申报物质的测试数据、类似物数据、结构活性关系或 QSAR 进行估计和专家判断，以评估新化学物质的环境归趋、人类健康危害/毒性和水生环境危害/毒性。

（4）暴露和释放情况评审（第 10～19 天）

审查申报物质向所有环境介质的释放情况、职业暴露接触情况和环境/消费者的暴露情况，包括环境持久性和生物蓄积性或生物富集性审查。

（5）聚焦会议（第 15～20 天）

对于特殊类型的 PMN 申报，由 EPA 专家团队的风险评估专家，基于化学品类型，对新物质的暴露场景情况进行评审，并就是否同意豁免等做出聚焦会议决定。对于新物质的 PMN 申报做出决定：① 暂时禁止生产或进口，等待前期的测试结果；② 放弃 EPA 的进一步审查；③ 简要提出存在的问题；④ 根据《有毒物质控制法》第 5（e）款的合意令（Consent Orders）/重要新用途规则和第（5）款进行标准审查。对于申请豁免的申报，做出决定：① 准予豁免；② 拒绝豁免；③ 有条件的准予或者拒绝豁免。遵照《有毒物质控制法》的规定，EPA 应当将其决定通知申报人。

（6）常规标准申报的评审（第 21～85 天）

对于不属于特定类型/特殊问题的常规标准 PMN 申报，EPA 进一步进行详尽深度评估，提出终止审查/跟踪的处置意见方案。最终在决策部门处长级会议上由管理层面做出最终的监管决定。

EPA 对新化学物质的主要审查结果类型有五种：终止审查或批准，即不再采取监管行动（约 90% 审查的 PMN 属于这种情况）；申报人撤销申报；要求提供补充数据；批准并附带某种限制条件（合意令）；批准并附带遵守重要新用途规则,设定某些限制条件,该限制条件既适用于该物质的申报人,也适用于同一物质的其他生产/进口商。

① 当申报书符合下列某一项条件时,EPA 放弃进一步审查:申报物质不符合任何一项基于暴露的标准;对人类健康或环境不会带来不合理的风险;增加生产量或者其他用途时,不会随之带来增加的潜在风险。

② 终止审查,并附带一封关注信:通过给申报人的关注信,告知申报人该物质的潜在危害或风险以及已有结构类似化学物质的数据和少量人群可能受到影响,可以通过实施标准工业规范、工人佩戴个人防护装备或采取环境污染控制措施等方式控制该物质的潜在风险。

③ 采取禁止或限制的法规监管措施:如果评审确定一种申报的新物质会出现下列情况,EPA 将发布《有毒物质控制法》第 5(e)款规定的命令,禁止或限制该物质相关活动:缺少足够的信息评估该物质的人体健康和环境影响,并且基于风险评估发现,该物质可能危害人类健康或环境,造成不合理的风险,或者基于暴露评估发现,该物质将大量生产并且可以预计会大量进入环境,或可能存在显著或大量的人群暴露情况。

3. 新化学物质的监管措施

(1)《有毒物质控制法》第 5(e)款的合意令

"合意令"是一种附带限制条件的 PMN 批准决定。例如,合意令可以要求 PMN 申报人采取某些风险管理措施,尽量减少该化学物质的暴露和风险。在申报人生产或进口该化学物质以前,该物质必须符合《有毒物质控制法》合意令中相关规定。第 5(e)款的合意令仅对原 PMN 提交人具有法律约束力。

(2)重要新用途规则

《有毒物质控制法》的 SNVR 授权 EPA 可以将一种化学物质的用途指定为"重要新用途",并且在该化学物质被生产(含进口)或者加工用作其他用途时,要求申报人向 EPA 提交相关信息。与合意令仅对该化学物质原申报人具有法律约束力不同,SNVR 适用于同一化学物质所有生产厂商和进口厂商。需要符合 SNUR 要求的化学物质在《TSCA 现有化学物质名录》上都标有一个"S"标记。

如果一家公司的化学物质需要符合 SNUR 并且打算制造、加工,或者这家公司使用一种符合 SNVR 的化学物质,该公司应当在生产该物质以前 90 天内向 EPA 提交重要新用途申报(Significant New Use Notice,SNUN)。重要新用途申报使用标准的 PMN 申报表格,并且需要接受类似 PMN 申报的 90 天评审期限。

在提交重要新用途申报时,申报人应当附带提交一份说明信函,述及引用联邦法典的 SNVR 并识别说明所提交申报所指的具体重要新用途。

（3）化学品数据报告

CDR 规则要求，自 2011 年起的任何一个公立年度中，如果生产和进口厂商在一个场地生产（包括进口）化学物质的数量达到 25 000 磅（折合 11.34 t）时，需要向 EPA 报告提交相关数据。CDR 要求每五年报告一次，最近一个提交 CDR 的开始时间为 2016 年 6 月 1 日。

（4）进口化学物质的合规证明

《有毒物质控制法》第 13 节要求进口商提供合规证明（Certification for Imported Substances），表明其进口的化学物质或者混合物在进口时符合《有毒物质控制法》第 5、6 和 7 节的相关规定，或者符合《有毒物质控制法》豁免相关规定。海关可以拒绝未提供上述合规证明的货物入境。这种证明可以采用一种自我声明的方式，有些产品不要求《有毒物质控制法》合规证明。

4. 新化学物质申报的执行和监管情况

美国《21 世纪化学品安全法》经总统签署后，自 2016 年 6 月 22 日起正式生效施行。自 1979 年根据原《有毒物质控制法》的规定建立公布《TSCA 现有化学物质名录》以来，截至 2016 年 6 月 21 日美国 EPA 已经受理审查了 40 151 种新化学物质生产前申报书，并受理了 14 000 多个豁免 PMN 的其他申报（表 2 - 26）。

表 2 - 26　美国 EPA 新化学物质申报登记统计情况

申报类型	1979 年以来累计提交并受理申报书数量/份	2013 年提交并受理申报书数量/份	2014 年提交并受理申报书数量/份	2015 年提交并受理申报书数量/份	2016 年 1 月 1 日至 6 月 21 日提交并受理申报书数量/份
生产前申报	40 151	637	657	589	189
申请上市前测试豁免	900	24	4	15	17
低量豁免	13 267	399	434	399	348
低释放量/低暴露豁免	107	7	6	2	3
聚合物豁免①					
微小商业活动申报	111	14	21	34	5

（续表）

申 报 类 型	1979 年以来累计提交并受理申报书数量/份	2013 年提交并受理申报书数量/份	2014 年提交并受理申报书数量/份	2015 年提交并受理申报书数量/份	2016 年 1 月 1 日至 6 月 21 日提交并受理申报书数量/份
重要新用途申报	56	7	13	5	4
总计②	54 592	1 088	1 135	1 044	—
开始生产/进口活动通报③	14 206	403	395	267	273

注：① 自 1995 年 5 月 30 日以后，对豁免的聚合物不再要求逐个进行报告，改为目前的下一年度 1 月 31 日前按年度进行报告。

② 总计数目包括改变的豁免申报数。

③ 所列财政年度内开始生产或进口活动通报数目。

美国 EPA 对新化学物质申报审查采取的管制行动类型统计如表 2 - 27 所示。

表 2 - 27　美国 EPA 对新化学物质申报审查采取的管制行动类型统计

对 PMN 采取管制行动类型	截至 2016 年 6 月 21 日发布管制令的总数目	2013 年发布管制令的数目	2014 年发布管制令的数目	2015 年发布管制令的数目	2016 年 1 月 1 日至 2016 年 6 月 21 日发布管制令的数目
遵循第 5(e)款合意令	1 729	30	20	48	19
执行第 5(e)款后重要新用途合意令	764	40	36	28	25
申报审查后执行重要新用途规则	1 557	157	95	131	100
面对 EPA 限令，申报人撤回生产前申报书数目	2 082	66	52	53	14

1979 年以来总计受理的 40 151 份 PMN 中，大约 10%的申报书导致签发第 5(e)款合意令和执行重要新用途规则，对申报新物质提出了各种限制和测试要求，并且其中有 2 082 个申报人面对法规管制要求撤回了申报。对于豁免申报的请求，EPA 可以批准或者拒绝该申报，对该申报新物质设定或者不设定

对申报人有法律约束力的某些使用条件限制。

（1）第5(e)款合意令情况

在提交PMN的所有新化学物质中，有1 729种新物质须遵从根据《有毒物质控制法》第5(e)款合意令。该"第5(e)款合意令"用于对引起健康或环境关注的新化学物质，在收到所要求的信息之前限制其生产、加工、商业销售、使用和处置活动。

（2）执行重要新用途规则情况

EPA根据《有毒物质控制法》第5(a)(2)款发布的重要新用途规则与表2-27所述764项合意令相关。一般来说，该规则模拟了合意令中对所有其他制造商和加工者的约束性条款和条件。对这些新化学物质，要求申报人在其制造、进口或加工用于重要新用途的新物质时，至少提前90天必须向EPA提交重要新用途申报。所要求的重要新用途申报为EPA提供了评估预期用途的机会，并且必要时，在其发生之前可以禁止或限制该活动。

除了上述764个重要新用途申报之外，还有1 557种新化学物质被EPA通过重要新用途规则，要求申报人向EPA报告该化学品可能带来不合理风险的潜在新用途（不同于PMN中提交的用途）。

（3）撤回申报情况

在2 082个申报案例中，申报化工公司在面临EPA关注和可能的监管要求时，撤销了其提交的PMN。

5. 现有化学物质风险管理计划

为了加强现有化学品的风险管理，实现可持续发展目标，将化学品对人类健康和环境危害的风险降低到最低程度，近年来美国EPA根据《有毒物质控制法》开展了一系列化学品风险管理计划和活动，包括高关注化学品管理计划、污染预防计划以及化学品危害信息收集与公示计划。这些计划的主要活动内容概述为以下几个方面。

1）高关注化学品管理计划

（1）高关注化学品风险管理行动计划。EPA针对引起高关注的化学品启动了风险管理行动计划，其内容涉及对铅、汞、甲醛、多氯联苯、溴化阻燃剂、全氟化学品、邻苯二甲酸酯、短链氯化石蜡和纳米材料等的风险管理行动。

该行动计划基于EPA对可提供的危害、暴露和使用信息的审查结果，概述了每类化学品可能存在的风险和EPA将采取的具体行动步骤。EPA在其官网上公布的首批行动计划涉及产品中的溴化阻燃剂（多溴联苯醚，包括五溴、八溴和十溴联苯醚等）、全氟化学品、某些邻苯二甲酸酯和短链氯化石蜡等。

EPA于2009年12月发布了一项化学品行动计划，并在四个月期限内发布了补充计划。通过以下方式了解评估这些化学品风险所需要的信息：① 要求化工公司提交信息，以填补高产量化学品计划中化学品健康和安全基础数据存在的空白；② 以更透明、更现代、更有用和更易于被公众使用的方式报告化学品使用信息；③ 要求对纳米级化学物质进行补充报告和测试；④ 增加公众获取化学品信息的能力；⑤ 通过公开宣传和公众听证会方式吸引利益相关者参与高关注化学品的未来风险管理。

（2）全氟辛酸类管理计划。美国 8 家大型企业承诺 2010 年以前自愿将其生产设施的全氟辛酸排放量和相关化学品中的含量按照全球总量削减 95％，并致力于在 2015 年之前消除或淘汰这些化学品的排放和使用。该自愿性管理计划也获得 EPA 针对全氟烷基磺酸盐和全氟辛基磺酰类化合物化学品重要新用途监管行动的支持。

（3）汞行动计划。2006 年 7 月 EPA 发布了"汞路线图计划"，其重点放在解决汞的环境排放、产品和工业过程中汞的使用、管理汞的商业供应、向公众沟通关于汞的风险信息、应对汞的国际来源以及开展汞研究和监测六个关注领域。EPA 打算制定管理规定来逐步淘汰或禁止在某些产品，如电器开关、继电器、测量设备和其他产品中汞的使用。EPA 还开发了含汞产品及其替代品数据库，收集了含汞产品的制造商、使用部门、汞产品说明和数量以及含汞产品替代品的信息。

（4）减少儿童铅暴露计划。铅可能导致行为问题、认知障碍、发病和死亡等一系列健康效应，对 6 岁以下的儿童风险最高。美国大多数儿童主要铅暴露来源为含铅涂料脱落、铅污染粉尘和铅污染住宅的土壤。为了实现美国政府到 2010 年消除儿童铅中毒这一重大公共卫生关注问题的目标，EPA 将其财力资源集中在铅中毒率高于全国平均水平的人群以及尚未通过充分筛查确定铅中毒率的人群。

此外，2008 年 3 月 EPA 制定了《关于铅装饰、修理和涂装管理规定》，要求对 1977 年以前从事住房和儿童设施装修和喷涂作业的人员进行培训和认证，并实施含铅涂料安全作业规范，以减少铅的潜在危险暴露水平。EPA 提出强化含铅涂料作业规范标准，扩大其适用范围。其要求对某些装修任务完成后进行清理检验，并对公共建筑和商业建筑实施铅安全作业规范。此外，EPA 还将制定规则，评估是否禁止或以其他方式规定轮胎中铅重物的使用。

（5）内分泌干扰物筛选计划（EDSP）。根据《联邦食品、药品和化妆品法》第 408(p) 款要求，EPA 研究建立了筛查确定某些物质中是否含有类似于天然存在的雌激素产生的效应（内分泌干扰效应）的程序，实施了一项内分泌干扰物筛选计划，采用分两个层级的方法来筛查农药、化学品和环境污染物对雌激素、雄激素和甲状腺激素系统的潜在效应。

EPA 已经研究制定了 14 项"内分泌干扰物筛选程序测试导则（体外和体

内)",以满足《有毒物质控制法》《联邦杀虫剂、杀菌剂和杀鼠剂法》《联邦食品、药品和化妆品法》关于确定一种化学物质是否可能由于干扰内分泌系统而对人类健康或环境造成风险的测试要求。

2009年美国EPA已经开始实施其关于内分泌干扰物测试的政策,对相关行业发出第一项测试命令,要求其采用第一层级测试导则开展67种化学品的测试工作。2013年公布了第一层级筛选出的第二轮化学品清单。该清单包括已在EPA饮用水和农药计划中列为优先的109种化学物质。截至2015年EPA已公布了52种农药的第一层级筛选结果。

EPA目前尚未公布任何确认为内分泌干扰物的官方名单。作为人类内分泌干扰物的化学品不会导致在美国立即禁止或限制使用。考虑到内分泌干扰物质可能产生不利影响的暴露水平与人类和野生动物的典型实际暴露水平之间的差异性,将由EPA进行全面风险评估后,再确定该安全标准是否能适当保护公众健康和环境,包括特别敏感的群体,或者考虑是否限制或禁止这些化学品的某些用途。

2) 污染预防计划

多年来,围绕化学品和危险废物的污染防治,美国EPA根据《污染预防法》的规定,制定和实施一系列污染预防计划。所谓污染预防旨在通过改革生产工艺,促进使用无毒或低毒性物质,实施资源节省与材料重复利用技术,从源头削减或消除废物产生,而不是将其作为废物处置。美国EPA通过污染预防,降低化学品风险的主要工作计划如表2-28所示。

表2-28　美国EPA实施的污染预防计划

计 划 名 称	目 标 和 内 容
可持续未来计划(Sustainable Futures)	该计划是EPA与化工行业等利益相关者建立的合作伙伴关系计划,为在开发过程初期快速和经济有效地筛选评估化学品危害和/或风险提供一种快速、经济有效的模式。参与该计划可以使企业更快地将环境友好型化学品实施商业化,识别确定现有化学品的更安全替代品
为环境设计计划(Design for the Environment Program)	该计划与利益相关者合作,重点关注降低化学品风险的可能性,结合提高能源效率,强力推动行业持久和积极的变革。例如,在家具阻燃剂合作伙伴关系计划中,通过提供阻燃剂化学品危害信息来促进知情替代行动,让家具制造厂商选择更安全的阻燃剂替代品
绿色化学计划(Green Chemistry Program)	该计划促进化学产品和工艺的环保意识设计,并为公认的绿色化学技术的重大科学、经济、人类健康和环境成果设立了一项年度总统绿色化学挑战奖

（续表）

计 划 名 称	目 标 和 内 容
绿色工程计划（Green Engineering Program）	绿色工程计划为设计、商业化和采用经济可行，且能从源头将风险和废物产生量削减到最低程度的工艺流程和产品。该计划的目标是将风险相关理念纳入学术界和行业设计的化学过程和产品中
化学品管理服务（Chemical Management Services，CMS)	这是一种为客户购买化学品提供服务的新模式。该服务提供商通过提供高质量服务和减少化学品使用量，来降低化学品生命周期的成本、风险和环境影响，从而服务提供商与其客户一起通过减少化学品使用、降低生产成本和废物产生量来实现其效益
绿色建筑（Green Building)	这是一项建立更健康、更资源有效的建筑物建设、装饰、运营、维护与拆除的模式做法。作为一项行业战略计划，绿色建筑包括能源、水、材料、废物和室内环境等诸多要素，以便使美国的建筑物更加绿色
电子产品环境评估工具（Electronic Product Environmental Assessment Tool，EPEAT）	该计划向消费者提供一份注册产品、参与制造商和指南清单，以帮助消费者购买环保电子产品。EPEAT 注册产品必须符合电子产品环境绩效标准（IEEE 1680‑2006）。这些产品（如台式计算机、笔记本电脑和显示器）含有较少的有毒和有害物质，更易于回收利用，并且比普通电子产品更为节能
联邦电子挑战计划（Federal Electronics Challenge，FEC）	该计划授权政府机构在全部的三个生命周期阶段——采购、运行维护以及寿命结束后的管理过程中，以无害环境的方式管理电子设备
为恢复环境的社区行动计划（Community Action for a Renewed Environment，CARE）	这是一项竞争性行动计划，让社区公众建立起伙伴关系，为减少有毒污染物排放，将社区公众的暴露降低到最低程度，共同提出解决问题的实施方案

3）化学品危害信息收集与公示计划

化学品危害信息收集和公示计划是化学品健全管理的日常核心工作任务之一。近年来，美国 EPA 开展了一系列化学品危害信息收集与公示计划，用于收集和公开提供化学品安全数据。这些计划包括以下 8 项。

（1）高产量化学品挑战计划（High Production Volume Challenge Program，HPV）。该计划要求年生产量≥1 000 t/a 的化工公司对其在美国生产或进口的化学品公开提供其健康和环境影响数据。根据该计划，化工公司负责测试和收集 2 250 多种高产量化学品（包括通过国际合作收集的 860 种化学品）的安全数据，其数量占美国商业销售化学品总数的 93%。美国化工公司建立了高产量化学品信息数据库系统（HPVIS）并提供化学品信息访问查询服务。目前,该数据库中已收录了大约 1 102 种单一化学物质或化学品类别信息。

（2）化学物质名录更新报告（Chemical Substance Inventory Update Reporting，IUR）。自 1986 年以来，EPA 要求美国化学品制造或进口公司定期报告化学品信息更新数据，如化学品标识、生产或加工数量，以及有关生产的某些细节信息。这些信息被 EPA 用于识别潜在的使用和暴露场景。例如，2006 年度化工企业报告了大约 7 500 种化学品的更新信息，包括：无机化学品的制造信息；有机化学品制造补充信息（如化学品的物理形态和潜在暴露的工人数量）；在单个场地生产量为 30 万磅或以上的有机化学品与暴露相关的加工与使用信息等。

（3）纳米材料管理计划（Nanoscale Materials Stewardship Program，NMSP）。2008 年 1 月 EPA 启动了纳米材料管理计划，鼓励提交和开发纳米级材料的安全信息（包括风险管理方法），为 EPA 做出监管决策提供坚实科学基础。该计划分为基本计划和深度计划。EPA 于 2009 年 1 月发布了"关于纳米材料管理计划的中期报告"，征求了公众意见，将发布最终计划评估报告。

（4）集成的计算毒理学资源（Aggregated Computational Toxicology Resource，ACToR）。EPA 收集整合了 200 多个可通过化学名称和化学结构方式查询的公开毒理学数据资源。数据内容包括化学品的化学结构信息、物理和化学性质、体外测定数据和体内毒理学数据以及通过 ToxCast 化学品筛选优先级评估软件生成的数据等。化学品范围涉及高产量工业化学品、农药（活性组分和惰性组分）以及地表水和饮用水中潜在的污染物。

（5）环境事实网站（Envirofacts）。社会公众可以访问该网站获取美国 EPA 提供的可能影响美国任何地方的空气、水体和陆地环境活动的信息。

（6）EPA 空气中的有毒物质网站（Air Toxics Web Site）。该网站提供了关于空气中有毒物质管理计划的相关信息，包括规则与实施、空气中有毒物质的评估、城市和区域计划、教育和外联。

（7）名单与排放因子信息交换站（Clearinghouse for Inventory and Emissions Factors）。该信息交换站收录了 EPA 关于排放物清单、排放因子、排放模型和排放物监测知识数据库等信息。

（8）毒理学和环境健康信息计划（The Toxicology and Environmental Health Information Program，TEHIP）。该计划的目标包括：① 创建自动化的毒理学数据库；② 提供毒理学信息和数据服务。TEHIP 通过创建、组织和散发毒理学和环境健康信息，目前已成为提供这些主题领域信息资源的首要门户信息网站。

该网站维护着一个由 TEHIP 与其他政府机构和组织产生的综合性毒理学和环境健康信息。内容包括数据库、参考书目、教程和其他科学和消费者资源。TEHIP 负责维护毒理学数据网络（TOXNET®），可在网上免费进行查询。

2.3.3 《21 世纪化学品安全法》概述

1.《有毒物质控制法》修订的背景和必要性

（1）《有毒物质控制法》的监管未能完全发挥其作用

在通过《有毒物质控制法》时，美国国会曾试图创建一个评估工业化学品安全性的监管体系，并在必要时通过限制化学品使用来保护公众健康和环境。该法授权 EPA 监管那些发现会对健康或环境造成"不合理的风险"的化学品的制造、加工、销售、使用和处置活动。

但在《有毒物质控制法》的实际运作中并未完全发挥其作用。正如美国 EPA 前局长利萨·杰克逊（Lisa Jackson）指出："不仅《有毒物质控制法》落后于其监管的行业发展，而且业已证明该法不足以像公众预期的那样保护公众，避免化学品的风险。"

《有毒物质控制法》的监管效果不如预期的原因之一是因为当 EPA 根据该法律拟对一种化学品采取管制行动之前，必须先提供证据来证明该化学品的实际危害，并清晰明确地说明其采取的监管行动是所有备选方案中"负担最小"的方案，这就给 EPA 拟采取行动带来过于繁重的障碍。

例如，1989 年 EPA 曾试图全面禁止含有石棉的产品。证据显示石棉既是一种肺部毒物，也是已知的人类致癌物质。当时 EPA 官员准备对石棉采取禁令管制行动，但是化学品和消费品行业强烈反对该项禁令，并起诉至法院加以阻止。由此发起的一项"关于防腐配件中石棉问题起诉 EPA 的案件"，导致 1991 年美国上诉法院第五巡回法庭对美国 EPA 做出一项开创性的裁决。其结论是在通过一项提议简单地禁止石棉时，EPA 未能充分考虑以减轻负担的方式来降低石棉暴露的风险，如可以要求对含有石棉的产品做出标签等。原告人和其他人都认为，公众对石棉的暴露可以忽略不计促成了上诉法庭的裁决。而对 EPA 来说，要证明禁止该产品对其所有潜在替代品是负担最小的方法，需要耗费大量资源来进行非常详尽的研究，这实际上是难以做到的。该裁决进一步削弱了 EPA 被依法授予的权力，其结果是 EPA 未对上述裁决提出上诉，也没有再次试图根据《有毒物质控制法》全面禁止石棉产品。

（2）对特定化学品难以要求企业提供补充测试数据

在《有毒物质控制法》颁布时，美国已有大约 62 000 种已上市销售和使用的现有化学物质。根据《有毒物质控制法》规定，企业只有在提交新化学物质生产前申报书时，才要求其提交已掌握的健康和环境数据。美国新化学物质申报需要提交的数据信息主要包括：① 化学品标识；② 杂质含量；③ 别名或商品名称；④ 副产物；⑤ 生产量/进口量；⑥ 用途说明；⑦ 生产工艺流程；⑧ 工人暴露情况；⑨ 环境释放情况；⑩ 采用的安全控制技术和废物处置方法；⑪ 申报人已掌握的该物质测试数据。

《有毒物质控制法》不要求申报人对申报的新物质开展特定测试或者进行补充测试，也未强制性要求申报人向 EPA 提交化学品特定的测试数据。其结果是许多新化学物质申报材料缺少表征说明化学品毒性及其对人类和环境风险所需要的充分数据。根据《有毒物质控制法》申报的新化学物质数据项目总体统计情况如表2-29所示。

表2-29　根据《有毒物质控制法》申报的新化学物质数据项目总体统计情况

申报书提供的数据项目	所占比例/%	备注说明
无任何测试数据	51	
健康危害测试数据	45	大部分为急性毒性或致突变性
生态毒性数据	<5	大部分为鱼类或溞类急性毒性
环境归趋数据	<5	各种类型

由于《有毒物质控制法》设计上的这种缺陷，在缺少测试数据的情况下，迫使 EPA 去寻找一种科学合理、讲究实际的新物质风险评估方法。为此，美国 EPA 开发和使用各种预测模型来预测一种化学物质的理化性质、健康危害性和环境毒性等数据，以评估新化学物质的风险并做出化学品风险管理决策（表2-30）。

表2-30　美国 EPA 使用的新化学物质危害性预测和风险评估模型

模型名称		输入的已知数据	可预测产出的数据
估计物理/化学性质数据的模型	熔点沸点预测模型（MPBPWIN™）	CAS 登记号或化学结构式	熔点、沸点和蒸气压
	水中溶解度预测模型（WSKOWWIN™）	CAS 登记号或化学结构式	通过 log Kow 推算出水中溶解度
	辛醇/水分配系数预测模型（KOWWIN™）	CAS 登记号或化学结构式	辛醇/水分配系数
	亨利定律常数模型（HENRYWIN™）	CAS 登记号或化学结构式	亨利定律常数
	土壤有机碳分配系数模型（PCKOCWIN™）	CAS 登记号或化学结构式	土壤有机碳分配系数

（续表）

模　型　名　称	输入的已知数据	可预测产出的数据
估计化学品在环境中归趋模型	大气氧化潜力预测模型（AOPWIN™）	CAS 登记号或化学结构式	大气氧化潜力
	水解速率预测模型（HYDROWIN™）	CAS 登记号或化学结构式	水解速率
	生物降解性预测模型（BIOWIN™）	CAS 登记号或化学结构式	生物降解潜力
	生物富集系数预测模型（BCFWIN™）	CAS 登记号或化学结构式	生物富集系数（BCF）
	污水处理厂去除率预测模型（STPWIN）	CAS 登记号或化学结构式	处理去除率
	环境介质中分配模型（LEV3EPI™）	CAS 登记号或化学结构式	每种环境介质中的分配比率
估计对人体健康和环境危害性的模型	致癌性预测模型（OncoLogic）	化学结构式	致癌危害潜力
	水生毒性评价模型（ECOSAR）	CAS 登记号或化学结构式，如果已有测定的水中溶解度、熔点和辛醇/水分配系数对数值	对鱼类、水蚤和水藻的急性毒性和慢性毒性、结构效应相关化学品类别
	持久性物质筛选模型（PBT Profiler）	CAS 登记号或化学结构式	持久性：环境介质半衰期以及在每种介质中的百分数。生物蓄积性：鱼类生物富集系数值。毒性：鱼类慢性毒性和引起人类健康关注的已知结构的鉴别
估计暴露和风险模型	水生暴露预测模型（E-FAST）	理化性质、环境归趋、排放量、排放地点、环境介质、关注的水生浓度	估计通过地表水、地下水、环境空气和室内空气吸入、经皮肤和食用鱼类以及水生环境的暴露和风险
	暴露和环境释放模型（ChemSTEER）	化学品年生产量、化学性质、已知作业场所物料平衡数据、用途和作业场所、每个作业场所使用量、排放源和活动以及工人的暴露量	排放的环境介质、场地数量、排放天数、每日和年排放量、工人吸入和经皮肤暴露量以及暴露的工人数量

此外,《有毒物质控制法》未要求对已上市销售的现有化学品测试其危害数据,也没有规定 EPA 审查现有化学品相关数据。自 1976 年《有毒物质控制法》颁布以来,对于美国已经生产或上市销售的 82 000 多种现有化学品中,EPA 仅对其中大约 200 种化学品提出进行测试的要求。而 EPA 能迫使公司企业提供现有化学品新数据的唯一方法是发布一项规则,要求企业提供数据。但是,为了说明这一规则要求的合理性,EPA 必须首先证明,根据对该化学品现有数据的审查,EPA 发现该化学品可能会带来不合理的健康和环境风险。然而在许多情况下,EPA 并没有足够的数据来做出这一判定。这就使得 EPA 对现有化学品的风险评估工作陷入一种"停滞状态",想要通过补充测试获得新数据,但是却无法迫使相关企业提供该数据。

(3) EPA 监管负担沉重,《有毒物质控制法》未能有效防范化学品的风险

自 1976 年《有毒物质控制法》颁布起已经施行 40 多年,该法一直没有进行过实质性修订。该法不仅滞后于国际化学品健全管理形势要求及其监管的化学品行业发展,而且已证明其不能充分有效地防范高关注危险化学品给公众和环境带来的风险。根据《有毒物质控制法》规定,美国 EPA 肩负着沉重的化学品风险评估责任与财政负担(表 2 - 31)。

表 2 - 31　美国评估责任的划分和评估费用情况

化学品类型	谁负责产生和提供危害评估数据	谁负责产生和提供物质使用情况数据	谁负责对物质进行评估	谁负责承担评估费用
新化学物质	企业负责提供其已掌握的数据,在某些情况下,可能负责测试提交新数据	作为生产前申报材料的一项内容,企业必须提供使用情况信息	EPA 负责评估所有新化学物质	评估新化学物质所需资源来自 EPA 工作预算
现有化学物质	EPA 负责收集整理和评估引起关注的化学品的数据。 数据来源可以包括公开发表的资料和/或要求报告的材料或者 EPA 可以利用制定规则的方式要求相关企业产生暴露数据或基于风险的发现	对于符合某一生产量阈值的现有化学品,制造商(含进口商)必须每 4 年一次向 EPA 提供其已知或可合理确定的使用情况信息; EPA 还可以利用制定规则的方式要求制造和加工厂商提供使用情况信息; 当 EPA 发现一种化学品具有不合理风险时,可以要求制造商和加工厂商对该化学品进行测试	EPA 负责确定需要评估的现有化学物质,并进行风险评估	评估现有化学物质所需资源来自 EPA 工作预算

在美国颁布施行《有毒物质控制法》的 40 多年里,国际化学品健全管理形势和要求,美国法律界、科学界、行业企业和社会公众对于化学品对人体健康与环境的不利影响、暴露途径和如何管理危险化学品风险的认识都发生了很大的变化。

在 20 世纪 70 年代至 90 年代,美国化学品立法管理的政策理念和实践常被作为指导欧洲和各国化学品管理决策者的"灵感",而到 21 世纪的今天,欧盟已经接替了美国化学品政策发展的领导者地位。尤其是 2006 年欧盟颁布《REACH 条例》,实施全面的化学品注册、评估和授权许可制度,以及《CLP 条例》对化学品实行 GHS 分类和危险性公示制度以来,欧盟正在日益替代美国成为事实上的全球化学品监管法规标准的"领跑者",制定全球化学品安全监管标准的中心也正在从美国华盛顿哥伦比亚特区向欧盟总部比利时的布鲁塞尔转移。

美国化学品利益相关方也一直在批评现行《有毒物质控制法》存在的种种问题。例如,该法未明确要求 EPA 识别判定对人类健康和环境危害最关注的化学品;EPA 也未能承担起责任去翔实审查评估现有化学品的安全性,有效限制引起健康和环境高关注有毒化学品的使用,促进采用更安全的化学品进行替代。

随着各国公布的高关注危险化学品管制清单的不断扩大,《有毒物质控制法》迫使美国一些州开始修订本州的化学品立法,力图填补化学品监管的某些空白,同时这些州级立法也出现了一些相互矛盾的管理规定,导致美国化工公司陷入复杂的法律争议之中。如果一家化工公司试图在美国全国 50 个州销售一种产品,那么其很难应对处理 10 个州的不同法律规定。这也促使人们开始呼吁实施《有毒物质控制法》的改革。

《有毒物质控制法》的改革进程也部分受到欧洲实施《REACH 条例》带来的发展的影响。在欧洲经营的美国化工公司正在投入大量的时间和金钱来遵守《REACH 条例》相关规定。近年来,美国一些化工公司也越来越将减少危险化学品的使用看成是满足大多数消费者需求和下游商业客户驱动的一种商业机遇。这种趋势也降低了化工行业对改革《有毒物质控制法》的阻力,特别是在欧盟推行《REACH 条例》以后的国际贸易环境中。美国社会公众广泛要求和期望对《有毒物质控制法》进行现代化革新,以防止美国本土的全球性化工公司处于不利的竞争态势之中。

在过去的十几年里,美国国会就如何修订更新美国化学品管理法律开展了一系列辩论。人们普遍认为应该强化《有毒物质控制法》和实现现代化变革。

2. 美国 EPA 化学品立法管理改革的原则与政策目标

在上述这种背景下,2013 年 12 月美国 EPA 提出了化学品管理立法改革的基本原则,强调"立法改革的行政目标是给予 EPA 监管机制和权限,能迅速针对人们关注的化学品,及时评估和规范新化学物质和现有化学品"。美国 EPA 提出化学品立法改革的政策目标为以下 7 项。

(1)EPA 应当有权创建和采用基于健全科学的安全标准,采用基于风险的基准来保护人类健康和环境。化学品制造商应当负责向 EPA 提供充分信息,以便 EPA 参照这些安全标准对化学品进行评估并得出新化学品和现有化学品是安全的结论,不会危害公众健康或环境,包括敏感的亚人群。

(2)当制造商未提供这些数据时,EPA 应该有权快速有效地要求其进行测试或者提供其他相关信息。这项授权应该扩展到以前曾评估过,但发生了可能影响风险大小变化的化学品(例如,增加了生产量、新用途,或者发现了有关潜在危险或风险的新信息)。

(3)EPA 在其风险管理决策中应该有权考虑敏感的亚人群(如儿童)、经济和社会的成本和效益、替代品可提供性以及对公平的关注。

(4)EPA 还应该能够基于风险和暴露上的考虑,对现有化学品进行优先筛选和安全评估审查,并且在对 EPA 和行业双方都切实可行的最后期限内及时完成这些审查。

(5)EPA 应当通过研究、教育、表彰和其他手段,鼓励设计更安全、更可持续的化学品、生产工艺和产品。

(6)对于化学品制造商声称的"商业机密信息(Confidential Business Information,CBI)"应当设置更加严格的要求,以阻止其不合理的 CBI 主张,并且有关化学品健康和安全的数据应当不允许其声称为 CBI 或者作为 CBI 处理。当有必要保护公众的健康和安全时,EPA 应该能够与其他政府主管部门(地方、州和国外)分享 CBI 数据,并配备必要的保护措施。

(7)实施改革后的化学品管理法应当提供充分和持续不断的资金,连同化学品制造商支持实施的费用,以便能达到该法律设立的安全目标并维持公众对化学安全性审查的信心。

3.《21 世纪化学品安全法》的规定要点

经过多年的国会辩论和听证,2016 年 6 月美国国会终于审议通过了得到国会两党支持的《21 世纪化学品安全法》,随后于 6 月 22 日奥巴马总统签署了该法律,并立即生效施行。

该法案以提出"化学品安全改进法案(The Chemical Safety Improvement Act)"议案的领头倡导者——已故参议员弗兰克·劳滕伯格(Frank R. Lautenberg)命名。《21 世纪化学品安全法》对原《有毒物质控制法》进行了重要修订,大大扩展了 EPA 的权力,并克服了许多制约 EPA 管理现有化学品风险能力的缺陷。

这些实质性修订将有利于改善公众健康保护,恢复公众对化学品安全的信心。新法律将"证明所有化学品(包括新化学物质和现有化学物质)安全性"的责任负担从 EPA 转移给化学品制造商、加工厂商和含有化学物质制成品制造商。该法变化的主要内容包括以下几点。

（1）对所有商业销售的现有化学品进行安全性评估

原《有毒物质控制法》由于缺乏明确立法授权,美国 EPA 不能对列在美国《TSCA 现有化学物质名录》上的 85 000 多种现有化学品进行优先筛选、评估和监管限制。根据《21 世纪化学品安全法》,要求 EPA 在可执行的期限内,优先筛选和评估所有已商业流通的现有化学品。将那些由于潜在危害和暴露可能导致不合理风险的化学品指定为"高度优先化学品",而将不符合上述判定标准的化学品指定为"低度优先化学品"。如果缺少足够信息支持做出"低度优先化学品"判定时,则缺少数据的化学品也可以被视为"高度优先化学品"。该法要求 EPA 应优先审查评估具有持久性和生物蓄积性的化学品以及已知致癌物质和高毒性化学物质。

为此,美国 EPA 必须建立一项基于风险的化学品优先评估程序过程,以识别确定"高度优先化学品"或者"低度优先化学品"。

《21 世纪化学品安全法》还规定,在该法颁布后的首个 180 天期限内,EPA 必须启动开展 10 种高度优先化学品的风险评估工作,并且在 3.5 年的时间期限内,必须完成 20 种高度优先化学品的风险评估工作。

（2）利用基于风险的新安全标准开展评估和采取监管行动

《21 世纪化学品安全法》废除了《有毒物质控制法》对已商业销售现有化学物质开展风险评估时所设置的"应造成最低限度负担"的要求,设立了一项"不考虑成本或其他非风险的因素"的安全标准。EPA 根据基于风险的新安全标准开展风险评估,确定一种化学品的使用是否会构成"不合理的风险"时,可以不考虑成本或非风险的因素,并且必须考虑易感人群(包括儿童和孕妇)和高度暴露人群的风险。

当发现一种高度优先化学品存在不合理的风险时,EPA 必须在两年内采取最终风险管理行动。如果需要延长时限,也必须在四年之内采取相应风险管理行动。在针对化学品的不合理风险,确定需采取适当的行动时,应当考虑管理的成本和替代品的可提供性。

（3）EPA 对新化学物质申报的审查须给出肯定性结论意见

以前,根据《有毒物质控制法》,如果 EPA 审查人员在规定的 90 天评审期限内未向提交生产前申报或重要新用途申报的申报人通告其评审决定时,申报人就可以自主决定生产和上市销售该新化学物质。

如果 EPA 在审查期限内发现了引起关注的事项,可以暂停该新物质的评审期限,以便允许 EPA 和申报人交涉处理所关注事项后才允许该新物质上市销售。即新物质的审查进入《有毒物质控制法》第 5(e)款重要新用途规则的谈判磋商阶段,或者申报人可以自行撤回 PMN 申报。

《21 世纪化学品安全法》则要求,EPA 在允许新物质上市销售以前,必须对新化学物质或者现有化学品重要新用途的安全性给出肯定性结论意见,并且 EPA 必须对所有新化学物质及其重要新用途做出下列三项之一的肯定性结论意见,包括:该新化学物质或其重要新用途存在不合理的风险;提供的现有资料不充分或者该新化学物质或其重要新用途可能存在不合理风险或者该物质具有相当大的生产量或暴露量;该新化学物质或其重要新用途不会造成不合理的风险。

在前两种情况下,EPA 必须对该化学品采取监管行动。如果可以确定一种新物质不会造成不合理的风险,即使在 90 天评审期限届满之前,申报人也可以开始制造(包括进口)或加工该物质。

对于制成品的进口商来说,如果 EPA 根据申报规则做出肯定性的发现,存在合理的可能性通过该制成品接触到化学物质,则 EPA 可以要求对进口或加工的该制成品中含有的组分化学物质进行申报。EPA 可以针对引起潜在关注化学品采取一系列行动措施,包括禁止或限制使用和要求进行补充测试。

(4)化学品制造商可以委托请求 EPA 开展风险评估

化学品制造商也可委托请求 EPA 对某一特定化学品开展风险评估,并支付相关费用。如果该化学品评估已经列在 EPA 制定的"《有毒物质控制法》评估工作计划"上,制造商应当支付 50% 的评估费用。如果该化学品未列在"《有毒物质控制法》评估工作计划"上,制造商则应支付 100% 的评估费用。

制造商委托开展的化学品风险评估工作应当占 EPA 开展风险评估的高度优先化学品数量的 25%～50%,但不计入 EPA 最低应当开展 20 种高度优先化学品风险评估数量。

(5)EPA 可以发布命令要求开展化学品补充测试并收取费用

《21 世纪化学品安全法》扩大了 EPA 对高度优先化学品风险评估所需相关测试数据的获取权限。根据《21 世纪化学品安全法》,授权 EPA 通过发布命令要求开展化学品测试,并授权为了确定化学品优先评估的顺序,也可通过制定规则或达成一致的协议,强制开展化学品补充测试。

《21 世纪化学品安全法》还扩大了 EPA 向化学品制造商和加工商征收化学品测试评估费用的权力。同时,该法也鼓励促进使用非动物试验替代测试方法。

(6)对 PBT 类化学品的快速跟踪过程

《21 世纪化学品安全法》对列入 EPA"《有毒物质控制法》评估工作计划"的

某些 PBT 类化学品的风险评估优先排序过程做出了补充要求,确立了一种新的快速跟踪过程,即不需要开展风险评估,只需考虑该类化学品的使用和暴露情况。在《21 世纪化学品安全法》颁布后的 3 年内,要求 EPA 必须提出减少这些化学品暴露的可行的行动举措建议,并在 18 个月后完成最终方案。

(7) 关于 CBI 主张的核准

《21 世纪化学品安全法》限制了申报企业主张 CBI 的权利,要求申报人必须证实其主张的合理性,包括对现有化学品的化学标识信息,除非重新提出保密请求,否则十年以后原 CBI 主张全部过期终止。

对于新提交的 CBI 主张,EPA 必须审查所有化学品的 CBI 主张,并将筛选剔除一部分(25%)不应保密的化学标识信息主张。EPA 还将审查申报人过去提交的 CBI 声明,重新确定其证据的充分性。

《21 世纪化学品安全法》做出的上述重要修订,与 2009 年 EPA 提出的"《有毒物质控制法》立法改革原则"基本保持一致。归纳起来,这些变革包括:① 首次要求 EPA 评估已商业销售的现有化学品的安全性,从最可能导致风险的那些高度优先化学品着手;② 要求 EPA 根据明确考虑易感人群、基于风险的新安全标准来评估新化学品和现有化学品;③ 授权 EPA 要求开展补充测试所需的化学品信息,以支持这些化学品的风险评估;④ 设立明确和可执行的最后时间期限,确保及时审查高度优先化学品并对已确定的不合理风险采取监管行动;⑤ 通过限制不必要的保密要求,允许各州、卫生和环境专业人员适当分享机密信息,提高化学品信息的公共透明度;⑥ 为 EPA 履行这些重要新责任提供保证资金的来源。

如上所述,《21 世纪化学品安全法》解决了执行近 40 年的《有毒物质控制法》存在的限制 EPA 保护公众避免危险化学品危害的能力等重大缺陷。美国EPA 认为新法是化学品安全、公共健康和环境的重大胜利,尤其是评估现有化学品的强制性义务和基于风险的新安全标准规定。

美国 EPA 正在制定一项实施计划,以指导其成功地满足新法规定的最后期限要求,其中包括:确定首批风险评估工作计划的 10 种化学品;建立识别高度优先化学品风险评估的过程和标准;颁布程序规则,确定 EPA 评估高度优先化学品风险的流程。

4.《21 世纪化学品安全法》施行的最近动向

1) EPA 对现有化学品风险评估的优先级排序

根据《21 世纪化学品安全法》,EPA 已经制定了化学品优先级排序程序最终规则。优先级排序的目的是进行筛选评估并将一种化学品指定为需进一步风险评估的高度优先化学品,或者暂不考虑开展风险评估的低度优先化学品。

美国 EPA 的化学品优先级排序评定流程如图 2-14 所示。

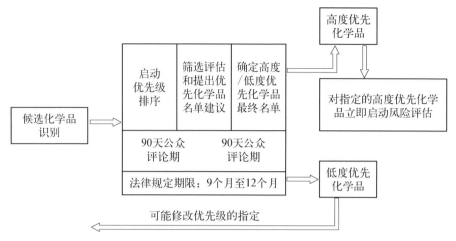

图 2-14 美国 EPA 的化学品优先级排序评定流程

美国 EPA 的化学品优先级排序评定流程的各个步骤说明如下。

（1）优先级排序前的准备工作。EPA 进行优先级排序前的准备工作的目的是在启动优先级排序之前，向各相关方传递 EPA 预期开展活动的内容信息（例如，可能作为候选对象的化学品名称、信息收集/审查要求等）。EPA 将启动一项征询利益相关者意见的程序，尽可能在 2017 年秋季就优先级排序前准备工作，以透明、基于科学的方式征询公众评论意见。根据收到的公众评论意见，进一步提升优先级排序和风险评估程序过程的科学可行性。

（2）候选化学品对象的选定。在 EPA 2014 年更新制定的"《有毒物质控制法》评估工作计划"中已包括了 90 种化学品。每种化学品的选定都基于以下因素：造成儿童健康效应的潜力、神经毒性作用、环境持久性、已知或很可能对人类致癌的物质、用于儿童可能高度暴露的幼童产品以及已在生物监测计划中开展过检测的化学品。

在确定优先级排序过程的候选化学品名单时，《21 世纪化学品安全法》要求从上述更新的"《有毒物质控制法》评估工作计划"中选出 50% 的化学品指定为高度优先化学品，并要求 EPA 应优先考虑具有以下危害特性的化学品：① 具有持久性和生物蓄积性且评分为 3 的化学品；② 已知对人类致癌的物质；③ 高急性毒性或慢性毒性的化学品。EPA 在 2017 年秋季与公众进行了沟通交流，讨论选择的候选化学品对象和收集信息的最佳做法。

（3）启动步骤。在启动步骤中，EPA 将在联邦登记公告（Federal Register Notice）上正式公布其计划开展优先级排序的化学物质，并给公众 90 天评论期提出评论意见。在正式启动优先级排序过程后的 9~12 个月的法定期限内，EPA

必须将工作计划中所列化学品指定为高度优先化学品或者低度优先化学品。

（4）筛选审查。为了完成优先级化学品指定，EPA 将参照《21 世纪化学品安全法》第 6(b)(1)(A) 款规定的标准，对每种化学品进行筛选、审查评估下列可合理提供的信息：① 化学品危害和暴露潜力；② 持久性和生物蓄积性；③ 潜在暴露人群或易感亚人群；④ 是否在重要的饮用水源地附近储存；⑤ 使用条件或化学品使用条件发生了重大变化；⑥ 化学品制造或加工数量或数量发生了重大变化。

《21 世纪化学品安全法》中的"使用条件"是指由 EPA 局长确定的一种化学物质预期的、已知的或可合理预见的生产、加工、商业销售、使用或处置情景。对于风险评估优先级排序而言，EPA 局长可以决定某些用途不在"使用条件"定义范围之内或确定某些活动不符合"使用条件"的定义。

（5）提出指定的化学品名单建议。在该过程步骤中，EPA 将提出"高度优先化学品"或者"低度优先化学品"名单建议，公布建议的化学品名称及给出指定相关信息和依据。对建议指定化学品对象及其支持性材料，提供 90 天的征询公众意见期限。

（6）确定最终的指定名单。在征求公众对优先化学品指定的评论意见后，EPA 将最终决定高度优先化学品名单和暂不开展风险评估的低度优先化学品名单，并对高度优先化学品立即启动风险评估。EPA 最终将在联邦登记公告上公布高度优先化学品名单及支持其指定的信息分析和依据。

（7）对指定名单的修改。根据 EPA 可获取的信息，EPA 可以将一种低度优先化学品修改指定为高度优先化学品。如需做出上述修改，EPA 需要重新启动优先级排序过程，并给公众提供评论意见的机会。

2）首批开展风险评估的 10 种化学品名单

按照《21 世纪化学品安全法》第 6(b)(2)(A) 款的要求，EPA 已于 2016 年 12 月 19 日公布了首批开展风险评估的 10 种化学品名单。首批开展风险评估的 10 种化学品名单如表 2-32 所示。

表 2-32 首批开展风险评估的 10 种化学品名单

序号	化学品名称	序号	化学品名称
1	石棉	6	二氯甲烷
2	1-溴丙烷	7	N-甲基吡咯烷酮
3	四氯化碳	8	四氯乙烯
4	1,4-二噁烷	9	颜料紫 29（Pigment Violet 29）
5	六溴环十二烷	10	三氯乙烯

3) 风险评估的内容和范围

作为风险评估过程的第一步，《21 世纪化学品安全法》第 6(b)(4)(D)款要求 EPA 公布开展风险评估的工作范围，包括危害、暴露、使用条件和 EPA 预计关切的潜在暴露人群或易感亚人群。2017 年 6 月 22 日 EPA 披露了根据《21 世纪化学品安全法》开展风险评估的首批 10 种化学品工作范围文件。风险评估内容包括化学品危害和暴露、使用条件以及 EPA 期望在风险评估中考虑的潜在暴露或易感的亚人群等。

EPA 对现有化学品的优先级排序筛选和风险评估程序如图 2-15 所示。

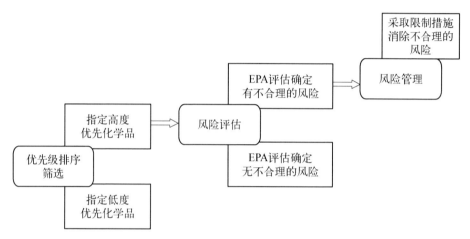

图 2-15　EPA 对现有化学品的优先级排序筛选和风险评估程序

EPA 对现有化学品进行优先级排序后，对高度优先化学品开展风险评估程序的过程如下。

(1) 提出评估范围初步方案。在启动风险评估过程前应提前 3 个月在联邦登记公告上公布评估范围初步方案。对初步确定的范围至少公示 45 天，以征求公众意见。最终评估的范围将按法律要求，在风险评估启动后的 6 个月之内公布。

(2) 危害评估。EPA 将识别确定该化学品暴露引起的不利于人类健康和环境的影响。评估的危害包括但不限于致癌性、致突变性、生殖发育毒性，对呼吸系统、免疫系统、心血管系统的影响以及神经功能障碍等。

(3) 暴露评估。EPA 将识别确定在使用条件下化学品暴露的持续时间、强度、频率和人数，还包括暴露该化学品的个人或群体的特性和类型。

(4) 风险表征。EPA 将整合评估可提供的有关危害和暴露信息，考虑信息的质量和其他解释，做出化学品的风险表征说明。

(5) 做出风险管理决策。EPA 将对一种化学品在使用条件下是否对人类健康和环境造成不合理的风险做出初步结论。对于确定会对人类健康和环境造成不合理风险的化学品的使用条件,将采取风险管理措施。EPA 将在联邦登记公告上公布风险评估初步结论意见,经过专家同行审查后,EPA 将对风险评估初步结论提供 60 天公众评论期,征询公众评论意见。从识别指定一种化学品为高度优先化学品算起,EPA 开展风险评估工作,最迟在 3～3.5 年之内完成风险评估工作并公布最终评估报告。

EPA 在开展高度优先化学品风险评估时,将遵循《21 世纪化学品安全法》要求,采用最佳可行、科学的证据权重方法和科学标准,并将标准采用情况记录在案,供公众提出评论意见。

4）制造商委托请求的风险评估

《21 世纪化学品安全法》允许化学品制造商委托请求 EPA 对其化学品开展风险评估,或对制造商感兴趣的使用条件进行风险评估。该法要求 EPA 编制化学品制造商提出申请时使用的表格和 EPA 批准该请求执行的标准。目前美国 EPA 已经公布了化学品制造商请求 EPA 开展风险评估时,必须遵照的程序要求和提供的数据,具体包括以下 6 项。

（1）申请人必须使用 EPA 的中央数据交换系统（Central Data Exchange,CDX）提交风险评估请求。

（2）请求的内容必须包含以下信息:制造商名称和联系信息、化学品标识、关切的使用条件和 EPA 对关切使用条件开展风险评估所需全部必要信息（如化学品危害、暴露场景、潜在的暴露或易感亚人群）以及其他信息。

（3）在收到化学品制造商提交的符合要求（包含所有必要信息）的申请的 15 天内,EPA 将回复申请人已收到其请求。

（4）在收到符合要求请求的 60 天内,EPA 将在联邦登记公告中公布该项请求。EPA 将对该化学品风险评估中可能需要考虑的任何附加信息和 EPA 认为应纳入风险评估的附加使用条件等事项公开设立一份案卷编号,并提供不少于 45 天的评论期限,接受公众对 EPA 所提要求和附加条件的评论意见。

（5）在征询公众意见结束后的 60 天内,EPA 将决定是否批准或拒绝该制造商的请求。

（6）在按照评估付费规则收到制造商支付的风险评估费用之后,EPA 将立即启动该化学品的风险评估工作。

5）EPA 公布《TSCA 现有化学物质名录》再核实规则

自 1976 年美国颁布实施《有毒物质控制法》以来,美国 EPA 建立和维护着《TSCA 现有化学物质名录》。该名录被作为判定一种化学物质是否属于需要生产前申报的新化学物质的依据。截至 2016 年 6 月 22 日《21 世纪化学品安全法》颁布之时,《TSCA 现有化学物质名录》收录的美国国内生产、进口和商业销售的现有化学物质数目已从 1978 年的 6 万多种增加到 85 000 多种,其中有很大一部分化学品目前可能在美国已经不再生产或者商业销售。

《21 世纪化学品安全法》要求 EPA 对列入《TSCA 现有化学物质名录》的现有化学品进行优先级筛选和风险评估。要提高该筛选评估工作的有效性,就需要对该名录中全部现有物质进行再核实确认工作,以便确认哪些化学物质仍在制造、进口和商业销售,哪些已经没有制造和商业销售。

2017 年 6 月 22 日美国 EPA 在联邦登记公告上发布了最终的"《TSCA 现有化学物质名录》再核实规则",并启动了法定的 180 天报告期限。要求相关化学品制造商和进口商必须在 2018 年 2 月 7 日之前提交其列在名录中现有化学物质的商业活动情况报告。化学品加工厂商可以从即日起至 2018 年 10 月 5 日自愿进行报告。

与《有毒物质控制法》要求提交的其他申报一样,制造商或进口商可以采用电子方式通过 EPA 的中央数据交换系统和化学信息提交系统(CISS)提交申报。

在 180 天报告期限结束之后,EPA 将尽快公布一份名录(初稿)。在 EPA 未做出最终确认以前,化学品加工厂商可以做出选择,报告其上游供应商未报告的任何化学物质或者也可以选择放弃报告。但是,一旦名录再核实工作完成,对于任何非豁免的无活动物质,任何打算制造、进口或加工这些物质的企业必须事先提交生产前申报。

此外,EPA 还要求制造和进口商在提交报告时,必须提供化学品标识信息,并说明其是否寻求维持现有的保护商业机密声明,以便确认名录中保护商业机密信息声明的状态。对于申报人不再要求保密的化学物质,EPA 必须将该物质标识信息转移至名录的公开部分。

EPA 将利用这个回顾性报告机会,对原《TSCA 现有化学物质名录》中的化学物质进行再核实并将其指定为有制造和商业活动的"活跃物质"或者已无制造和商业活动的"非活跃物质"。其结果将有助于 EPA 完成《21 世纪化学品安全法》规定的需进行风险评估的高度优先化学品筛选评定。

2019 年 2 月 19 日,EPA 公布了原《TSCA 现有化学物质名录》重新核实结果。在两年的调查期间,EPA 共收到美国化学品制造商、加工厂商和进口商提交的 9 万多份核实更新申报。根据公布的名录核实结果,在该名录中收录的 86 228 种化学物质中,有 40 655 种化学物质仍然处于在美国境内生产、加工、进口和商业活动活跃状态,占名录中化学物质总数的 47.15%。其余 45 573 种化学物质则为停止商业活动的非活跃状态化学物质。

这是 EPA 四十年来首次对《TSCA 现有化学物质名录》进行重大更新。根据《21 世纪化学品安全法》,如果化学品制造商等想要重启这些非活跃状态化学物质的商业活动,必须要向 EPA 提交申请,EPA 收到该申报并审核后将把该物质的状态变更为活跃状态。

6) EPA 公布高度和低度优先物质候选名单

2016 年美国颁布的《21 世纪化学品安全法》要求,EPA 在每年 12 月底前指定 20 种高度优先化学品和 20 种低度优先化学品,以进行风险评估。2019 年 3 月 21 日 EPA 在联邦登记公告上发布公告,公布了一份 40 种高度优先化学品和低度优先化学品候选名单,开始其优先筛选和设定过程。EPA 公布了支持其指定提名候选物质的相关信息,并开启了为期 90 天的公众咨询评论期,要求公众在 2019 年 7 月 19 日前提供评论意见。

高度或低度优先级设定过程并不意味着 EPA 已确定其对人类健康或环境构成不合理的风险或者无风险。EPA 提名的“高度优先化学品”被定义为在不考虑成本或其他非风险因素的情况下,EPA 认定“由于其潜在危害和在某种使用条件下的潜在暴露途径”,可能会造成不合理的健康和环境风险的化学物质。在征求公众评论意见,并最终确定列入高度优先化学品名单后,将启动这些物质的风险评估工作。

经过征询公众评论意见后,2019 年 12 月 20 日 EPA 正式公布了最终确定的 20 种高度优先化学品名单,其中包括 7 种氯代溶剂、5 种邻苯二甲酸酯和 3 种卤代阻燃剂以及其他化学品,其具体名单如表 2-33 所示。

表 2-33　EPA 公布的高度优先化学品名单

序　号		化学品中文名称	化学品英文名称	CAS 登记号
7 种氯代溶剂	1	1,1-二氯乙烷	1,1-dichloroethane	75-34-3
	2	1,2-二氯乙烷	1,2-dichloroethane	107-06-2
	3	1,2-二氯丙烷	1,2-dichloropropane;	78-87-5
	4	邻二氯苯	o-dichlorobenzene;	95-50-1
	5	对二氯苯	p-dichlorobenzene;	106-46-7
	6	反式-1,2-二氯乙烯	trans-1,2-dichloroethylene	156-60-5
	7	1,1,2-三氯乙烷	1,1,2-trichloroethane	79-00-5
5 种邻苯二甲酸酯	8	邻苯二甲酸丁苯基酯	butyl benzyl phthalate(BBP)	85-68-7
	9	邻苯二甲酸二丁酯	dibutyl phthalate(DBP)	84-74-2
	10	邻苯二甲酸二乙基己基酯	di-ethylhexyl phthalate(DEHP)	117-81-7
	11	邻苯二甲酸二异丁酯	di-isobutyl phthalate(DIBP)	84-69-5
	12	邻苯二甲酸二环己酯	dicyclohexyl phthalate(DCHP)	84-61-7

(续表)

序　号		化学品中文名称	化学品英文名称	CAS 登记号
3 种卤代阻燃剂	13	2, 2′, 6, 6′-四溴双酚 A	2, 2′, 6, 6′-tetrabromobis-phenol A	79-94-7
	14	磷酸三（2-氯乙基)酯	tris(2-chloroethyl) phosphate (TCEP)	115-96-8
	15	三苯基磷酸酯	phosphoric acid，triphenyl ester（TPP）	115-86-6
其他化学品	16	甲醛	formaldehyde	50-00-0
	17	邻苯二甲酸酐	phthalic anhydride	85-44-9
	18	1,3-丁二烯	1,3-butadiene	106-99-0
	19	1,2-二溴乙烷	ethylene dibromide(EDB)	106-93-4
	20	佳乐麝香	galaxolide	1222-05-5

针对这批"高度优先化学品"，EPA 将开启为期 3 年半的风险评估过程，以最终确定这些化学品在使用条件下是否会对人类健康和环境构成不合理的风险。如果 EPA 经风险评估得出结论，认定某种化学物质对人类健康和环境构成不合理的风险，则其有权禁止或限制该物质的制造、加工、销售、使用或处置。

此外，2019 年 3 月 21 日 EPA 还建议将以下 20 种化学物质作为低度优先化学品，并征求公众意见(表 2-34)。

表 2-34　EPA 建议的低度优先化学品候选名单

序号	化学品中文名称	化学品英文名称	CAS 登记号
1	3-甲氧基丁基乙酸酯	1-butanol,3-methoxy-,1-acetate	4435-53-4
2	D-葡萄糖庚酸钠(1∶1)	D-gluco-heptonic acid，sodium salt (1∶1),(2. xi.)-	31138-65-5
3	D-葡萄糖酸	D-gluconic acid	526-95-4
4	D-葡萄糖酸钙(2∶1)	D-gluconic acid，calcium salt (2∶1)	299-28-5
5	D-葡萄糖酸-δ-内酯	D-gluconic acid，. delta. -lactone	90-80-2
6	D-葡萄糖酸钾(1∶1)	D-gluconic acid，potassium salt (1∶1)	299-27-4
7	D-葡萄糖酸钠(1∶1)	D-gluconic acid，sodium salt (1∶1)	527-07-1
8	癸二酸-1,10-二丁酯	decanedioic acid,1,10-dibutyl ester	109-43-3
9	1-二十二烷醇	1-docosanol	661-19-8

（续表）

序号	化学品中文名称	化学品英文名称	CAS登记号
10	1-二十烷醇	1 - eicosanol	629 - 96 - 9
11	1,2-己二醇	1,2 - hexanediol	6920 - 22 - 5
12	1-十八（烷）醇	1 - octadecanol	112 - 92 - 5
13	［2-（2-丁氧乙氧基）甲基乙氧基］丙醇	propanol,［2 -（2 - butoxymethyle-thoxy）methylethoxy）-	55934 - 93 - 5
14	丙二酸-1,3-二乙酯	propanedioic acid,1,3 - diethyl ester	105 - 53 - 3
15	丙二酸-1,3-二甲酯	propanedioic acid,1,3 - dimethyl ester	108 - 59 - 8
16	1（或2）-（2-甲氧基甲基乙氧基）乙酸丙酯	propanol,1（or 2）-（2 - methoxy-methylethoxy）-, acetate	88917 - 22 - 0
17	［(1-甲基-1,2-乙二基)双(氧)］二丙醇	propanol,［(1 - methyl - 1,2 - ethanediyl）bis(oxy)］bis -	24800 - 44 - 0
18	1,1′-氧双-2-丙醇	2 - propanol,1,1′- oxybis -	110 - 98 - 5
19	氧双-2-丙醇	propanol, oxybis -	25265 - 71 - 8
20	2,6,10,15,19,23 -六甲基二十四烷	tetracosane, 2, 6, 10, 15, 19, 23 - hexamethyl -	111 - 01 - 3

对于每种低度优先候选化学物质,EPA 公布了建议指定为低度优先化学品的支持性信息。最终指定为"低度优先化学品"后,将意味着 EPA 目前不需要对这些化学品开展风险评估工作。2020 年 2 月 20 日 EPA 在征求公众意见之后,最终确认了该名单,决定目前不需要对这 20 种化学品开展风险评估工作。

此外,EPA 于 2019 年 8 月 9 日还发布了《根据〈21 世纪化学品安全法〉低度优先物质危害信息筛选方法文件》,概述说明了 EPA 识别、筛选、评估与整合可合理提供的人类健康和环境危害以及环境归趋相关信息,审查确定其低度优先化学品指定的方法和数据质量评估标准等。

2.3.4　其他主要相关立法概述

1.《应急计划与公众知情权法》和 TRI 报告制度

1)《应急计划与公众知情权法》的立法背景

1984 年 12 月 3 日在印度博帕尔的美国联合碳化公司农药厂发生 430 t 剧毒异氰酸甲酯毒气泄漏事故,毒气笼罩住厂区周围 25 km² 地域,当即造成 3 800 人中毒死亡,17 万当地居民受到危害,成为人类历史上一场严重的生态灾难。

1985 年 8 月美国联合碳化公司设在西弗吉尼亚州因斯提图特的农药厂发生了类似的化学品泄漏事故,导致 100 多人死亡。美国社会各界和公众日益关注工业设施有毒化学品泄漏事故的应对措施和信息可提供性,从而导致美国 1986 年颁布了《应急计划与公众知情权法》,并建立了 TRI 报告制度。

美国颁布的《应急计划与公众知情权法》要求,各州成立州和地方应急计划委员会并制定危险化学品泄漏应急预案;要求超过临界量生产、加工或使用 364 种极危险化学物质设施的经营者必须向州应急计划委员会通报其突发事件应急预案;要求发生危险物质泄漏排放事件,且达到应报告释放量(Releases of Reportable Quantities,RQ)时,必须立即向主管当局做出突发事件释放报告。

1986 年美国率先建立了 TRI 报告制度,要求生产、储存极危险化学物质设施的经营者向 EPA 报告其向环境中泄漏排放与厂外转移这些物质的数量以及采取的污染防控措施情况。

TRI 跟踪了对人类健康和环境构成威胁的某些有毒化学物质的环境排放及其废物转移处置的管理活动。所谓"排放"是指工业设施在其场地内向大气、水体和陆地环境排放 TRI 中所列有毒化学品,将化学废物转移至厂外进行再生利用、能源回收、处理或处置以及采取源头削减和污染预防活动。

根据《应急计划与公众知情权法》,1987 年美国 EPA 开始实施 TRI 报告制度,为世界各国后来建立的 PRTR 制度提供了宝贵的经验。此后的 30 年里,各国环境主管当局大多以美国 TRI 报告制度为模板实施本国的 PRTR 制度。

PRTR 制度是指一项国际通行的专门监督控制高健康和环境危害化学品泄漏和排放的管理制度。联合国环境与发展大会通过的《21 世纪议程》第 19 章提出了各国应当"在自愿基础上,根据国际准则实施社区知情权方案,包括就意外排放或可能排放的原因以及预防办法交流信息,并报告每年向环境中排放的有毒化学品的数量"。为了更好地执行《21 世纪议程》提出的有毒化学品环境管理政策,1996 年 2 月 OECD 理事会通过了建立 PRTR 制度,并在各成员方实施该制度的建议。

该制度的具体目标:① 确保识别各类有毒化学物质的污染源,对受控化学物质进行定期和持续的监测与控制;② 考量环境管理政策目标和监控政策执行进展情况;③ 鼓励企业推行污染预防和清洁生产,加强危险化学品的安全监管,减少污染物排放及其对人类健康和环境带来的风险;④ 满足社会公众对有毒化学品排放信息的知情权要求,提高公众参与化学品环境管理的意识。

2) 美国 TRI 法律规定

1986 年美国颁布的《应急计划与公众知情权法》第 313 节规定,应当制定国家和地方应急计划,尽量减少有毒化学品事故的潜在影响,并向公众提供其所在社区内有毒化学品环境排放信息。

此外,1990 年美国颁布了《污染预防法》,强制性要求收集全国有毒化学品及其危险废物的源头削减、回收利用或通过焚烧回收能源等相关数据。

根据这两部法令,美国 EPA 要求超过规定的临界数量制造、加工或者使用 TRI 中所列有毒化学品的 28 个工业行业企业以及联邦管理的设施每年向 EPA 及其所在州指定主管当局填报提交 TRI 报告。美国 EPA 负责维护全国 TRI 数据库,并通过互联网向公众提供这些信息。

(1) TRI 报告设施。提交 TRI 报告的工业设施必须符合全部下列三项条件:① 符合 TRI 规定的工业行业范围,包括采矿业(煤矿、金属矿和非金属矿)、电力和公用事业行业、制造业(食品、纺织、化学品、石油、橡胶和塑料、初级金属、机械、皮革、造纸、出版印刷等)、危险废物处理处置业和联邦设施;② 雇佣 10 名和 10 名以上全日制员工;③ 生产、加工或使用 TRI 报告上所列化学品,且其数量超过规定的临界数量。美国 EPA 对每种(类)TRI 上的化学品制定了报告阈值量标准。

对于非 PBT 类化学品,报告阈值量为在一个公历年度内制造或者加工 25 000 磅/年(约 11.3t/a)以上或者通过其他方式使用 10 000 磅/年(约 4.5 t/a)以上任何 TRI 所列化学品。

对于 PBT 类化学品,TRI 规定了较低的报告阈量值。① 大于 100 磅/年(约 45.36 kg/a):艾氏剂、铅、铅化合物、甲氧滴滴涕、多环芳烃化合物(PACs)、二甲戊灵、四溴双酚 A 和氟乐灵。② 大于 10 磅/年(4.5 kg/a):苯并(G,H,I)苊、氯丹、七氯、六氯苯、异艾氏剂、汞、汞化合物、八氯苯乙烯、五氯苯、多氯联苯和毒杀芬。③ 大于 0.1 g/a:二噁英和二噁英类化合物。

(2) TRI 化学品清单。《应急计划与公众知情权法》授权美国 EPA 根据管理需求和公众请求,可以向 TRI 报告名单中增加或者删除某些有毒化学品。如果 EPA 局长根据自己的判断有足够证据确定以下三项中的任一情况时,可以将一种化学品增添到名单上。

① 已知或可合理预计到一种化学品由于持续或频繁的释放,其在企业场地以外的浓度可能造成明显的有害急性人类健康效应。

② 已知或可合理预计到该物质会导致人类癌症或出生缺陷,或者严重或不可逆的生殖机能障碍、神经紊乱、可继承的遗传突变或者其他慢性健康效应。

③ 由于化学品的毒性、毒性和环境持久性或者毒性和环境生物蓄积性,已知或可合理预计其会对环境造成足够严重的重要有害影响,根据 EPA 局长的判断有必要根据本法规定进行报告。

做出以上判断时,EPA 局长应当基于公认的科学原则或者实验室实验或者适当设计和开展的流行病学调查或者其他人群的研究结果。

截至 2019 年 12 月美国 TRI 有毒化学品报告名单总计有 800 种有毒化学品,其中有 767 种单一化学物质和 33 类化学品。

在这些有毒化学物质中,包括 OSHA 列出的人类致癌物和可疑人类致癌物 223 种,还包括引起特别关注的 PBT 类化学品(铅及其化合物、汞及其化合物、二噁英和二噁英类)和根据《有毒物质控制法》被列入 EPA 风险评估工作计划的 10 种化学品。通常 PBT 类化学品的报告阈值低于其他 TRI 中的化学品。

如果 EPA 局长确定,没有足够的证据表明符合上述判断基准,他也可以将一种化学品从报告名单中删除。应报告的有毒化学品 TRI 名单可能每年都有变动。例如,2014 年 9 月 EPA 向 TRI 中添加了壬基苯酚类。2015 年 11 月 EPA 将 1-溴丙烷增列入 TRI。

3)TRI 的投入产出和效益

(1)TRI 的投入

为了实施 TRI 计划,美国 EPA 设立了专门的机构负责收集和加工处理 TRI 信息。EPA 设立 TRI 专门机构及其职责如表 2-35 所示。

表 2-35　EPA 设立 TRI 专门机构及其职责

专设机构名称	职　　责
TRI 信息中心	① 解释说明 TRI 法规、报告要求和指南文件; ② 帮助完成 TRI 表格; ③ 查找、理解和使用 TRI 浏览器、TRI 网络和环境事实等网站上的数据
TRI 数据处理中心	① 授权 TRI-MEweb 电子签名协议(ESA); ② 核实 EPA 收到企业 TRI 表格的收条; ③ 管理登录 eFDP 网址; ④ 解释 eFDP 报告; ⑤ 利用 eFDP 报告提交修改版本
EPA 和州 TRI 协调机构	① 披露违反 EPCRA 第 313 节规定的行为; ② 遵循和实施 EPCRA 第 313 节规定(报告后期、数据质量、未报告、记录保存情况); ③ 注册、完成和提交表格 R(纸质表格和/或 TRI-MEweb); ④ 临界量计算; ⑤ 开展地区 TRI 培训
EPA 总部 TRI 计划处	管理总体 TRI 信息或者帮助解决其他联络点未涉及的问题
中央数据交换系统	① 进入 CDX 软件应用(即 TRI-MEweb); ② 访问 CDX 账户(注册、密码和用户 ID); ③ 获得访问 TRI-MEweb 关键代码; ④ 处理 TRI-MEweb 提交状态; ⑤ 按步骤简化 TRI-MEweb 数据传递、诊断和提交过程; ⑥ 报告 TRI-MEweb 的问题; ⑦ 解决 TRI-MEweb 的技术问题(如数据质量报警;NOSEs 和关键错误等)以及与数据提交有关软件问题

（2）TRI 报告制度的主要产出

① TRI 国家释放数据分析报告。1987—2019 年,美国 EPA 通过其 TRI 网站定期公布每个报告年度 TRI 相关数据和综述文件。其中,TRI 国家释放数据分析报告提供了每个报告年度 TRI 数据的综合分析结果。例如,2019 年 3 月 EPA 公布了 2017 年度 TRI 国家释放数据分析报告,对 2017 年度全国和各州有毒化学品释放和处置变化趋势以及工业行业 TRI 化学品管理情况进行了分析。其涉及某些 TRI 上的化学品、主要工业行业、排名前几位的母公司释放情况以及各州 TRI 化学品释放情况等最新 TRI 数据的综述分析。

② 全国 TRI 数据在线查询系统。EPA 创建了全国 TRI 数据在线查询系统,允许社会公众利用六个检索项,即企业名称、化学品名称、年份或者工业行业（通过行业 NAICS 代码）、联邦管理设施以及地理区域（县、州或者全国）检索查询 TRI 数据。该系统可以产生三类报告:场地内和场地外释放报告;废物转移情况报告;TRI 废物量和处置情况报告。

③ TRI 化学品信息概要文件。为了让社会公众和 TRI 数据的使用者能够了解 TRI 化学品的毒性及其环境归趋数据,EPA 编制了 TRI 化学品的信息概要、实情说明等文件,利用因特网站与其他化学品数据库进行危害性公示（表 2-36）。

表 2-36　美国 EPA 编制和公布的 TRI 化学品毒性信息情况

TRI 化学品毒性信息	解 释 说 明
TRI 化学品信息概要（TRI Information Summaries）	该网站提供了 286 种 TRI 化学品危害信息概要文件。文件说明了可能暴露途径、暴露后对健康和环境的影响、环境归趋、主管部门及其联络信息等
TRI 化学品实情说明（TRI Chemical Fact Sheets）	提供了根据新泽西州危险物质知情权实情说明编制的许多 TRI 化学品危害信息说明
OSHA 确定为致癌物的 TRI 化学品（TRI Chemicals Classified as OSHA Carcinogens）	提供了美国 OSHA 确定为致癌物质的 TRI 化学品名单及其分类结果。对于 OSHA 确定的致癌物质,其报告最低浓度值为 0.1%
ATSDR 有毒物质常见问题解答（ATSDR ToxFAQs）	提供了美国 ATSDR 编制的大约 50 种 TRI 化学品的健康效应等常见问题解答文件
TRI 化学品危害信息档案（TRI-CHIP）	该数据库系统提供了 TRI 化学品危害信息,可以查询到 TRI 化学品的相关信息

（3）通过 TRI 计划获得的效益

① 联邦、州和地方政府主管机关可以利用 TRI 数据对企业或者管辖地域范围内的相关化学品释放情况进行比较,识别需重点管理的 TRI 化学品,评估现行环境计划绩效,更有效地设定管理重点区域并跟踪污染控制和废物削减的

进展。

② TRI 计划使公众前所未有地直接获取到全国、各州、县和社区 TRI 化学品释放及其他废物管理情况的数据。利用这些信息,公众可以识别潜在关注点、更好地理解潜在的风险,并与工业界和政府一起努力减少有毒化学品的使用或者释放并降低相关风险。

③ 工业界可以利用 TRI 数据获得有毒化学品处置或者释放以及其他废物管理的综合情况,以识别和降低废物中有毒化学品相关费用、识别有用的污染预防途径,建立削减目标并测量记录削减目标取得的进展。公开提供 TRI 数据促进了许多企业与社区合作,制定有效降低有毒化学品释放与废物管理造成的环境和潜在健康风险策略。

4）美国 TRI 实施现状与进展情况

2019 年 3 月美国 EPA 公布的 2017 年度 TRI 国家释放数据分析报告分析了 2017 年美国各工业行业 TRI 化学品环境释放和转移场地外处置情况。据统计,2017 年美国全国总计有 21 456 个 TRI 设施提交了 TRI 报告。报告的 TRI 化学品环境释放与转移总量为 38.8 亿磅（折合 1 760 000 t）。2007—2017 年美国 TRI 化学品环境释放与转移量变化趋势如图 2 - 16 所示。

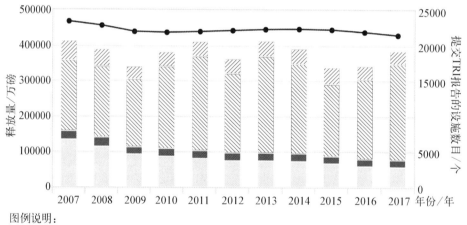

图例说明：

▨场地外处置或其他释放；▨场地内现场处置；■场地内向地表水释放；●提交TRI报告的设施数目
▨场地内向空气中释放

图 2 - 16 2007—2017 年美国 TRI 化学品环境释放与转移量变化趋势

美国 TRI 设施有毒化学品环境释放和转移处置量长期呈下降趋势。2007—2017 年,美国 TRI 化学品的环境释放与转移总量减少了 7%。其原因除了金属矿开采行业释放量减少了 37% 之外,电力行业也减少了有害空气污染物,如氯化氢的释放是导致总释放量下降的重要影响因素。此外,化学品制造行业和造纸行业也减少了向大气中释放。

2017 年美国 TRI 化学品环境释放量及流向情况如图 2‑17 所示。2007—2017 年,美国 TRI 化学品环境释放和转移总量有所降低。其中报告企业向空气中释放的释放量减少了 57%,向地表水释放的释放量减少了 20%,向企业外部转移的场地外转移处置量下降了 31%。

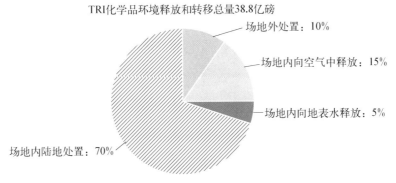

图 2‑17　2017 年美国 TRI 化学品环境释放量及流向情况

2017 年美国 8 种 TRI 化学品环境释放与转移处置量及其所占比例如图 2‑18 所示。

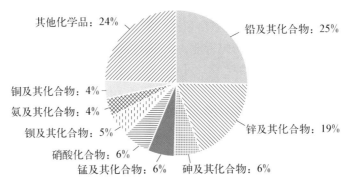

注:翻译自 EPA 发布报告的原图,由于四舍五入计算,百分数加和值可能不是 100%。

图 2‑18　2017 年美国 8 种 TRI 化学品环境释放与转移处置量及其所占比例

由图 2‑18 可见,2017 年美国 TRI 化学品环境释放与转移总量的 38.8 亿磅中,有 76% 来自 8 种 TRI 化学品的生产、加工和使用过程,其中铅及其化合物占 25%,锌及其化合物占 19%,砷及其化合物、锰及其化合物以及硝酸化合物各占 6%,钡及其化合物占 5%,氨及其化合物占 4%,铜及其化合物占 4%,其他化学品占 24%。

通过 TRI 报告,美国 EPA 查明了各工业行业 TRI 化学品环境释放和管理情况并掌握了全国名列前茅的 TRI 化学品释放大户情况。2017 年美国各工业行业 TRI 化学品释放与转移量及其所占比例如图 2‑19 所示。

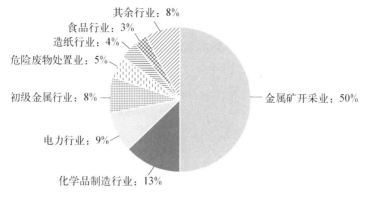

图 2-19　2017 年美国各工业行业 TRI 化学品释放与转移量及其所占比例

由图 2-19 可见,2017 年美国各工业行业 TRI 化学品的环境释放与转移总量为 38.8 亿磅,其中金属矿开采业占 50%,位居第一;化学品制造行业占 13%,位居第二;电力行业占 9%,位居第三。

通过 TRI 报告,美国 EPA 还掌握了各工业行业针对 TRI 化学品所采取的源头削减、绿色化学等活动的类型及其减排效果。据统计,2013—2017 年,美国相关企业针对 285 种 TRI 化学品共实施了 36 522 项源头削减活动。开展源头削减活动最多的五个行业是塑料和橡胶行业、计算机和电子产品行业、医疗设备等制造业、印刷行业和纺织行业。对于大多数行业而言,"良好操作规范"是其最常用的源头削减活动类型。而源头削减活动针对频率最高的化学品为苯乙烯、锑及其化合物、二氯甲烷、三氯乙烯和二(2-乙基己基)邻苯二甲酸酯。

在 2017 年,有 1 581 家企业(占提交 TRI 报告全部企业的 7%)实施了 3 994 项新的源头削减活动。美国企业针对 TRI 化学品开展的源头削减活动类型如图 2-20 所示。

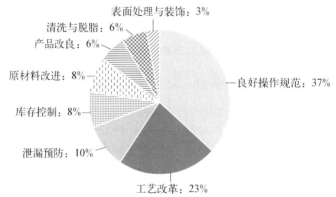

注:翻译自 EPA 发布报告的原图,由于四舍五入计算,百分数加和值可能不是 100%。

图 2-20　美国企业针对 TRI 化学品开展的源头削减活动类型

此外,从 2012 报告年度起,美国 EPA 在其源头削减活动清单中增加了六项绿色化学活动统计,以便掌握企业实施绿色化学,从根本上削减 TRI 化学品环境释放的活动情况。所谓绿色化学活动旨在通过设计一种新合成制造工艺;使用更安全的"绿色"原材料,而不使用 TRI 化学品;努力减少能源耗费并提高化学反应的收率,从而减少或者完全无废物产生来实现预防环境污染。

2012 年以来,美国企业针对 147 种 TRI 化学品开展了 2 226 项绿色化学活动,其中,绿色化学活动最频繁涉及的 TRI 化学品有铅及其化合物、甲醇、甲苯、铜及其化合物、铬及其化合物以及氨。开展绿色化学活动最多的工业行业为化学品制造业、金属产品制造业、计算机和电子行业。2012—2017 年美国工业行业针对 TRI 化学品开展绿色化学活动的数量和所涉及的 TRI 化学品如图 2‑21 所示。

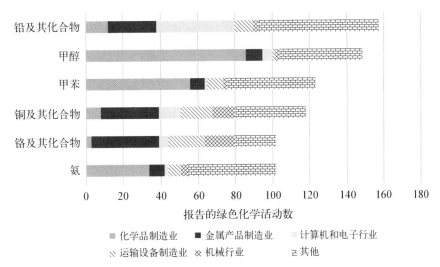

图 2‑21　2012—2017 年美国工业行业针对 TRI 化学品开展
绿色化学活动的数量和所涉及的 TRI 化学品

此外,美国 EPA 通过 TRI 计划查明了引起特别关注的 TRI 化学品:① PBT 类化学品;② 已知或可疑人类致癌物质的环境释放和转移情况及其历年变化情况,例如,铅及其化合物、汞及其化合物以及二噁英类化合物。

在 2017 报告年度中,美国 EPA 对列入 TRI 化学品名单上的 PBT 类化学品(包括 16 种化学物质和 5 类化学品)和 OSHA 发布的人类致癌物质提出了比其他 TRI 化学品更为严格的报告要求。2007—2017 年美国汞及其化合物环境释放量变化情况如图 2‑22 所示。

由图 2‑22 可见,2007—2017 年,美国引起特别关注的 TRI 化学品中,汞

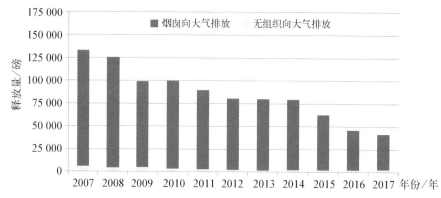

图 2-22　2007—2017 年美国汞及其化合物的大气环境释放量变化情况

及其化合物的大气环境释放量减少了 68％。美国电力行业汞及其化合物的大气环境释放量减少了 89％（83 000 磅），直接促成了美国汞及其化合物环境释放量的大幅下降。仅 2016 年和 2017 年，美国汞及其化合物的大气环境释放量就减少了 9％。而初级金属行业（包括钢铁制造企业和冶炼企业）占美国 TRI 报告的汞及其化合物的大气环境释放总量的 34％。

2010—2017 年美国 TRI 企业报告的二噁英类化合物环境释放量变化趋势如图 2-23 所示。

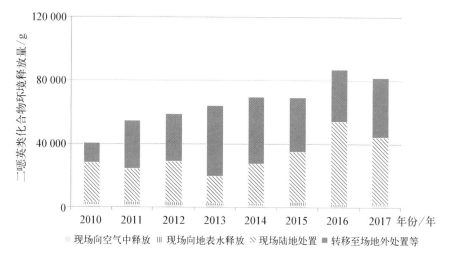

图 2-23　2010—2017 年美国 TRI 企业报告的二噁英类
化合物环境释放量变化趋势

如图 2-23 所示，自 2010—2017 年，美国二噁英类化合物环境释放量增加了 102％，主要是有色金属冶炼行业等现场释放量增加所致。而在 2016—2017 年，美国二噁英类化合物环境释放量减少了 6％，略有下降。2017 年美国二噁英类化合物环境释放量的大部分（占 52％）在释放企业经过现场陆地处理处置。

　　美国 EPA 要求 TRI 企业报告 17 种二噁英类同系物的环境释放数据。而这些来自不同源头的二噁英混合物具有不同的毒性潜力水平。因此,EPA 还采用毒性当量因子(Toxic Equivalency Factors,TEFs 或 TEQ)来统计排放的各种二噁英类同系物的毒性潜力值。2017 年美国二噁英类化合物环境释放量最大的工业行业二噁英类环境释放量及其所占比例情况(以 g - TEQ 计)如图 2 - 24 所示。

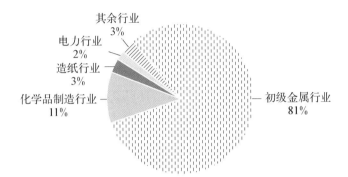

**图 2 - 24　2017 年美国二噁英类化合物环境释放量最大的工业
行业二噁英类环境释放量及其所占比例情况**

　　由图 2 - 24 可见,在采用 g - TEQ 计算时,初级金属行业占工业行业二噁英类化合物环境释放总量的 81%,位居第一;化学品制造行业占 11%,位居第二。

　　此外,2007—2017 年,美国 TRI 化学品报告名单中列入的 OSHA 发布的致癌物质大气环境释放量下降了 37%,这些致癌物质大气环境释放量长期呈下降趋势。其主要原因是塑料和橡胶行业以及运输设备制造业排放到空气中的苯乙烯释放量逐渐减少。2017 年 OSHA 发布的致癌物质大气环境释放量中,苯乙烯占 OSHA 发布的致癌物质大气环境总释放量的 43%,乙醛占 13%,甲醛占 8%。

　　如上所述,通过编制 TRI 国家释放数据分析报告,不仅提供了美国全国以及各州、城市、县等地 TRI 化学品的释放和转移处置信息,使 EPA 掌握了解 TRI 化学品环境释放情况,评估其推动采取的化学品管理政策措施的实际绩效,而且美国社会公众可以通过访问 EPA 的 TRI 网站,查询 TRI 报告中自己所在社区附近 TRI 化学品的环境释放和管理情况,鼓励公众积极参与化学品无害化管理和污染防治。

　　5) 评估 TRI 化学品的健康危害和潜在风险

　　暴露接触化学品造成的人类健康和环境的风险取决于许多因素。TRI 数据提供了美国各地工业设施中释放出哪些 TRI 化学品、每种化学品的环境释放量及其释放到空气、水体和陆地环境的数量等信息。

　　美国 EPA 已经将 TRI 数据作为其评估 TRI 化学品对人类健康与环境潜

在风险工作的起点。为了评估 TRI 化学品环境释放与转移处置可能造成的潜在危害和风险,美国 EPA 利用其"风险筛选环境指标"(Risk Screening Environmental Indicators,RSEI)模型快速地处理 TRI 企业现场释放到空气和水体、公共污水处理厂(Publicly Owned Treatment Works,POTW)以及转移到场外焚烧处置的 TRI 化学品数据,并产出"危害估计值"和"风险分数值",借以评估分析长期或慢性接触 TRI 化学品后可能对人类健康造成的风险。

利用 RSEI 模型计算出的"危害估计值"以 TRI 化学品环境释放量(磅数)乘以该化学品毒性权重值的结果表示。RSEI 毒性权重值仅基于与长期暴露 TRI 化学品相关的人类健康影响,未考虑短期暴露和生态效应。每个 RSEI 毒性权重值基于单一暴露途径(经口或吸入)的最敏感效应,即在最低剂量时发生的健康效应。

RSEI 模型分配毒性权重值的方法清晰且可以重现,基于易于获取和公开的信息,并尽最大可能借助 EPA 专家进行判断。TRI 报告清单上 600 多种(类)化学品中,有 400 多种可以提供毒性权重值,其范围为 $0.02 \sim 1.4 \times 10^9$。

而"风险分数值"则为对人类健康潜在风险的估计评分值。RSEI 风险分数值是一个无单位的数字,其考虑了 TRI 化学品的环境释放量、环境归趋和迁移、潜在暴露人群大小和地点以及该化学品的固有毒性。

目前 EPA 开发使用的 RSEI 模型仅适用于筛选水平的风险评估。例如,用于比较每年潜在相对风险的趋势分析,或者对化学品进行优先级排序或者制定工业行业的战略规划,而不适用于需要提供特定场地信息、更详尽暴露信息和详细人群分布数据的定量风险评估。

美国 EPA 利用 RSEI 模型计算出危害估计值与风险分数值,研究分析对应的 TRI 化学品释放量的变化态势,评估 TRI 化学品健康危害和环境风险变化以及风险管控措施的绩效成果。

研究表明,2007—2017 年,美国 EPA 利用 RSEI 模型计算出的危害估计值降低了 65%,而相应的 TRI 化学品环境释放量也减少了 44%,两者同时呈逐年下降趋势。2008—2009 年,危害估计值的显著降低可能是由于有三个企业大幅度削减了铬及其化合物的排放量。

2007—2017 年,美国 EPA 利用 RSEI 模型计算出的 TRI 化学品风险分数值降低了 62%,其相应的 TRI 化学品环境释放量也减少了 44%。TRI 化学品环境释放可能带来的人体健康与环境风险也呈下降态势。到目前为止,在利用 RSEI 模型计算的环境释放类型中,TRI 化学品大气环境释放量的下降对 RSEI 风险分数值降低的贡献最大。

6) TRI 报告制度和《有毒物质控制法》的关系

虽然美国 EPA 制定的许多环境管理计划将其重点放在一个领域,但是 TRI 计划却涵盖了有毒化学品向大气、水体和陆地的环境释放以及废物转移和管理活动。将 TRI 数据与许多其他环境管理数据结合起来,就可以勾画出美国 TRI 化学品使用、管理和环境释放趋势的一幅完整清晰图像。因而,对于 EPA 来说,TRI 数据具有特别的价值。

美国 EPA 负责施行的环境保护法律与其监管的各项工业活动之间的关系如图 2－25 所示。

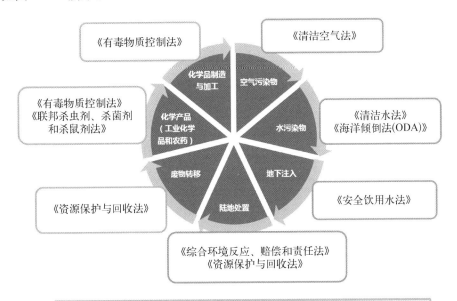

注:《应急计划与公众知情权法》对危险和有毒化学品事故应急计划和准备,以及 TRI 化学品向大气、水环境释放和危险废物转移处置情况等做出规定要求。

图 2－25 美国 EPA 负责施行的环境保护法律与其监管的各项工业活动之间的关系

在美国 EPA 内部的各办公室以及 EPA 在联邦各州设立的地区办事处都利用 TRI 数据来支持其保护人类健康和环境的使命。这些应用包括分析 TRI 数据,以便在知情的情况下做出环境管理决策。例如,设置管理计划的重点优先事项、向利益相关者提供信息、与社区合作达成共同目标等都参考利用 TRI 数据(表 2－37)。

表 2－37 EPA 内部的各办公室和 EPA 在联邦各州设立的地区办事处使用 TRI 数据的情况

EPA 部门	推行污染预防	做出决策	增加相关事项	识别可能的违法者	与利益相关者沟通信息
空气和辐射办公室		×	×		
陆地和应急管理办公室	×	×	×	×	×

（续表）

EPA 部门	推行污染预防	做出决策	增加相关事项	识别可能的违法者	与利益相关者沟通信息
执法与合规保证办公室		×	×	×	
国际与部落事务办公室		×			×
化学品安全和污染预防办公室	×	×	×	×	×
水环境办公室	×	×	×	×	
总督察办公室			×		
环境信息办公室				×	×
地区办事处编号	1,2,3,5,6,7,8,9	2,3,4,5,6,7,8,9	2,3,4,5,6,9	1,2,3,4,6,7,9,10	1,3,4,5,6,8,9

　　TRI 与《有毒物质控制法》的实施也有着密切联系。例如,在 2016 年 6 月 22 日颁布《21 世纪化学品安全法》之前,EPA 已经确定将 90 种化学品列入"《有毒物质控制法》评估工作计划",其中已有 53 种化学品被列入 TRI 报告。2016 年 11 月 EPA 宣布根据《21 世纪化学品安全法》首批进行风险评估的 10 种化学品名单中,除了 1-溴丙烷和六溴环十二烷两种化学品是最近列入 TRI 报告,并从 2017 年和 2018 年分别开始报告 TRI 数据之外,其余 8 种化学品目前都可以提供其 TRI 数据(名单见表 2-32)。

　　根据《21 世纪化学品安全法》,所有商业销售的现有化学品和拟上市销售的新化学物质都要通过基于风险的安全审查过程,增加公众的透明度,需要继续对这些化学品进行进一步风险评估。TRI 报告的信息将帮助 EPA 评估和改进 TRI 化学品的风险管理,为现有化学品的优先级排序和评估工作提供非常有价值的信息,并可以作为跟踪国家已确定风险的有毒化学品环境释放量削减进展情况的工具。例如,2005—2015 年 TRI 报告的三氯乙烯的环境释放量趋势(图 2-26)。

　　如图 2-26 所示,从 2005 年到 2015 年,TRI 报告的三氯乙烯的环境释放量下降了 66%。其减少原因主要是金属加工行业使用水性溶剂替代三氯乙烯进行脱脂处理,从而导致其释放量减少。此外,飞机零部件制造商进行了工艺改革,采用电子控制的蒸气控制阀替换了三氯乙烯脱脂机上的蒸气控制阀或者对脱脂机增加绝缘层,以减少三氯乙烯流失。这种变革使行业企业能够让三氯乙烯脱脂剂清洗更多的零部件,同时降低了三氯乙烯的消耗。TRI 报告中上述行业采取的减少三氯乙烯环境释放量的源头削减措施,可以对该化学品风险评

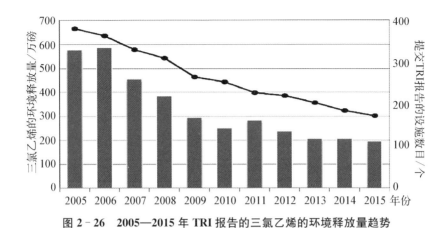

图 2-26　2005—2015 年 TRI 报告的三氯乙烯的环境释放量趋势

估和风险防控措施提供有益的经验。

2. 美国州级化学品管理立法

美国是联邦制的国家,实行联邦、州和地方(县和市)三级政府行政管理体制。各州拥有较大的自主权,包括立法权。美国加利福尼亚州和华盛顿州等州也颁布了州级化学品安全立法,以进一步加强化学品安全管理。

(1) 加利福尼亚州的《安全饮用水和有毒物质执行法》

加利福尼亚州于 1986 年 11 月颁布了《安全饮用水和有毒物质执行法(The Safe Drinking Water and Toxic Enforcement Act)》(以下简称"加州第 65 号令"),以保护加利福尼亚州公民和饮用水源避免受到已知致癌、出生缺陷或其他生殖毒性化学品的危害,并告知公民这些化学品的暴露情况。该法令有两项主要规定:任何人不得向本州水体或陆地故意排放或释放一种已知致癌或生殖毒性的化学物质,从而导致加利福尼亚州的饮用水污染;在未事先给予清晰合理的警告情况下,任何人不得有意和故意让个人暴露接触加利福尼亚州已知的致癌或生殖毒性的化学物质。

加州第 65 号令的化学品名单是指州政府颁布的已知致癌或生殖毒性化学品名单,目前列出了 950 多种受管制化学物质,名单每年更新一次。

加利福尼亚州政府对控制名单上的许多化学品制定了安全港湾浓度水平基准(即触发警告要求的暴露浓度)。当暴露水平低于该浓度值时,不需要做出警告。例如,对于管制名单中的重金属铅来说,珠宝是一种可能含有铅的产品。如果人们会通过珠宝产品暴露接触重金属铅超过每天 0.5 微克的安全港湾浓度水平的话,含铅珠宝的制造商和进口商必须在其产品标签中对消费者提出警告。加州第 65 号令的产品警告标签样式如图 2-27 所示。

加州第 65 号令规定的要求仅适用于加利福尼亚州管制名单所列化学品的暴露,并不禁止或限制任何已设定产品中化学物质浓度限值的其他化学品的使

加州第 65 号令警告标签

警告：本产品含有加利福尼亚州已知致癌和出生缺陷或其他生殖毒性的化学品。

（加利福尼亚州立法要求给予加利福尼亚州的客户做出本警告信息）

更多信息详见：www. watts. com/prop65

图 2‑27　加州第 65 号令的产品警告标签样式

用。所列出的一种化学品浓度只是作为计算其暴露程度需考虑的一个因素。通过将产品中某种化学物质的暴露浓度水平与加利福尼亚州规定的产品中安全港湾浓度水平进行比较，就可以确定是否需要做出警告标签。

加州第 65 号令的目的是告知消费者，其正在暴露接触已知致癌和/或生殖毒性的化学物质。消费者可以自行决定是否购买或使用该产品。

（2）华盛顿州的《儿童安全产品法》

基于预防暴露接触有毒物质是保护人类和环境的最明智、最便宜和最健康的方式的原则，美国华盛顿州颁布了《儿童安全产品法（Children's Safe Products Act）》，以保护儿童健康，促进使用更安全的化学品。

根据该法颁布的"儿童安全产品报告规则"要求，在华盛顿州销售儿童产品的制造商应当向主管部门报告其产品中是否含有对儿童高度关注的化学物质。2016 年华盛顿州发布了"对儿童高关注化学品报告清单（The Reporting List of Chemicals of High Concern to Children，CHCC）"（表 2‑38）。

表 2‑38　华盛顿州对儿童高关注化学品报告清单

序号	CAS 号	化学品名称	序号	CAS 号	化学品名称
1	50‑00‑0	甲醛	13	84‑66‑2	邻苯二甲酸二乙酯
2	62‑53‑3	苯胺	14	84‑74‑2	邻苯二甲酸二丁酯
3	62‑75‑9	N‑二甲基亚硝胺	15	84‑75‑3	邻苯二甲酸二正己酯
4	71‑43‑2	苯	16	85‑44‑9	邻苯二甲酸酐
5	75‑01‑4	氯乙烯	17	85‑68‑7	邻苯二甲酸苄酯
6	75‑07‑0	乙醛	18	86‑30‑6	N‑亚硝基苯胺
7	75‑09‑2	二氯甲烷	19	87‑68‑3	六氯丁二烯
8	75‑15‑0	二硫化碳	20	94‑13‑3	对羟基苯甲酸丙酯
9	78‑93‑3	甲基乙基酮	21	94‑26‑8	对羟基苯甲酸丁酯
10	79‑34‑5	1,1,2,2‑四氯乙烷	22	95‑53‑4	2‑氨基甲苯
11	79‑94‑7	四溴双酚 A	23	95‑80‑7	2,4‑二氨基甲苯
12	80‑05‑7	双酚 A	24	99‑76‑3	对羟基苯甲酸甲酯

（续表）

序号	CAS 号	化学品名称	序号	CAS 号	化学品名称
25	99 - 96 - 7	对羟基苯甲酸	47	140 - 67 - 0	草蒿脑(Estragole)
26	100 - 41 - 4	乙苯	48	149 - 57 - 5	2 -乙基己酸
27	100 - 42 - 5	苯乙烯	49	556 - 67 - 2	八甲基环四硅氧烷
28	104 - 40 - 5	4 -壬基酚及其混合异构体	50	608 - 93 - 5	五氯苯
			51	842 - 07 - 9	C. I. 溶剂黄 14
29	106 - 47 - 8	对氯苯胺	52	872 - 50 - 4	N -甲基吡咯烷酮
30	107 - 13 - 1	丙烯腈	53	1163 - 19 - 5	2,2′,3,3′,4,4′,5,5′,6,6′-十溴二苯醚
31	107 - 21 - 1	乙二醇			
32	108 - 88 - 3	甲苯			
33	26761 - 40 - 0	邻苯二甲酸二异癸酯	54	1763 - 23 - 1	全氟辛烷磺酸及其盐(PFOS)
34	108 - 95 - 2	苯酚	55	1806 - 26 - 4	4 -辛基苯酚
35	109 - 86 - 4	2 -甲氧基乙醇	56	5466 - 77 - 3	2 -乙基己基 4 -甲氧基肉桂酸酯
36	110 - 80 - 5	乙二醇单乙醚			
37	115 - 96 - 8	磷酸三（2 -氯乙基)酯	57	7439 - 97 - 6	汞和汞化合物,含甲 基 汞（22967 - 92 - 6)
38	117 - 81 - 7	邻苯二甲酸二 - 2 -乙基己酯	58	7439 - 98 - 7	钼和钼化合物
			59	7440 - 36 - 0	锑和锑化合物
39	117 - 84 - 0	邻苯二甲酸二正辛酯	60	7440 - 38 - 2	砷和砷化合物,含三氧化二砷（1327 -53 - 3)和二甲基砷酸(75 - 60 - 5)
40	118 - 74 - 1	六氯苯			
41	119 - 93 - 7	3,3′-二甲基联苯胺及其代谢染料	61	7440 - 43 - 9	镉及镉化合物
			62	7440 - 48 - 4	钴和钴化合物
42	120 - 47 - 8	对羟基苯甲酸乙酯	63	13674 - 87 - 8	三(1,3 -二氯 - 2 -丙基)磷酸酯
43	123 - 91 - 1	1,4 -二噁烷			
44	127 - 18 - 4	四氯乙烯	64	25013 - 16 - 5	丁基化羟基苯甲醚
45	131 - 55 - 5	2,2′,4,4′-四羟基二苯甲酮	65	25637 - 99 - 4	六溴环十二烷
46	140 - 66 - 9	4 -叔辛基苯酚	66	28553 - 12 - 0	邻苯二甲酸二异壬酯

　　《儿童安全产品法》还规定了儿童产品中铅、镉和邻苯二甲酸酯的容许浓度限值。当儿童产品中铅、镉或邻苯二甲酸酯还必须同时符合《联邦消费产品安全改进法》规定的浓度限值时,将提交 CPSC 酌情处理,以便确保符合规定的浓

度限值要求。

如果某些儿童产品中铅、镉或邻苯二甲酸酯未受到《联邦消费产品安全改进法》管制,仅须遵守本州《儿童安全产品法》规定的浓度限值时,州主管部门将要求制造企业执行华盛顿州规定的浓度限值。

从 2017 年 7 月开始,华盛顿州的《儿童安全产品法》还对儿童产品和住宅家具软垫产品中的某些溴代阻燃剂规定了浓度限值。

3. 美国参与和履行国际环境公约的情况

20 世纪 90 年代以来,联合国有关机构主持通过了一系列化学品安全国际公约和法律文书,以促进全球化学品安全、人类健康和环境保护。这些法律文书的通过对世界各国的化学品安全立法、标准和政策产生了重要影响。

美国参与了制定和实施 SAICM 这项自愿性管理举措,旨在与参与方和组织机构共同促进全球化学品健全管理。SAICM 提出的战略目标是到 2020 年以尽量减少化学品对人类健康和环境造成重大不利影响的方式生产和使用化学品。

美国对全面执行 SAICM,包括拉丁美洲和加勒比地区第一次区域会议提供了支持,并对"快速启动计划"项目提供了财政和技术支持。美国还对 SAICM 框架内若干新兴政策研究问题的国际合作做出了贡献。例如,按照联合国环境规划署理事会 2005 年 2 月 23 日第 23/9 号决定的要求,美国以多边和双边方式参与促成解决汞污染的关键问题,包括数据收集和清单开发、排放源表征描述以及减少排放和使用的最佳做法等,旨在减少全球汞的使用和排放。

为了保护臭氧层,国际社会于 1985 年通过了《维也纳公约》,该公约的基本目标是通过采取预防性措施来消除耗损臭氧层物质的排放,以保护臭氧层。《维也纳公约》建立了国际合作研究臭氧层和耗损臭氧层物质影响的机制。根据《维也纳公约》,1987 年国际社会缔结了《蒙特利尔议定书》,规定了各缔约方按照公约附录中规定的受控物质名单和淘汰日程表,削减和最终淘汰受 ODS 控制的生产和消费。美国为《蒙特利尔议定书》的缔约方。

1979 年《长距离越境空气污染公约(LRTAP)》于日内瓦签署,旨在解决欧洲跨界酸性沉降物问题。该公约议定书的适用范围相继扩大涵盖了广泛的大气污染物。该公约缔约方包括西欧和东欧国家、加拿大和美国。在该公约的八项议定书中,美国主要关注 1998 年关于重金属的议定书,美国是该项议定书的缔约方。

但是,长期以来美国奉行"美国利益优先"原则。特别是近年来,美国国会和政府执政者迫于国内经济发展迟缓等压力,对参与和履行联合国国际环境公约的责任义务表现消极,拒绝核准多项国际重大环境公约和履行国际公约的相关责任义务。

例如,国际社会于 1989 年 3 月 22 日通过《巴塞尔公约》,要求严格监控管理危险废物的越境转移,并要求缔约方确保以环境无害化方式管理和处置这些废物。

1990 年美国虽然签署了《巴塞尔公约》,但 1992 年美国参议院审议该公约时,以"美国核准该公约之前,需要颁布补充立法才能实施该公约的要求"为借口,至今未核准该公约。

1998 年 10 月 UNEP 在荷兰鹿特丹主持通过了《鹿特丹公约》,该公约于 2004 年 2 月 24 日正式生效。该公约旨在对某些危险化学品和农药的进出口执行事先知情同意程序,促进缔约方之间分担安全监管责任和开展合作,强化国际贸易中危险化学品的进出口管理,以利于保护人类健康和环境,避免化学品的潜在危害。截至 2019 年 6 月,《鹿特丹公约》附件Ⅲ的管制名单上列出了 52 种受控化学品,其中包括 16 种工业化学品、35 种农药和 1 种农业/工业化学品。美国于 1998 年签署了该公约,但至今未核准该公约,不是公约的缔约方。

2001 年 5 月 UNEP 在瑞典斯德哥尔摩主持通过了《斯德哥尔摩公约》,提出了淘汰滴滴涕、氯丹等 12 种持久性有毒化学品的生产、使用和进出口。采取适当措施,确保从事公约豁免或某一可接受用途的任何生产或使用活动时,防止或尽量减少人类接触,并将持久性有机污染物的排放控制在最低程度。《斯德哥尔摩公约》于 2004 年 5 月 17 日正式生效。美国于 2001 年签署了《斯德哥尔摩公约》,但至今也未核准并成为公约缔约方。

2013 年 10 月为有效应对和妥善解决全球汞污染问题,经过各国艰苦努力,2013 年 10 月国际社会达成了《关于汞的水俣公约》,该公约于 2017 年 8 月 16 日正式生效。美国签署并于 2013 年 11 月 6 日核准成为该公约缔约方,同时声明"根据公约第 30 条第 5 款,对公约附件的任何修正只有在美国交存批准书、接受书、核准书或加入书时,才对美国生效"。

2019 年 11 月 4 日美国政府正式通知联合国要求退出应对全球气候变化的《巴黎协定》,这进一步暴露出美国政府以保护美国利益优先,不愿承担美国作为温室气体排放大户应当履行削减温室气体排放的国际义务和责任。

2.3.5　美国化学品安全管理的技术支持体系

1. 美国化学品 GLP 实验室体系

美国食品药品监督管理局于 1978 年率先建立了世界上第一个 GLP 标准。1983 年美国 EPA 也颁布了 GLP 导则。所有支持各类化学品、农药申报和登记的化学品测试活动都必须遵循 GLP 标准。美国建有大批公共和私人从事化学品安全测试评价的良好实验室,这些设施产生的数据为政府当局审批和做出化学品安全管理决策提供技术支持。

例如,美国 NIOSH 是美国卫生和人类服务部下属的研究机构,负责开展预防职业病和伤害研究和向主管当局提出建议。NIOSH 负责鉴别职业病和伤害的原因以及新工艺技术和做法存在的潜在危害。利用这些信息,NIOSH 确定新的有效防护方法,保护工人免受化学品、机械和有害工作条件的危害。

NIEHS 通过调查了解环境因素、个人易感性和年龄相互作用因素及其在人类健康和疾病之间发生作用的机理,减少各种环境原因造成的人类疾病和机能障碍。该机构通过多学科的生物医学研究计划、预防和干预努力,以及培训、教育、技术转让和社区延伸的交流战略来完成自己的使命。

此外,高等院校的科学家也开展各种化学品安全的研究工作。美国私人实验室设施也进行各种化学品数据的测试工作,供农药产品登记的申请人和化工公司向美国 EPA 递交登记数据或 PMN 申报时使用。为执行农药管理的 GLP 标准,美国 EPA 跟踪的化学品 GLP 实验室统计情况如表 2－39 所示。

表 2－39　美国 EPA 跟踪的化学品 GLP 实验室统计情况

测试项目学科	实验室数量
毒理学	724
产品性能	303
产品理化性质	465
化学品在植物中的归趋	225
化学品在动物中的归趋	152
化学品在环境中的归趋 　其中:现场测试 　　　　分析实验室	419 (276) (143)
化学残留物 　其中:现场测试 　　　　分析实验室	752 (542) (210)
合　计	3 040

2. 美国化学品安全信息数据库系统平台

美国建立了完备的化学品安全信息收集、管理和散发数据库体系,为化学品安全提供了强有力的技术支持。美国《信息自由法》及其他立法都规定了公众知情权的原则,要求除了保密的商业信息之外,其他化学品安全数据和主管当局关于化学品安全的评审结果都可以应请求向公众提供。美国政府及公共和私人机构开展大量化学品风险评估研究工作,并建立了各种化学品安全信息数据库系统,用来收集、管理和散发化学品安全信息。这些数据库系统中存储着已经获批准的各类化学品生产、使用、理化性质、安全性、健康和环境数据。

根据《联邦杀虫剂、杀菌剂和杀鼠剂法》,农药产品注册人必须向 EPA 提交其产品有害效应信息。EPA 公布农药登记和重新登记审查中的每种农药的登记情况清单,并公布农药的健康和安全、监管行动的实施情况说明。此外,EPA 还通过国家环境出版物服务中心提供有关农药信息的纸介质资料。国家农业中心(National Agriculture Center)提供有关如何遵守美国农药法律规定的信息。国家农药信息中心(National Pesticide Information Center)提供农药相关的客观科学信息,使人们能够就农药及其使用做出知情明智的决定。

为了满足美国社会公众对生活和工作的环境中存在已知致癌物质或可能致癌化学物质信息的关切,根据《公众卫生服务法》的规定,美国卫生和人类服务部部长应当每两年公布一项关于致癌物质信息的报告,说明已知人类致癌物质名单,并包括暴露的美国人群、暴露的性质、国家现行法规标准能够降低公众暴露风险的程度以及存在的空白点等。NIEHS 的国家毒理学计划负责开展致癌物质评估研究和定期提交上述致癌物质名单报告。

美国环境保护局、职业安全与健康管理局、食品药品监督管理局等政府主管当局的网站上展示有大量化学品管理法规标准、管理计划、重点管理名单以及化学品健康和环境危害的数据,供其他部门和公众进行免费查询和下载。

此外,许多公共和私人机构也建立了化学品数据库、信息交换站和热线,向公众提供专业信息、法规、指南文件和其他材料,解答提出的问题。例如,美国国家医学图书馆建有化学品标识数据库和危险物质数据库等网络查询系统,该数据库收录了 30 多万种化学物质的标识数据、理化性质、急性毒性数据、安全与处置、人类健康效应、应急医疗处理以及法规管理等信息,并链接其他化学品信息数据库,免费供公众查询使用。公众对化学品安全信息的知情参与为美国化学品安全管理的有效实施提供了有力保障。部分美国化学品安全、健康与环境数据库查询系统公共平台如表 2-40 所示。

表 2-40 部分美国化学品安全、健康与环境数据库查询系统公共平台

序号	数据库名称	内 容	数据库平台网址
1	美国 EPA 化学物质登记数据库系统(CRS)	收录了美国 EPA 登记和跟踪管理的化学品、生物制剂和其他化学品官方权威性数据信息	https：//ofmpub.epa.gov/sor_internet/registry/subst-reg/LandingPage.do
2	美国国家农药信息检索系统(NPIRS)	收录了美国目前或以前批准登记销售的农药产品名称、包装标签和安全使用要求等	http：//ppis.ceris.purdue.edu/

（续表）

序号	数据库名称	内　容	数据库平台网址
3	美国 EPA 农药人类健康基准值数据库	收录了根据《联邦杀虫剂、杀菌剂和杀鼠剂法》进行农药登记时提交的人体健康效应毒性数据和《联邦食品、药品和化妆品法》《食品质量保护法》规定的容许残留浓度限值	https：//edg. epa. gov/metadata/catalog/search/resource/details. page? uuid＝％7B0FF393D0-2B3C-47E0-A43A-3E691A72C417％7D
4	美国高产量化学品挑战计划信息系统	收录了美国 366 家化工公司提交的 1 102 种高产量化学品的理化性质、用途和暴露信息、环境归趋和路径、生态毒性和哺乳动物健康效应数据	https：//iaspub. epa. gov/oppt hpv/public _ search. html_page
5	美国 EPA 综合计算毒理学资源	收录了 70 万种以上化学品数据，包括化学结构、试验或预测的理化性质、毒性数据、危害、风险、暴露评估和用途信息等	https：//comptox. epa. gov/dashboard
6	美国 EPA 化学品视觉（ChemView）	收录了 EPA 通过申报登记获得的化学品健康和安全数据，以及根据《有毒物质控制法》获得的针对特定化学品开展的评估和管控行动信息	https：//chemview. epa. gov/chemview
7	美国 EPA 消耗臭氧层物质网站（US EPA ODS）	收录了 EPA 通过申报登记获得的化学品健康和安全数据，以及根据《有毒物质控制法》获得的针对特定化学品开展的评估和管控行动信息	https：//chemview. epa. gov/chemview
8	美国 EPA 生态毒性数据库（Ecotox database）	收录了大约 8 400 种化学品的水生毒性和陆生毒性信息。数据来自经过同业审查的原始文献、美国政府机构和国际机构提供的研究报告数据	http：//cfpub. epa. gov/ecotox/
9	美国 EPA 人类健康效应综合风险信息系统（IRIS）	收录了暴露环境污染物可能引起健康效应的定性/定量风险评估信息，包括化学品名称、CAS 登记号、重要健康效应、肿瘤类型、毒性数据、人类致癌性和不确定系数等。供 EPA 人员用于管理决策和监管行动	https：//www. epa. gov/iris

（续表）

序号	数据库名称	内　容	数据库平台网址
10	美国国家医学图书馆遗传毒理学数据库（GENE‐TOX）	收录了美国 EPA 经同行审查的 3 000 多种化学品的致突变性实验数据，包括物种、试验类型和实验结果等	https：//pubchem. nchi. nlm. nih. gov/source/Genetic％20Toxicology％　20Data％20Bnak％20（GENE‐TOX）
11	美国国家医学图书馆危险物质数据库（HSDB）	收录了 5 000 多种危险化学品的理化性质、安全处置、毒性和人类健康效应、应急医疗处理以及法规管理信息等	https：//pubchem. ncbi. nlm. nih. gov/
12	美国国家医学图书馆化学品标识数据库（ChemIDplus）	收录了 40 多万种化学物质的化学名称、CAS 号和化学结构等信息	https：//chem. nlm. nih. gov/chemidplus/chemidlite. jsp
13	美国运输部等应急救援指南 2020 年版（ERG 2020）	收录了 3 700 多种危险化学品的火灾/爆炸危险性、潜在健康危害性、应急救援和急救、泄漏处置、消防措施等数据	http：//www. phmsa. dot. gov/hazmat/erg/erg2020-english
14	美国 ATSDR 化学品毒性信息文件（TPIS）	收录了美国 ATSDR 评估汇编的有毒化学品的人体健康效应、毒理学数据	https：//www. atsdr. cdc. gov/toxprofiles/index. asp
15	美国 ATSDR 危险物质和职业病信息数据库（Haz-Map）	收录了美国 ATSDR 关于作业场所接触的化学品和生物制剂可能造成不利健康的影响及相关疾病信息，供卫生和安全专业人员以及消费者查询使用	https：//haz-map. com/
16	美国 ATSDR 环境关注化学品人类健康效应风险数据库（ITER）	收录了 ATSDR 提供的各国际机构对 680 多种环境关注化学品的致癌性分类和人类健康毒性评估风险值以及数据解释	http：//tera. org/iter/
17	美国 NIOSH 化学物质毒性效应数据库（RTECS）	收录了公开发表的科技文献。其内容包括化学品名称、初级刺激性、致突变性、生殖毒性、急性毒性和其他重复剂量毒性、物种和摄入途径信息	https：//www. cdc. gov/niosh/rtecs/default. html
18	化学品危害和替代品工具包（ChemHAT）	收录了《蒙特利尔议定书》收录的全部消耗臭氧物质名单，列出了每种消耗臭氧层物质的臭氧消耗潜力（ODP）、全球变暖潜能值（GWP）及其 CAS 登记号	http：//www3. epa. gov/ozone/science/ods/

（续表）

序号	数据库名称	内　容	数据库平台网址
19	化学品危害应急医学管理数据库（CHEMM）	收录了美国卫生与人类服务部关于化学品应急事件中快速识别化学品标识、急性中毒人员护理导则和初步活动等信息	https：//chemm. nlm. nih. gov/
20	城市社区关注有毒物质网站平台（Tox Town）	以通俗易懂的语言提供了美国国家医学图书馆和其他权威性来源关于居民生活、工作的城市社区中许多常见化学品毒性、防护和环境卫生应急救助中心的信息	https：//toxtown. nlm. nih. gov/

3. 美国评估化学品危害和风险的 QSAR 模型软件情况

为了鉴别评估化学品的危害性，并进行风险评估，美国利用其强大的科学技术实力和人力财力资源，开发了一批分析评估化学品危害性、暴露和风险的 QSAR 模型软件。EPA 除了将这些软件工具用于新化学物质申报评审以及现有化学品优先筛选与风险评估之外，还将这些软件工具放在其官方网站上，供利益相关者和公众免费下载使用，借以进一步验证和改进这些软件工具的性能，并适时进行更新升级。

美国 EPA 开发或与其他机构合作开发的部分常用化学品危害、暴露和风险评估模型软件如表 2‐41 所示。

表 2‐41　美国 EPA 开发或与其他机构合作开发的部分
常用化学品危害、暴露和风险评估模型软件

序号	模型软件名称	内容和用途
1	ToxCast™ 软件	利用美国制药行业开发的高通量筛选（HTS）生物测试数据，构建计算机模型来预测化学品潜在人体健康毒性。可在短时间内对大量化学品进行毒性测试优先级评估，筛选出需详尽毒理学评估的化学品，从而更有效使用动物进行测试
2	结构效应关系模型（Structure Activity Relationships，SAR）	美国 EPA 常用的一种技术工具，其根据化学品分子结构与其影响生物系统能力之间的关系，评估审查一种化学物质的物理、化学和毒理学性质
3	估算程序界面模型（The Estimation Program Interface Suite™，EPISuite™）	用于估算化学品的物理/化学性质和环境归趋

（续表）

序号	模型软件名称	内容和用途
4	生态结构效应关系模型（Ecological Structure Activity Relationships，ECOSAR）	用于预测估算工业化学品对鱼类、无脊椎动物和藻类等水生生物的毒性，包括急性（短期）毒性和慢性（长期）毒性
5	分布式结构可检索毒性数据库网络（Distributed Structure-Searchable Toxicity Database Network，DSSTox）	用于检索查询与毒性数据相关的标准化化学结构文件的公共网站。该网站的结构浏览器提供了简单易用的结构式搜索引擎，可以改进结构效应关系预测毒理学能力
6	风险筛选环境指标工具（Risk-Screening Environmental Indicators，RSEI）	可从 TRI 释放数据推导出慢性健康影响的风险分数分析结果。该软件常被主管部门、社区公众和工业行业用于审视 TRI 化学品变化趋势，初步筛选排放污染物的潜在影响和识别采取的后续行动
7	EPA 环境归趋、暴露和风险分析网站（EPA's Fate，Exposure，and Risk Analysis website）	该网站的工具可用于评估有毒空气污染物的健康风险和环境影响。提供美国 EPA 总风险综合方法学模型、多媒体归趋和输送模型、人体暴露模型和风险评估方法学
8	大气监管模型支持中心（Support Center for Regulatory Atmospheric Modeling）	用于评估空气质量和排放控制策略以及支持管理决策的模型和其他技术信息
9	PBT 类化学品筛选工具（PBT Profiler）	优先级设定评分工具之一，根据化学品分子结构来预测其环境持久性、生物富集性和毒性。判断一种化学品是否属于 EPA 所称已知引起人类健康关注的化学品。该软件由 EPA 与化工行业和环境防卫机构协作开发，可在没有试验数据的情况下，识别化学品污染预防的机会
10	使用集群评分系统（Use Clusters Scoring System，UCSS）	优先级设定评分工具，用于筛选执行某一特定任务的化学物质集群；利用人类和环境危害与暴露数据进行相关化学品的初始排序
11	化学品暴露和环境释放筛选工具（Chemical Screening Tool for Exposures and Environmental Releases，ChemSTEER）	筛选水平风险评估工具，用于估计化学品工业制造、加工和使用过程中，其职业吸入和经皮肤暴露量以及向空气、水体和陆地环境排放的释放量
12	暴露、归趋评估筛选工具（Exposure，Fate Assessment Screening Tool，E-FAST）	筛选水平风险评估工具，用于估计消费产品中化学物质释放到空气、地表水、垃圾填埋场的浓度
13	农药惰性组分风险评估工具（Pesticide Inert Risk Assessment Tool，PIRAT）	筛选水平风险评估工具，用于估计住宅环境室内和室外使用的农药暴露和风险。可以评估急性和慢性风险，能够分别评估成年人和儿童

（续表）

序号	模型软件名称	内容和用途
14	多室浓度和暴露模型（Multi-Chamber Concentration and Exposure Model，MCCEM 1.2 版本）	高层级风险评估工具，用于估算产品或住宅公寓建筑材料中释放化学物质的室内空气平均浓度和峰值浓度，以及吸入这些化学物质的日暴露剂量和慢性平均或终生平均暴露剂量
15	墙面油漆暴露评估模型（Wall Paint Exposure Assessment Model，WPEM）	高层级风险评估工具，用于估计消费者和工人使用滚筒或刷子涂刷墙面油漆场景下释放出化学物质的潜在暴露量
16	农药暴露数据库和模型（Pesticides Exposure Databases and Models）	高层级风险评估工具，根据农药使用或释放来定义给定情况下的暴露强度、频率、持续时间和活动模式。提供有关化学品使用、生态数据和暴露描述符数据（Pittinger 2003）
17	住宅暴露标准操作程序（Residential Exposure Standard Operating Procedures，SOPs）	高层级风险评估工具，旨在提供标准的默认方法，用于在化学品和/或现场特定数据有限时，对处理程序和后期应用程序暴露进行评估
18	内分泌干扰物筛选程序（Endocrine Disruptor Screening Program）	高层级风险评估工具，EPA 用于识别和表征具有内分泌干扰特性的农药、工业化学品和环境污染物，特别是雌性激素、雄性激素和甲状腺激素。核实验证框架包括减少使用动物试验、减轻动物压力的改进测试程序以及科学适当的替代动物试验方法

2.3.6　美国化学品管理值得研究借鉴的管理理念和经验分析

针对我国化学品健全管理现状和存在的问题，笔者从以下九个方面归纳出值得研究借鉴的美国化学品立法管理理念和实践经验，并对加强我国化学品健全管理提出具体的建议。

1. 化学品立法管理体系框架及其适用范围

美国建立了较完善的化学品立法管理体系、强有力的执法管理体制与协调机制，拥有先进的信息收集和评估技术手段及能力。通过《有毒物质控制法》等多部法律法规，分别按照化学品用途（工业化学品、消费化学品、农药、医药品、食品和食品添加剂以及其他特殊化学品）实施立法管理（表2-23）。

美国等发达国家的实践经验表明，化学品健全管理需要对其生产、加工、使用、销售、运输直至废物处理处置的全生命周期实施监管，但不是通过一部法律实施全生命周期的监管。对工业化学品而言，通常是由一部或两部专门立法对化学品的生产（含进口）、加工使用的危险（害）鉴别分类、风险评估和采取禁限许可措施等实施监管；由一部专门的运输法律对危险货物（含危险化学品）储存和运输安全实施监管;由一部专门的立法对化学品事故预防及应急救援处置实施管理;化学品生产和加工使用过程中排放"三废"的污染防治等由多部(大气、水和固体废物等)环境保护法监管,从而可以避免一部立法监管环节和适用范围过宽,导致涉及主管部门多,出现重叠交叉监管的局面。

在美国化学品立法的主管部门中,除个别法律授权 2 个主管当局负责监管,如《联邦食品、药品和化妆品法》,授权 FDA 和 EPA 分工监管之外,大多数情况下每部法律只授权一个政府主管部门负责监管执法,以避免重复叠加执法和浪费管理资源(表 2 - 23)。

为了保证各主管部门立法监管的协调性,避免监管漏洞,美国工业化学品管理中,EPA 肩负较大责任,并建立政府主管部门间化学品管理有效沟通与协调机制,共享化学品监管的信息。

2. 美国化学品管理理念和指导原则

美国在多项政府官方文书中都清晰明确地阐述了国家化学品管理理念、指导原则、政策及其目标,并且主管当局将这些指导原则创造性应用于各项化学品管理计划的执行之中。

美国国家化学品管理政策明确提出,应当管理那些损害健康或对环境带来不可接受风险的化学品,并对那些即将发生危害的化学品采取行动。主管当局在实现《有毒物质控制法》的主要目标时,既要保证化学物质的革新和贸易不会对人类健康或环境带来不可接受的风险,同时又要确保不会过度妨碍技术革新或对它造成不必要的经济障碍。

美国 EPA 也制定了保证食品安全、保证人居环境安全、通过污染预防实现无毒害环境以及公众知情参与四项主要环境目标,并提出了编制化学品管理计划的三项指导原则。

2013 年 12 月美国 EPA 在《有毒物质控制法》立法改革中强调,"立法改革的行政目标是给予 EPA 监管机制和权限,能迅速针对人们对化学品的关注,及时评估和规范新化学物质和现有化学品",并公布了以下 6 项指导原则。

原则 1:应当参照安全标准对化学品进行审查,该安全标准应以可靠的科学为基础,并体现保护人类健康与环境的基于风险的基准。

原则 2:制造商应当向美国 EPA 提供必要的信息,以便得出新化学物质和现有化学物质是安全的,且不会危害公众健康或者环境的结论。

原则 3:风险管理决策应考虑到敏感的亚人群、成本、替代品可提供性和其他相关因素。

原则 4:制造商和美国 EPA 应当对现有化学品和新化学物质中优先化学品进行评估,并及时对其采取行动。

原则 5:应当鼓励绿色化学并确保加强透明度和公众获取信息的规定。

原则 6：应当给美国 EPA 的执法管理提供持续的资金来源。

美国上述化学品管理理念和指导原则，体现了联合国关于化学品健全管理的内涵、目标和指导原则，值得我国在制定化学品宏观管理战略和对策时借鉴参考。

3. 新化学物质申报评审与风险评估

（1）新化学物质风险评估方法及结果

化学品环境健全管理的核心内容之一是对化学品进行科学的风险评估。化学品风险大小不仅取决于化学品的毒性高低，还取决于人群和生态环境暴露的浓度和数量、暴露途径、持续时间和暴露频率。风险评估的目的是鉴别、表征说明定量暴露一种化学物质或者化工过程对人体健康或环境带来的潜在有害影响和风险大小。在科学的风险评估结果的基础上，考虑到化学品管理的社会成本与效益以及安全替代产品的可提供性，可以做出科学的安全和环境管理决策。

《有毒物质控制法》第 5 节申报规定，美国 EPA 确定一种新化学物质的生产、加工、使用、商业销售或处置是否会对人类健康或环境可能造成不合理的风险时，需要考虑以下几个方面的内容：① EPA 识别确定的风险大小；② EPA 审查特定的暴露和释放控制措施对风险的限制程度；③ EPA 审查登记后，该物质的生产使用预期对产业界和社会公众带来的效益。在考虑风险时，EPA 考虑的因素包括化学物质的环境效应、环境迁移与归趋、处置方法、废水处理、防护设备使用和工程控制、使用方式和市场潜力等。

所谓不合理的风险（Unreasonable Risk）是指考虑其对经济、环境、健康和社会的效益与成本之后，一种化学品对人类或环境的不可接受的有害影响。

美国《有毒物质控制法》虽然没有对"不合理的风险"术语做出定义解释，但是美国化学品立法管理实践表明，不合理的风险涉及一种化学品造成危害的可能性及其严重程度与拟采取的法规管制行动对该化学品预期社会效益的影响之间的平衡。在新化学物质管理计划中，美国 EPA 在评审处理一种化学物质的申报以及是否做出进一步管控措施决定时，都要考虑其是否会造成不合理的风险。

美国新颁布的《21 世纪化学品安全法》对所有申报的新化学物质或其重要新用途是否会造成不合理的风险以及 EPA 必须采取的监管行动等，也做出了进一步明确的规定。

欧盟 ECHA 和美国 EPA 判定"不合理的风险"时，除了需要评估一种化学品造成危害的可能性及其严重程度之外，还需考虑拟采取的法规管制行动对该化学品预期社会经济效益的影响、替代品可提供性等因素。只有一种化学品给人类和环境带来的危害和损失远大于其可能产生的社会经济效益时，该风险水平才被认定为"不合理的风险"。

为了指导规范化学品健康与环境风险评估，美国 EPA 颁布了一系列化学品风险评估导则（表 2 - 42）。

表 2－42　美国 EPA 颁布的相关化学品风险评估导则

序　号	风险评估导则名称
1	化学混合物风险评估导则（2000 年修订增补版）
2	生态风险评估导则（1998 年 5 月）
3	暴露评估导则（1992 年 5 月）
4	致癌物质风险评估导则（2005 年修订增补版）
5	神经毒性风险评估导则（1998 年 5 月）
6	生殖毒性风险评估导则（1996 年 10 月）
7	发育毒性风险评估导则（1991 年 12 月）
8	致突变性风险评估导则（1986 年 9 月）
9	（化学品风险）社会经济分析导则（2000 年）

自我国生态环境部（原环境保护部）发布的《新化学物质环境管理办法》（第7 号令）实施以来，我国对所有常规申报新物质引入了风险评估制度。要求申报人不论申报新物质是否属于危险类新物质，也不考虑其生产（进口）量大小（如是否在 10 t/a 以上），都需要完成并提交新物质风险评估报告。

原环境保护部《化学物质风险评估导则（征求意见稿）》对新化学物质风险评估的结论没有提出"不合理的风险"概念及其判定标准，而是使用所谓"高风险"概念。只根据一种化学品危害性分类结果和风险严重程度的"高"或"低"水平，评定其环境风险管理措施适当性，可能会影响评审结论的科学性，并制约着进一步确定引起极高关注的危险化学物质及其风险管理决策。

因此，建议主管部门深入研究美国 EPA 评估一种新物质风险严重程度的机制，了解如何通过社会经济影响分析确定化学物质具有"不合理的风险"的评审方法，进而借鉴相应风险管控措施的经验。

（2）中国和美国新物质评审登记结果的比较分析

据统计，自 1979 年美国 EPA 根据《有毒物质控制法》正式施行新化学物质申报以来，在总计受理的 40 151 份 PMN 申报中，EPA 对大约 10% 的申报书签发了第 5(e) 款合意令和/或重要新用途规则等规定的各种限制和测试要求，其中有 2 082 个申报人面对法规管制要求撤回了申报书（表 2－27）。

这一评审结果表明，在全部申报的新化学品中，经 EPA 评审和风险评估后认定，只有 10% 左右申报的新化学物质具有不合理风险或者由于其申报用途之外的用途和暴露量存在潜在关注的风险，需要采取执行合意令、重要新用途或者禁止或限制生产或使用的进一步管制措施。EPA 对其余 90% 受理申报的新化学物质并未采取进一步限制措施，而由申报企业依法进行安全管理和危险性信息沟通传递,如通过标签和 SDS 在产品供应链传递危险化学品的危险性和风险防控措施信息。

与美国 EPA 公布的新化学物质申报结果统计相比较,我国根据《新化学物质环境管理办法》规定,2016—2020 年生态环境部已批准登记 784 种常规申报(生产或进口量在 1 t/a 以上)新化学物质。生态环境部关于常规申报获准登记新化学物质危险性管理分类统计结果见第 3 章第 3.4 节表 3-19。

中国新化学物质常规申报评审结果表明,鉴别认定管理类别中有 82.0% 的新化学物质为符合我国"危险化学品确定原则"的危险化学品,其中有 330 种(占 42.1%)为重点环境管理危险化学品,即具有较高人类健康和生态环境危害性的化学物质,包括致癌性、生殖细胞致突变性和生殖毒性类别 1 或类别 2;特异性靶器官毒性(反复接触)类别 1;危害水生环境急性毒性类别 1 和慢性毒性类别 1 或类别 2;PBT 或 vPvB 类化学物质。

经专家评审后,生态环境部对几乎所有通过评审的申报新化学物质均颁发了环境管理登记证,并未从重点环境管理危险类新化学物质中筛选确定出 10% 的高关注危险物质,实施进一步特定监管措施或者禁止或限制其生产或使用。目前我国新化学物质申报评审结果中没有鉴别确定出 10% 引起极高关注的危险物质的直接原因,可能与我国新化学物质申报登记采用的风险评估方法及其结论有关。

我国新化学物质登记中专家评审的风险评估结论为风险的严重程度,即"高风险""中风险"和"低风险"。其对高风险化学物质没有进一步做社会经济影响分析,以确定该风险是否属于"不合理的风险",进而筛选出一定比例具有"不合理的风险"的新物质,采取进一步风险控制措施。

2020 年 4 月 29 日,我国生态环境部颁布了《新化学物质环境管理登记办法》(第 12 号令),自 2021 年 1 月 1 日起施行。《新化学物质环境管理登记办法》对原环境保护部发布的《新化学物质环境管理办法》进行了重要修订,在保障环境风险可控的前提下,优化调整了申报类型设置和申报数据要求。其将管控的重点聚焦在 PBT 物质、vPvB 物质等具有持久性和生物累积性,对环境或者健康危害性大,或者在环境中可能长期存在并可能对环境和健康造成较大风险的新化学物质。

对于高危害新化学物质,《新化学物质环境管理登记办法》要求其申报人提交环境风险评估报告,对拟申请登记的新化学物质可能造成的环境风险、拟采取的环境风险控制措施及其适当性进行分析,并论证说明是否存在不合理环境风险的评估结论。

2019 年 9 月 3 日,生态环境部办公厅和国家卫生健康委员会办公厅联合印发了《化学物质环境风险评估技术方法框架性指南(试行)》。2020 年 3 月 18

日,生态环境部又颁布了《环境健康风险评估技术指南 总纲(HJ 1111—2020)》行业标准。

2020 年 12 月 23 日,生态环境部发布了《化学物质环境与健康危害评估技术导则(试行)》《化学物质环境与健康暴露评估技术导则(试行)》《化学物质环境与健康风险表征技术导则(试行)》三个技术指导文件,对化学物质健康和环境风险评估方法和规范要求做出一系列规定。期待《新化学物质环境管理登记办法》以及相关标准与技术导则的施行对我国化学品环境健全管理起到更大推动作用。

(3) 国内新物质申报登记的合规性检查

如果将中国、美国和日本三国主管部门每年受理的新化学物质申报登记数目情况进行比较,不难发现我国新化学物质申报登记实施过程中存在的企业不合规问题。

美国化学工业发达,2018 年美国化学品销售额为 4 680 亿欧元,占世界化学品销售总额 33 470 亿欧元的 14%,位居世界第三。欧盟化学品销售额为 5 650 亿欧元,位居世界第二。日本化学品销售额为 1 800 亿欧元,位居世界第四。而中国化学品销售额为 11 980 亿欧元,位居世界之首。中国化学品销售额相当于欧盟、美国和日本化学品销售额的总和。

据美国 EPA 统计,美国每年常规申报的新化学物质有 1 000 多种。另据日本经济产业省统计,日本每年常规申报的新化学物质大约有 600 种。而我国每年常规申报的新化学物质只有 100~217 种(2020 年 217 种)。与美国和日本相比,中国生态环境部每年受理的新化学物质常规申报数目与我国化学工业生产能力和发展水平很不相称。这在一定程度上反映出我国有相当一部分企业未遵守《新化学物质环境管理办法》的规定,进行新化学物质生产或进口前申报登记。生态环境部门需要像美国 EPA 那样对企业遵守《有毒物质控制法》的PMN 申报情况进行不定期例行检查监管,并要求企业做出“自我合规性声明”。

因此,有必要深入研究借鉴美国 EPA 新化学物质申报评审、风险评估、风险管控措施和合规性督查的经验,进一步改进完善我国新化学物质环境管理登记制度。

4. 制定和实施化学品风险管理计划

美国化学品管理经验的另一个亮点是,EPA 根据《有毒物质控制法》,通过制定和实施一系列化学品风险管理计划,如高关注化学品管理计划、污染预防计划、化学品危害信息收集与公示计划等,创造性地践行和丰富其化学品健全管理理念和管理策略。

近年来,美国 EPA 针对铅、汞、多氯联苯、溴代阻燃剂、全氟辛基磺酸类和内分泌干扰物等高关注化学品实施风险管理计划,调查收集评估这些化学品生产、使用和暴露情况及可能存在的风险并测试收集补充信息。其鼓励企业自愿削减这些化学品的使用及其环境排放,通过公开宣传和公众听证会方式吸引利益相关者参与未来高关注化学品的风险管理。

此外,根据《污染预防法》,美国EPA制定和实施了"可持续未来计划""为环境设计计划""绿色化学计划""绿色工程计划""联邦电子挑战计划"等一系列污染预防计划。与化工行业等利益相关者建立合作伙伴关系,识别确定危险化学品的更安全替代品,促进化学产品及其制造工艺的环保意识设计,努力从源头将化学品风险和废物产生量削减到最低程度,将社区公众的暴露降低到最低程度。EPA创造性地将其绿色化学、可持续发展、从源头上预防和削减化学废物以及健全管理理念贯穿到化学品和废物环境健全管理实践之中。

此外,美国EPA还将化学品危害信息收集与公示作为化学品环境健全管理日常核心工作内容的一部分,开展了一系列化学品危害信息收集与公示计划,并创建了各种信息门户网站平台,免费供社会公众查询使用。社会公众访问这些网站平台,可以获取可能影响美国任何地方的空气、水体和陆地环境的各项活动信息以及化学品危害、安全防护与环境保护知识,提高了对化学品安全和环境保护的认识,积极参与到化学品健全管理的共同治理工作中。

相比之下,中国危险化学品安全管理目前仍采用以审批发证为主要内容的传统管理体制和管理方式,管控手段单一。除了对国际化学品公约管制名单上要求限期淘汰的危险或有毒化学品,国内主管部门组织开展了一些生产、使用、进出口以及替代品等现状调查和风险评估之外,很少组织开展各种化学品的风险管理行动计划。

在中国,如果一种危险化学品被列入主管部门发布的《危险化学品目录》(2015版)(或者属于该目录中的剧毒化学品)等管理目录,相关企业需要向应急管理部(原国家安全生产监督管理总局)申领"危险化学品安全生产许可证""危险化学品经营许可证""危险化学品安全使用许可证"和"危险化学品登记证";向国家市场监督管理总局申领"工业产品生产许可证""危险品包装物容器生产许可证";向公安部申领"剧毒化学品购买凭证""剧毒化学品公路运输通行证";向交通运输部申领"道路危险货物运输许可证"和/或向生态环境部申领"严格限制进出口有毒化学品环境管理登记证"等各种行政许可证明。而对未列入《危险化学品目录》(2015版)等的其他危险化学品或者尚未鉴别认定其危险性的数万种化学品,却没有被纳入安全监管之中。

化学品安全和环境管理需要政府、企业、公众和其他利益相关者共同治理才能得以实现。因此,迫切需要进一步转变政府部门职能,改革以审批发证为主要内容的传统管理体制和管理方式,建议学习借鉴美国 EPA 开展化学品风险管理计划,践行化学品安全管理对策的做法。

此外,对于没有列入现行《危险化学品目录》(2015 版)的大量危险化学品,建议在对《危险化学品目录》(2015 版)进行修订时,适当调整管理思路和监管方式,即只将那些引起最高关注的,并需要实行许可管理的危险化学品纳入其中管理。对其他具有较高或中等危险的危险化学品不纳入《危险化学品目录》管理,但仍然需要执行危险化学品登记备案、危险性公示交流等管理制度。通过其他手段使政府部门、企业和社会公众全员积极参与,共同治理监控其安全风险。

5. 现有化学品优先筛选和风险评估

美国新颁布的《21 世纪化学品安全法》的最大亮点是全面启动了美国现有化学品优先筛选和风险评估程序。

(1)要求 EPA 筛选确定现有化学品优先评估的等级。新法要求美国 EPA 必须建立一个基于风险的化学品优先评估程序过程,从美国已商业销售的 84 000 多种现有化学品中,识别出由于潜在危害和暴露可能导致不合理风险的化学品,并指定为需进一步风险评估的高度优先化学品,或者暂不考虑开展风险评估的低度优先化学品。

(2)明确了化学品筛选与风险评估的标准。新法废除了原《有毒物质控制法》对现有化学品开展风险评估并实施风险管理时设置的"应造成最低负担"的要求,设立了一项"可以不考虑成本或其他非风险的因素,但必须考虑易感人群(包括儿童和孕妇)和高度暴露人群"的基于风险的安全标准。从而,EPA 在确定化学品优先评估的顺序以及确定一种高度优先化学品是否会造成不合理风险时,可以通过发布命令、制定规则或与相关企业达成一致的协议,强制性要求企业开展化学品测试或补充测试。

(3)明确由主管当局承担现有物质筛选与风险评估的责任及其履行职责的时间期限。新法明确由主管当局 EPA 负责完成化学品(包括新物质和现有化学物质)风险评估并对具有不合理风险的化学品履行其监管的责任。化学品制造商也可以委托请求 EPA 对某一特定化学品开展风险评估,并支付相关费用。新法还明确要求 EPA 应当制定风险评估工作计划,并规定了完成评估工作和采取风险管理行动的时间期限。

此外,对列入评估计划的某些 PBT 类化学品,EPA 可以采取"快速跟踪过程",只需考虑该类化学品的使用和暴露情况,而不需要开展风险评估。在新法颁布后 3 年内,要求 EPA 提出减少这些化学品暴露可行的管理措施建议,并在 18 个月后完成最终方案。

根据《21 世纪化学品安全法》,目前 EPA 已经制定了化学品优先级排序程序最终规则,建立了现有化学品优先级筛选评定与风险评估程序流程,确定了首批风险评估的 10 种化学品名单。

从国际化学品管理发展趋向来看,2006 年欧盟实施《REACH 条例》对全部化学品(包括新化学物质和现有化学物质)进行注册评估,筛选识别出极高关注物质并对其实施授权许可和限制措施。2011 年 4 月日本施行修订的《化学物质控制法》,引入了"优先评估化学物质筛选和风险评估制度"。2016 年 8 月美国《21 世纪化学品安全法》也引入现有化学品优先筛选和风险评估制度,充分表明了优先化学品筛选和风险评估制度是化学品健全管理非常重要的手段。

与美国修订《有毒物质控制法》之前的情况类似,我国新化学物质申报登记制度已经实施 10 多年,但是对已经生产和上市销售的 4.5 万多种现有化学物质,至今未颁布设立与优先化学品筛选和风险评估制度相关的法律法规。其难以从现有化学品中筛选出极高关注危险化学品,并在风险评估和社会经济影响分析基础上,依法实施禁止或严格限制生产或使用措施。

从美国《有毒物质控制法》修订和《21 世纪化学品安全法》的颁布中,可以清晰看出实施该制度的前提条件:① 主管部门应当有明确的立法司法授权;② 确立基于科学的和基于风险的优先化学品筛选评估标准及风险评估标准;③ 主管部门应当既负责优先化学品筛选和风险评估,同时负责选定的高关注危险化学品的执法监管。为此,主管部门应具有实施风险评估与执行监管的能力以及所需人力财力资源的保障。这也是我国拟制定"危险化学品安全法"或者"化学品环境风险评估和管控条例"中迫切需要加以研究解决的问题。

6. TRI 报告制度是化学品环境健全管理的重要手段

自 1986 年美国根据《应急计划与公众参与权法》实施 TRI 报告制度以来已经有 30 多年了。目前已有 50 多个国家借鉴美国 EPA 的 TRI 报告制度经验,建立实施了联合国倡导的 PRTR 制度。

一部分发达国家和地区实施 PRTR 制度的情况如表 2 - 43 所示。

表 2 - 43　一部分发达国家实施 PRTR 制度的情况

国家	制度名称	报告化学物质的数目/种	针对的特定设施	报告数据处理方式	起始年份/年
美国	有毒物质释放清单(TRI)	800	制造业等(考虑员工数和年释放量指定的行业)	公布每个设施以及整体汇总数据	1987
加拿大	国家污染物释放清单(NPRI)	346	制造业等(考虑员工数和年释放量指定的行业)	公布每个设施以及整体汇总数据	1993

（续表）

国家	制度名称	报告化学物质的数目/种	针对的特定设施	报告数据处理方式	起始年份/年
澳大利亚	国家污染物清单（NPI）	93	制造业等（考虑年释放量指定的行业）	公布每个设施以及整体汇总数据	1998
英国	污染物清单(PI)	313	制造业等（考虑员工数和年释放量指定的行业）	公布每个设施以及整体汇总数据	1991
荷兰	污染物排放登记（PER）	300 以上	环境管理法许可的设施	公布每个设施以及整体汇总数据	1974
欧盟	欧洲污染物排放与转移登记(E-PRTR)	91	制造业等（考虑员工数和年释放量指定的行业）	公布每个设施以及整体汇总数据	2007
日本	污染物排放与转移登记（PRTR）	462（2010年以后）	制造业等（考虑员工数和年释放量指定的行业）	公布每个设施以及整体汇总数据	2001

美国实施 TRI 报告制度的主要经验归纳起来有以下三点。

（1）管理思路和目标定位清晰，报告制度设计科学、可操作性强

美国 EPA 设立 TRI 报告制度的目标包括：① 确保识别全国各类 TRI 有毒化学品环境释放源、掌握其环境释放和转移至厂外处置废物相关数据及其变化趋势；② 评估受关注有毒化学品在全国各地的环境暴露情况及潜在风险，考量 EPA 制定的化学品环境管理目标和相关政策措施的绩效情况；③ 鼓励企业采取源头削减和污染预防措施，加强有毒化学品的安全监管，减少有毒物质排放及其对人类健康和环境带来的风险；④ 满足社会公众对有毒化学品排放信息的知情权要求，提高公众参与化学品环境管理的意识。

EPA 依据《应急计划与公众知情权法》和《污染预防法》两部法令的相关规定，要求超过规定的临界数量的制造、加工或者使用 TRI 所列有毒化学品的 28 个工业行业企业以及联邦管理的设施每年向 EPA 及其所在州指定主管当局填报提交 TRI 报告。EPA 编制并适时修改更新的 TRI 报告指南文件，详尽说明需报告的 TRI 设施行业范围和人员规模、TRI 有毒化学品名单和其临界数量以及填报表格内容和时间等要求。该制度的设计科学性和可操作性强，保障了 TRI 报告制度有效实施和运行。

（2）TRI 产出成果多，成效显著

为了实施 TRI 计划，美国 EPA 设立了专门机构（TRI 信息中心、数据处理

中心、EPA 和州 TRI 协调机构以及中央数据交换系统等），负责收集和加工处理并编制发布 TRI 信息和分析报告。

美国 TRI 报告制度的主要产出"TRI 国家释放数据分析报告"提供了全国每年 TRI 数据的综合分析结果和发展趋势。"全国 TRI 数据在线查询系统"可以向主管部门和社会公众提供并打印输出：① TRI 场地内和场地外环境释放情况；② 废物转移厂外处置情况；③ TRI 废物量和处置情况数据。

"TRI 化学品信息概要"和"TRI 化学品实情说明"等文件概要说明了 TRI 化学品危害、可能暴露途径、暴露后对健康和环境的影响、环境迁移与归趋以及主管部门管控标准信息等。

联邦、州和地方政府主管机关可以利用 TRI 数据对企业或者管辖地域范围内的相关化学品释放情况进行比较，识别需重点管理的 TRI 化学品，评估现行环境管理计划的绩效，更有效地设定管理重点区域并跟踪污染控制和废物削减的进展。

TRI 计划使公众能前所未有地直接获取全国、各州、县和所在社区 TRI 化学品释放及其废物管理情况的数据。利用这些信息，公众可以识别潜在关注点，更好地理解潜在的风险，与政府和工业界一起减少有毒化学品的使用或者释放并降低其相关风险。

工业界可以利用 TRI 报告数据获得全国有毒化学品释放以及废物管理的综合情况和行业排序，识别降低废物中有毒化学品相关费用的方法、富有可持续性的污染预防途径，建立自身的削减目标并监控削减取得的进展。公开提供 TRI 数据促进了许多企业与社区公众合作，并制定有效降低有毒化学品释放与废物管理造成环境和潜在健康风险的策略。

（3）促进有毒化学品环境管理与化学污染物污染防治的协同增效

TRI 计划涵盖了有毒化学品向大气、水体和陆地环境的释放以及废物转移和源头削减管理活动。将 TRI 数据与许多其他环境管理数据结合起来，可以勾画出全国 TRI 有毒化学品的使用、环境释放和管理趋势的完整清晰图像。美国 EPA 内部的各办公室和 EPA 在联邦各州设立的地区办事处都利用 TRI 数据来支持本部门完成保护人类健康和环境的使命，通过分析 TRI 数据及其趋势，在知情情况下做出明智的管理决策。

此外，《有毒物质控制法》和《21 世纪化学品安全法》的化学品风险评估计划中的许多高度优先化学品也被列入 TRI 报告中。采集获取这些化学品的 TRI 数据信息为 EPA 现有化学品的优先级排序评估工作提供了非常有价值的信息，并可帮助 EPA 完成风险评估和改进 TRI 化学品的风险管理。

根据美国 2017 年 TRI 报告统计，美国全国 21 456 个 TRI 设施报告的 690

多种 TRI 有毒化学品环境释放量为 1 760 000 t。另据日本经济产业省统计，2018 年日本全国 33 669 家相关企业提交的 435 种指定化学物质环境释放或转移总量为 391 000 t。

我国化学工业发达，危险化学品生产、加工使用过程中环境释放量大。据中国石油和化学工业联合会统计，截至 2018 年年末全国石油和化工行业规模以上企业有 27 813 家，主营业务收入 12.4 万亿元。其中化工行业规模以上企业有 24 821 家，主营业务收入 7.27 万亿元。在全球化学品销售额排行前五名的国家中，我国是唯一未颁布立法实施 PRTR 制度的国家。

与美国和日本的环境释放量相比，很难想象全国 2 万多家规模以上化学品生产企业每年向环境释放有毒化学物质的数量会有多大。然而我们并不能掌握排放源头、受纳环境介质、排放量及其变化、企业污染防控措施以及化学品环境管理与污染防治举措的绩效信息。

美国对实施 TRI 报告的 690 多种有毒化学物质的大多数并未制定排放标准限值，绝大多数提交报告的设施也都符合美国现行排放标准或要求。我国对生产使用的大多数有毒化学物质没有，也不可能全都制定排放标准限值。因而，不宜指望单靠"三废"污染治理和达标排放，或采取排污许可证方式就可代替实施 PRTR 制度。

因此，建议生态环境部研究借鉴美国 TRI 报告制度的经验做法，尽快颁布实施我国 PRTR 相关法规，将化学品环境管理、清洁生产源头削减污染物与环境污染防治各项举措有机结合起来，保护人体健康和生态环境。

建议借鉴美国《污染预防法》的要求，以实施清洁生产、源头削减、绿色替代和加强化学品环境管理等措施，改善化学品环境管理，促进环境质量得到显著改善。

7. 化学品安全信息收集与公示平台是化学品健全管理的支柱

收集和公示化学品安全信息是化学品健全管理的日常核心工作任务之一。美国强大的科技实力和对化学品安全的管控能力充分表现在各主管部门、科技学术界等收集、编辑化学品安全信息数据并创建化学品安全信息数据库公示平台上。通常获取化学品危险性分类所需数据有以下三个途径。

第一，依靠化学品 GLP 实验室开展测试并提交相关检测数据。化学品危险性鉴定依靠传统实验测试方法的一个重要制约因素是检测试验耗时长，且费用昂贵。除了物理危险性参数测试耗时较短之外，完成化学品健康和环境危害性参数试验测定所需时间较长。例如，28 天鱼类早期生活阶段毒性试验（OECD-TG210）耗时近一个月，动物致癌性试验甚至需要 2~3 年才能完成，而且化学品测试费用昂贵。据国内新化学物质申报人反映，完成一种常规申报新化学物质所需实验项目的实验室测试费用，一般每个新化学物质需要 100 万～200 万元。随着申报量级的提高,所需测试项目的增多,测试费用越高。

由于化学品测试所需人力物力大,且费用高,数据互认制度的实施可以提高各国政府和产业界实施化学品申报登记程序的有效性和效率;保证测试数据质量,避免重复测试,节省政府和企业花费的资金,并减少用于安全测试的试验动物数量,保护动物福利。因此,在 OECD 的倡导下,发达国家普遍建立了符合 OECD TG 和《良好实验室规范原则》等化学品测试数据管理体系和核查监管机制,并实现 GLP 实验室数据的国际互认。例如,美国建有 3 000 多个化学品 GLP 实验室(表 2 - 39),并获得国际互认,可以满足本国化学品测试工作需要。

第二,搜集、利用国际社会已完成的化学品危险(害)性测试报告、科技文献、公开发表研究论文以及各国主管部门与权威研究机构公示的化学品相关数据信息资源,并整理、编辑建立本国化学品安全信息数据库系统公示平台。例如,美国建立了完备的化学品安全信息收集、管理和散发数据库体系,并建立了大批化学品安全信息数据库公示平台,为化学品安全提供了强有力的技术支持(表 2 - 40)。

第三,利用国际公认的计算毒理学技术或 QSAR 模型预测估算化学品分类相关参数。计算毒理学技术(Computational Toxicology)的核心是基于计算化学、计算生物学等方法构建计算机模型,为筛选和评估化学品危险性、环境暴露与风险提供决策支持。发达国家主管当局通常利用 QSAR 模型提供优先化学品筛选评估所需部分危险(害)特性数据,以便确定高关注危险化学品清单。对于确需采取许可限制措施的高关注危险化学品,通常还需要针对重点关注的危害性,如致癌性、PBT 特性,视具体情况依法要求相关企业进行补充测试,提供实验数据,以便最终核实确认其危害严重程度,并作为确定是否列入最终授权管制清单加以禁止或限制的证据。

美国 EPA 等部门研发和使用 EPI Suite、ECOSAR、PBT Profiler、E - FAST 和 ChemSTEER 等模型软件,预测评估新化学物质的危险性、暴露和环境归趋等数据,并将这些模型软件放在官网上免费供各界下载使用(表 2 - 41)。

我国在 GLP 实验室、化学品信息数据基础数据库公示平台等方面的基础工作薄弱,远不能满足国家化学品健全管理需求。国内缺少化学品危险性及其防护措施信息公示平台,主管部门之间缺少信息沟通和信息共享,公众缺少化学品危害及其安全防护措施信息渠道,化学品危害和安全意识不足。尤其是化学品执法监管能力和信息收集散发能力不足,严重制约着我国化学品的健全管理。为此,对我国化学品健全管理可提出以下三点建议。

(1) 加强我国化学品 GLP 实验室建设并实施 GLP 数据国际互认

建议国家认证认可监督管理委员会及相关主管部门加强各自系统的 GLP 实验室信息沟通协调，并交换监管经验和相互学习借鉴，严格按照 OECD TG 和《良好实验室规范原则》相关要求，检查和提高我国 GLP 实验室合规性和监管水平。

建议国内负责 GLP 实验室监管认证的主管部门尽快启动与 OECD 秘书处签署 GLP 实验室数据国际互认协议实质性谈判工作，以加快我国 GLP 实验室实现数据国际互认的步伐，全面提升我国 GLP 实验室的检测和管理水平。

（2）建立国内化学品安全信息大数据公示平台和化学品基础信息数据库

一是建议整合构建国家危险化学品安全监管和安全信息大数据公示共享平台。将国务院各相关主管部门通过危险化学品、农药和化妆品等日用化学品的登记、统计调查、监测、评估等手段，采集的各类化学品生产、使用、储运及其企业运营情况、重大化学危险源管理、危险化学品和危险废物环境转移排放情况、各类化学品的物理危险、健康与环境危害数据以及安全和风险防控措施信息等建立的管理数据库系统加以整合，利用大数据集成为国家危险化学品安全大数据交换共享平台，形成国家、省级和地方监管部门化学品监管信息共享共用。在屏蔽政务和商业秘密等涉密信息之后，将化学品危险（害）性、GHS 分类信息以及安全与风险防控措施等信息公布在政府部门官网上实现全社会共享。

二是通过网址链接或其他授权方式，在相关政府主管部门官网上链接引入联合国相关机构、国际权威科学机构以及美国等发达国家主管当局发布的英文版化学品理化数据、健康和环境毒理数据、GHS 分类和标签数据以及安全和环境风险防控措施等数据库资源，供社会各界查询使用。

三是在尊重相关知识产权前提下，直接利用发达国家主管部门发布并得到国际公认的 QSAR 模型软件，如美国 EPA 的 EPI Suit、ECOSAR 等应用于新化学物质申报登记等化学品管理以及 GHS 分类判定中，以降低化学品测试成本和减少动物试验等。美国 EPA、OECD 和其他国家及地区研发和提供免费使用的部分化学品 QSAR 模型及其网址如表 2 - 44 所示。

表 2 - 44　美国 EPA、OECD 和其他国家及地区研发和提供免费
使用的部分化学品 QSAR 模型及其网址

序号	模型名称	预测的终点或性质	网　址
1	美国 EPA 的 EPI Suite 模型（Estimation Programs Interface Suite，EPI Suite-USEPA）	熔点、沸点、水中溶解度、正辛醇/水分配系数、亨利定律常数、水解性、快速生物降解性、水生生物蓄积性、吸附/解吸性等	https：//www.epa.gov/tsca-screening-tools/epi-suitetm-estimation-program-interface

（续表）

序号	模型名称	预测的终点或性质	网　址
2	美国 EPA 的 ECOSAR 模型（ECOSAR – USEPA）	鱼类急性和慢性毒性、溞类急性和慢性毒性、藻类急性毒性、陆生无脊椎动物（蚯蚓）毒性等	https：//www.epa.gov/tsca-screening-tools/ecological-structure-activity-relationships-ecosar-predictive-model
3	美国 EPA 毒性估计软件工具（Toxicity Estimation Software Tool）	熔点、沸点、水中溶解度、相对密度、表面张力、闪点、蒸气压、热导性、黏度、生物蓄积性、哺乳动物急性毒性、细菌体外基因突变（Ames 试验）等	https：//www.epa.gov/chemical-research/toxicity-estimation-software-tool-test
4	OECD 的 QSAR 工具包（OECD QSAR Toolbox）	皮肤腐蚀/刺激性、眼睛刺激、皮肤过敏、细菌体外基因突变（Ames 试验）和致突变性其他终点、水生毒性、生物蓄积性、陆生生物毒性等	http：//www.oecd.org/chemicalsafety/risk-assessment/oecd-qsar-toolbox.htm
5	丹麦 QSAR 数据库（Danish QSAR Database）	沸点、熔点、蒸气压、水溶解度、皮肤腐蚀/刺激性、皮肤过敏、致突变性（Ames 以外其他终点）、生殖毒性、生物降解性、半衰期、生物蓄积性等	http：//qsar.food.dtu.dk/
6	欧盟联合研究中心毒性危害估计——决策树方法（ToxTree,JRC）	皮肤腐蚀/刺激性、眼睛刺激、皮肤过敏、致突变性（Ames 以外其他终点）、生殖毒性等	https：//eurl-ecvam.jrc.ec.europa.eu/laboratories-research/predictive_toxicology/qsar_tools/toxtree
7	意大利化学品性质评估模型 VEGA（IRFMN）	正辛醇/水分配系数、生殖毒性、快速生物降解性、生物蓄积性、鱼类急性毒性、藻类急性毒性等	https：//www.vegahub.eu/

　　与此同时，应当继续推动化学品特性 QSAR 模型软件等计算毒理学项目研发，提供研究所需经费。建议责成国内相关科研单位加快已完成科研成果的推广应用，鼓励将其已取得的 QSAR 模型软件等成果提供给社会各界免费使用，以期检验软件预测的参数数据可靠性，并及时做出修改更新。

　　8. 化学品健全管理需要政府、企业、利益相关者和社会公众共同治理

　　联合国 SAICM 和其他正式文书中提出的化学品健全管理的范围涉及职业健康与安全、公共健康安全和环境安全。化学品健全管理需要政府主管部门、企业、利益相关者和社会公众共同参与治理才能实现。

1992 年联合国公布的《21 世纪议程》第 19 章提出了公众知情权和利益相关者参与原则：① 对化学品的危险性的广泛认识是实现化学品安全的先决条件之一，应当承认公众和工人对化学品危险性有知情权的原则；② 与化学品生产、销售、使用等利益相关的所有个人、团体和组织，特别是那些生活和工作在可能受化学品影响的社区中的人们应当了解和参与化学品有关的决策过程；③ 所有利益相关者应当能够获取主管当局掌握的对环境有重要影响的化学品及其活动以及相关环境保护措施信息。

美国政府主管部门制定化学品法规、政策和管理计划的信息公开化水平很高。例如，EPA 起草制定的每项法规、政策和管理计划、管控化学品名单都在联邦登记公告上设置 45～90 天公示期限，公开发布法规政策文本初稿或者召开听证会充分听取利益相关者和社会公众的评论意见。这充分体现了主管部门的化学品安全人人有责、依靠利益相关者和公众共同治理化学品危害和风险、实现化学品健全管理的理念。

建议政府主管部门积极履行其化学品危险性公示的责任，指导和帮助企业提高对合规性和履行社会责任义务的认识，努力提高社会公众的化学品安全意识。

我国还需要进一步完善环境信息公布制度，健全举报制度。对涉及群众利益的重大决策和建设项目的环境影响评估审批、企业化学污染物排放和突发环境事件等信息要及时公开，主动向社会通报，广泛听取公众意见和建议，保障利益相关者对环境的知情权、参与权和监督权。

9. 化学品管理能力建设是保障化学品健全管理的前提条件

我国从事化学品危险性鉴别分类、风险评估与风险管理的专业技术力量不足，尤其是富有经验的高水平专家严重不足。美国、日本等发达国家都是由化学品主管部门及其技术支持单位的专家负责承担优先化学品筛选和风险评估工作。我国各级化学品主管部门，尤其是省、地市级主管部门的化学品安全和风险管控能力严重不足，缺少既熟悉化学品及其生产制造、使用工艺、化学安全与污染防控技术，又掌握化学品健康和环境危害鉴别与风险评估的专业人员，难以满足化学品健全管理实际需求。

因此，建议国家采取引进国外化学品危害鉴别和风险评估高端专业技术与管理人员和派出国内骨干人员出国进修培训与国际合作等方式，加快国内化学品危害鉴别和风险评估相关技术提升与管理人才培养。

建议主管部门加强对各级化学品安全和环境管理机构的执法能力建设和人员培训，内容包括危险化学品安全和环境管理以及现场环境安全检查执法监管方法；化学品危险（害）性鉴别分类和危险性公示沟通技能知识；化学品危害与风险评估及其风险防控措施等。努力锻造一批与实现"两个一百年"奋斗目标相适应,有担当、乐于投身化学品健全管理事业的高素质监管人员队伍。

参考文献

［1］ECHA. Ethanol［EB/OL］.［2019 - 7 - 31］. https：//echa. europa. eu/brief-profile/-/briefprofile/100. 000. 526.

［2］ECHA. Specific labelling and packaging situations［EB/OL］.［2019 - 6 - 30］. https：//echa. europa. eu/regulations/clp/labelling/specific-labelling-and-packaging-situations.

［3］ECHA. 21 551 chemicals on EU market now registered［EB/OL］.［2021 - 1 - 12］. https：//echa. europa. eu/-21-551-chemicals-on-eu-market-now-registered.

［4］European Commission. Commission General Report on the operation of REACH and review of certain elements：Conclusions and Actions［EB/OL］.［2019 - 12 - 12］. https：//eur-lex. europa. eu/legal-content/EN/TXT/? uri＝COM：2018：116：FIN.

［5］ECHA. What is an infocard?［EB/OL］.［2021 - 1 - 12］. https：//echa. europa. eu/documents/10162/22177693/what ＿ is ＿ an ＿ infocard ＿ en. pdf/4960b3a4-a84f-461d-926c-b4a683b2f98f.

［6］Cefic. 2020 Facts & Figures of the European chemical industry.［2020 - 9 - 30］. http：//www. feica. eu/search. aspx? tag＝statistics.

［7］NITE. Laws and regylations in Japan［EB/OL］.［2019 - 12 - 12］. https：//www. nite. go. jp/en/chem/chrip/chrip_search/sltLst.

［8］JETOC. Regulation and related matters in Japan［J］. Information Sheet，2018(80)：1 - 3.

［9］日本经济产业省制造产业局. 化審法の施行状況(平成 29 年度)［EB/OL］.［2021 - 1 - 12］. https：//www. meti. go. jp/policy/chemical_management/kasinhou/files/information/sekou/sekou_h29. pdf.

［10］MOE. Methods for the risk assessment of priority assessment chemical substances［EB/OL］.［2021 - 1 - 17］. http：//www. env. go. jp/en/chemi/chemicals/assessment_chemical_substances. pdf.

［11］日本经济产业省. 平成 30 年度 PRTR 数据(化学物质排放量和转移量)的汇总结果［EB/OL］.［2020 - 12 - 30］. https：//www. meti. go. jp/press/2019/03/20200319005/20200319005 - 1. pdf.

［12］李政禹. 国际化学品安全管理战略［M］. 北京：化学工业出版社. 2006 年.

［13］NITE. Safety and your future with NITE［EB/OL］.［2017 - 4 - 21］. http：//www. nite. go. jp/data/000081573. pdf.

［14］C&EN Business Group. Facts & Figures of the chemical industry［EB/OL］.［2019 - 6 - 15］. http：//pubs. acs. org/cen/coverstory/89/8927cover. html.

［15］EPA. Reviewing new chemicals under the Toxic Substance Control Act (TSCA)［EB/OL］.［2021 - 1 - 12］. https：//www. epa. gov/reviewing-new-chemicals-under-toxicsubstances-control-act-tsca.

[16] Office of Pollution Prevention and Toxics. Pollution prevention (P2) framework manua [R]. Washington：EPA，2005.

[17] OECD. Preliminary analysis of policy drivers influencing decision making in chemicals management[EB/OL]. [2018 - 12 - 1]. http：//www. oecd. org/officialdocuments/ publicdisplaydocumentpdf/? cote＝env/jm/mono(2015)21&doclanguage＝en.

[18] EPA. Highlights of key provisions in the Frank R. Lautenberg Chemical Safety for the 21st Century Act[EB/OL]. [2019 - 7 - 31]. https：//www. epa. gov/assessing-and-managing-chemicals-under-tsca/highlights-key-provisions-frank-r-lautenberg-chemical.

[19] Charles W Schmidt. TSCA 2. 0 a new era in chemical risk management. Environmental Health Perspectives，2016，124(10)：182 - 186.

[20] EPA. Prioritizing existing chemicals for risk evaluation[EB/OL]. [2017 - 7 - 18]. https：//www. epa. gov/assessing-and-managing-chemicals-under-tsca.

[21] EPA. Risk evaluations for existing chemicals under TSCA[EB/OL]. [2017 - 7 - 18]. https：//www. epa. gov/assessing-and-managing-chemicals-under-tsca.

[22] EPA. Toxics Release Inventory (TRI) national analysis[EB/OL]. [2021 - 1 - 12]. https：//www. epa. gov/trinationalanalysis?.

[23] EPA. Chemical hazard classification and labeling：comparison of OPP requirements and the GHS[EB/OL]. [2019 - 7 - 31]. https：//www. epa. gov/sites/production/ files/2015-09/documents/ghscriteria-summary. pdf.

[24] 中国石油和化学工业联合会信息与市场部. 2018 年中国石油和化学工业经济运行报告[R/OL]. [2019 - 6 - 30]. http：//www. cpcia. org. cn/uploads/85e54b0e-1662-4bcf-940b-c4352be7f627. pdf.

第3章

联合国《全球化学品统一分类和标签制度》实施现状及其策略

本章首先介绍了《全球化学品统一分类和标签制度》的产生背景、GHS 紫皮书(第 4 修订版)的核心内容,以及 GHS 紫皮书第 5、第 6、第 7、第 8 和第 9 修订版做出的主要变化。其次,概述评估了欧盟、美国、加拿大、日本、澳大利亚和新西兰等发达国家和地区 GHS 实施现状及其策略,并介绍了韩国、新加坡、马来西亚、菲律宾、泰国、越南、印度尼西亚、俄罗斯以及中国台湾地区实施 GHS 现状的情况。最后,评述了我国实施 GHS 取得的进展、存在的问题及所面临的挑战,并对我国化学品健全管理和实施 GHS 提出了对策建议。

3.1 GHS 紫皮书产生的背景、核心内容及其修订情况

危险化学品的安全管理是世界各国关注的重大问题。近年来随着社会公众对化学品安全问题的日益关注,特别是 2002 年召开的"可持续发展世界首脑会议"以及 2006 年 2 月 UNEP 主持通过了 SAICM 以来,国际化学品健全管理战略和趋势发生了显著变化。

为了健全管理危险化学品,保护人类健康和生态环境,同时为尚未建立化学品分类制度的发展中国家提供安全管理化学品的框架,有必要统一各国化学品危险性分类和标签制度,消除各国在分类标准、方法学和术语学上存在的差异,建立全球化学品统一分类和标签制度。这一要求得到了世界各国政府以及与化学品安全有关的国际组织的充分认同。

联合国环境与发展大会上通过的《21 世纪议程》中建议:"如果可行的话,到 2000 年应当提供全球化学品统一分类和配套的标签制度,包括化学品安全数据说明书和易理解的图形符号。"联合国环境与发展大会确定以联合国国际化学品安全规划机构(IPCS)作为开展这项国际合作活动的核心。在 IPCS 下设立"统一化学品分类制度协调小组(CG/HCCS)",以促进和监督全球化学品统一分类和标签制度工作的开展。

1995 年 3 月,世界卫生组织、国际劳工组织等 7 个国际组织共同签署成立了 IOMC,以协调为实施联合国环境与发展大会建议的化学品安全活动,并负责对 CG/HCCS 的工作进行监督。在 CG/HCCS 的主持和管理下,由国际劳工组织、OECD 以及联合国经济和社会理事会的危险货物运输问题专家委员会这 3 个技术联络中心分别负责组织和协调有关专家,完成全球化学品统一分类和标签制度建议书的起草工作。

1999 年 10 月 26 日联合国经济和社会理事会通过了第 1995/65 号决议,将原危险货物运输问题专家委员会更名为"危险货物运输和全球化学品统一分类和标签制度专家委员会",在其下设立"危险货物运输专家小组委员会"和"全球化学品统一分类和标签制度专家小组委员会"。到 2001 年,当全球化学品统一分类和标签制度建议书起草工作基本完成后,该项工作即由 IOMC 移交给联合国经济和社会理事会"全球化学品统一分类和标签制度专家小组委员会"。2002 年 12 月 11~13 日该委员会召开的第 1 届会议上审议核准了 IOMC 提供的全球化学品统一分类和标签制度建议书,并决定将全球化学品统一分类和标签制度文件提供给全球推广使用。

2003 年 7 月,联合国经济和社会理事会正式审议通过了 GHS 文书,并授权将其翻译成联合国 5 种正式语言文字,在全世界散发。其目的是让那些尚未建立化学品危险性分类和标签制度的国家以 GHS 为基础,制定本国的化学品健全管理政策,同时让那些已经建立化学品分类和标签制度的国家修改、完善本国的分类制度,并与 GHS 保持一致性。

全球化学品统一分类和标签制度专家小组委员会负责维持和促进 GHS 的执行,并根据需要提供补充指导意见。GHS 是动态的,在执行过程中随着经验的积累每 2 年修订更新一次,使之更加完善有效。GHS 在联合国经济和社会理事会下设的全球化学品统一分类和标签制度专家小组委员会的主持下进行修订和更新,以反映在国家、地区和国际执行过程中所取得的经验。

截至 2019 年 10 月,GHS 紫皮书已经先后进行 8 次修订和更新。2005 年 12 月公布了 GHS 紫皮书(第 1 修订版);2007 年 7 月公布了 GHS 紫皮书(第 2 修订版);2009 年 7 月公布了 GHS 紫皮书(第 3 修订版);2011 年 7 月公布了 GHS 紫皮书(第 4 修订版);2013 年 7 月公布了 GHS 紫皮书(第 5 修订版);2015 年 7 月公布了 GHS 紫皮书(第 6 修订版);2017 年 7 月公布了 GHS 紫皮书(第 7 修订版);2019 年 10 月公布了 GHS 紫皮书(第 8 修订版)。

2021 年 1 月 18 日联合国危险货物运输和全球化学品统一分类和标签制度专家委员会散发的第 10 届会议报告的附件Ⅲ公布了《关于对联合国 GHS 紫皮书(第 8 修订版)的修正案(ST/SG/AC.10/30/Rev.7)》,并将于 2021 年年底前发布 GHS 紫皮书(第 9 修订版)。GHS 紫皮书(第 9 修订版)将是目前执行的最新版本。有关 GHS 分类标准国际文书可以通过访问联合国欧洲经济委员会网站获取。

GHS 是在联合国有关机构的协调下,经过多年的国际磋商努力,以世界各国现行的主要化学品分类制度为基础,创建的一套科学的、统一标准化的化学品分类标签制度。GHS 定义了化学品的物理危险、健康危害和环境危害,建立了危险(害)性分类标准,规定了如何根据可提供的最佳数据进行化学品危险性分类,并规范了化学品标签和安全数据说明书中象形图、信号词、危险说明和防范说明等标签要素的内容。GHS 的实施意味着世界各国所有现行的化学品分类和标签制度都必须根据 GHS 做出相应的调整变化,以便实现全球化学品分类和标签的有效协调统一。

为了实现 2020 年化学品健全管理战略目标,各国主管当局都在修订和调整本国的化学品管理法律法规和管理政策,采纳执行联合国 GHS 紫皮书及其最新修订版。目前我国执行的《化学品分类和标签规范》(GB 30000. X—2013)和《化学品安全技术说明书编写指南》(GB/T 17519—2013)等国家标准是参照联合国 GHS 紫皮书(第 4 修订版)修订的,尚需要根据 GHS 紫皮书(第 9 修订版)及后续修订版本以及我国 GHS 实施情况做出进一步更新修订。

3.1.1 GHS 紫皮书(第 4 修订版)基本内容

1. 危险类别、分类标准和标签要素

GHS 紫皮书(第 4 修订版)的内容包括:① 按照其物理危险性、健康危害性和环境危害性对化学物质和混合物的分类标准;② 危险性公示要素,包括对包装标签和 SDS 的要求。GHS 统一了全球化学品危险性分类标准,使危险性公示要素的象形图、信号词、危险说明和防范说明标准化,形成了一套综合性的危险性公示沟通制度。

GHS 是根据化学品固有的危险性,而不是基于其风险做出的分类。GHS 紫皮书(第 4 修订版)中设有 28 个危险种类,包括 16 个物理危险种类、10 个健康危害种类和 2 个环境危害种类。危险(害)种类表示一种化学物质固有的物理危险性、健康危害性或环境危害性,如易燃固体、致癌性、急性毒性。在各危险(害)种类中下设若干个危险(害)类别,将分类标准进一步划分为几个等级,以反映一个危险(害)种类内危险从高到低的严重程度。例如,易燃液体包括四个危险类别,急性毒性包括五个危害类别。

GHS 标准化的危险性公示要素内容,包括象形图、信号词、危险说明、防范说明、标签格式和颜色以及 SDS 格式的标准化,并分配给每个危险(害)种类和类别规定的标签要素。GHS 紫皮书(第 4 修订版)的标签要素共包括 9 个象形图、2 个信号词、102 条危险性说明和 131 条防范说明术语。GHS 使用的 9 个象形图及其符号名称如图 3-1 所示,GHS 分类标准中环境危害性标签要素如图 3-2 所示。

符号名称:爆炸的炸弹	符号名称:火焰	符号名称:气体钢瓶
符号名称:火焰在圆环上	符号名称:腐蚀	符号名称:骷髅和交叉骨
符号名称:感叹号	符号名称:健康危害	符号名称:环境

图 3-1　GHS 使用的 9 个象形图及其符号名称

急性水生危害	类别 1	类别 2	类别 3	—
象形图		无象形图	无象形图	
信号词	警告	无信号词	无信号词	
危害说明	对水生生物毒性非常大	对水生生物有毒	对水生生物有害	
长期水生危害	类别 1	类别 2	类别 3	类别 4
象形图			无象形图	无象形图
信号词	警告	无信号词	无信号词	无信号词
危害说明	对水生生物毒性非常大,并具有长期持续影响	对水生生物有毒,并具有长期持续影响	对水生生物有害,并具有长期持续影响	对水生生物具有长期持续影响

（续图）

危害臭氧层	象形图	信号词	危害说明	
类别1		警告	通过破坏高层大气臭氧层,损害公众健康和环境	

图 3-2　GHS 分类标准中环境危害性标签要素

2. GHS 适用范围和指导原则

关于 GHS 实施目的、指导原则及其适用范围,在 GHS 紫皮书第 1 版及其后续各修订版本所确立的既定原则保持不变。

实施 GHS 的目的有以下四项。

(1) 通过提供一套全面的国际综合危险性公示系统来增进人类健康和环境保护。实施 GHS 的目的是鉴别确定一种化学物质和混合物的固有危险性,并准确地传达这些危险性信息,以确保作业场所的劳动者、消费者与社会公众的安全和健康以及保护生态环境。

(2) 为尚未建立化学品危险性分类制度的国家提供国际公认的框架。目的是让那些尚未建立化学品危险性分类和标签制度的国家以 GHS 为基础,制定本国的化学品安全管理法规政策,同时让那些已经建立化学品分类和标签制度的国家修改完善本国的分类制度,并与 GHS 保持一致。

(3) 减少对化学品的测试和评估需求。

(4) 有利于促进在国际上已经适当鉴别评估其危险性的化学品的国际贸易。

GHS 遵循公认的十项指导原则如下。

(1) 所提供的人类健康和环境保护水平不应当由于实施统一分类和标签制度而降低。

(2) 基于化学品固有危险性质进行危险性分类。

(3) 协调统一:构建化学品分类和危险性公示共同与连贯一致基础。

(4) 协调统一的范围为危险性分类标准和危险性公示方式。

(5) 新分类制度的实施应当包括过渡性措施。

(6) 应当确保国际组织机构参与工作。

(7) 应当确保领会理解化学品危险性信息。

(8) 在根据新分类制度进行重新分类时,应当接受根据现行分类制度获得的有效数据。

(9) 新分类制度可能需要适应现行化学品测试方法。

（10）在化学品危险性信息公示中,应当确保工人、消费者和一般公众的安全和健康以及保护环境,同时按照各国主管部门的规定保护保密商业信息。

GHS 适用范围与保护的对象（人群）为以下两项。

（1）覆盖所有危险化学品。GHS 分类适用于化学物质以及混合物。当工人暴露于这些化学品以及运输中可能发生暴露时,GHS 就适用。但是,GHS 不适用医药品、食品添加剂、化妆品或者食品中的农药残留物。危险性信息公示要素使用方式可以随产品类型或者其生命周期阶段而变化。

（2）保护的对象（人群）为消费者、工人,包括运输工人、应急救援人员。GHS 保护的重点对象是从事工业化学品、农用化学品（农药和化学肥料）以及日用化学品生产、使用、运输等可能直接或间接接触化学品的职业人群,消费者人群以及生态环境。由于化学品污染环境后除了会造成动植物等伤害之外,也会通过环境污染对人体健康造成危害,因此,GHS 设立了环境危害性分类标准。

采纳实施 GHS 的注意事项如下。

（1）GHS 分类基于目前掌握的数据进行分类,不要求对化学品开展重新测试。在根据 GHS 进行分类时,应当接受根据现行化学品分类制度已经产生的化学品测试数据,以避免重复测试和不必要使用试验动物。

（2）GHS 确定的健康和环境危害性分类标准对测试方法持中立态度。GHS 本身并不包含对化学物质或混合物进行测试的要求。做出化学品分类需要的数据可以通过试验、文献查询和实际经验获得。由于 GHS 物理危险性分类标准与特定的测试方法相关,因此,物理危险应当通过其测试结果进行分类。对于健康危害和环境危害性,只要根据国际公认的科学试验准则和原则进行测试而提供的数据,都可以用于分类。

（3）GHS 明确地承认存在和使用所有适当和相关危险性信息或者可能有害效应信息的有效性:除了动物数据和有效的体外试验之外,人类经验、流行病学数据和临床试验数据都应当加以考虑。

（4）GHS 并不打算统一风险评估程序或者风险管理决策（如对职业暴露建立容许的接触限值）,后者除了危险性分类之外,通常还需要开展一些风险评估工作。

（5）各国建立发布的化学品管理目录名单与 GHS 无关。

（6）允许各国将现有分类制度中危险性信息公示要素与 GHS 结合使用。

（7）各国主管部门可以结合自身需求和对象（人群）,来决定如何采用 GHS 的各项内容。

（8）GHS 统一分类和标签要素可以看成构成法规管理方法的一组"积木块"。各国可以自主决定将哪些"积木块"应用在本国化学品分类制度中。但是,当该国的分类制度中包含了 GHS 的某些内容,并准备实施 GHS 时,所采用的内容应当与 GHS 规定保持一致。例如,如果一个国家的化学品分类制度包含致癌性,该国就应当遵从 GHS 统一分类标准和统一的标签要素(参见 GHS 文书 1.1.3.1.5.4 节"积木块方法说明指南")。

GHS 文书为各国实施 GHS 提供了"搭积木块"的方法。所谓"搭积木块"的方法,即各国可以根据本国国情和主管部门的实际需求,灵活地选取 GHS 的全部或者一部分内容要素加以实施。如果一个国家的主管当局决定采用 GHS 的某项危险性分类时,其必须采用与该 GHS 分类完全一致的分类标准。

换句话说,在考虑实施 GHS 时,并未要求各国采纳 GHS 的全部危险种类和类别。例如,如果一个国家决定其化学品危险性分类制度包括致癌性,则它就应当遵循 GHS 的致癌性分类标准和统一的标签要素。只要一个国家采用了 GHS 所包含的危险种类和类别,并与 GHS 的分类标准和要求保持一致,就认为该国家适当地实施了 GHS。

3.1.2　GHS 紫皮书(第 5、第 6 和第 7 修订版)的主要修订内容

1. GHS 紫皮书(第 5 修订版)主要修订内容

根据联合国 GHS 专家小组委员会 2012 年 12 月第 24 届会议通过的工作报告,GHS 紫皮书(第 5 修订版)的主要修订内容如下。

1)危险性分类及分类标准

(1)物理危险。对第 2.3 章、第 2.14 章等进行了修订。

(2)健康危害。对第 3.2 章、第 3.3 章等进行了修订。特别是针对如何利用试验动物研究数据进行分类判定提出了指导意见。

(3)对环境危害性分类标准没有做出调整修改。

2)危险性公示要素

(1)危险说明、防范说明。GHS 紫皮书(第 5 修订版)的标签要素包括 9 个象形图、2 个信号词、88 条危险说明和 125 条防范说明术语。

(2)标签及 SDS 要求。对附件 1、附件 2、附件 4 等进行了修订。

GHS 紫皮书(第 5 修订版)主要修订内容概要如表 3-1 所示。

表 3-1　GHS 紫皮书(第 5 修订版)主要修订内容概要

序号	修订内容说明
1	第 2 部分物理危险 第 2.3 章气溶胶(气雾剂) (1)气溶胶分类标准中除易燃成分含量外,增加了燃烧热值至少为 20 kJ/g 作为易燃气溶胶类别 1 和类别 2 的判断参数;明确易燃成分含量按质量百分数计; (2)修改气雾剂判定逻辑图 2.3(a),易燃成分含量按质量百分数计

（续表）

序号	修订内容说明
2	第 2.8 章自反应物质和混合物 (1) 修改自反应物质和混合物判定逻辑图 2.8 方框 9、10、13 的文字,并增加方框 14、15、16 及相关文字
3	第 2.14 章氧化性固体 (1) 分类标准中增加了根据联合国《关于危险货物运输的建议书:试验和标准手册》第 34.4.3 节 O.3 试验获得平均燃烧速度结果作为分类判定依据,并修改表 2.14.1 内容; (2) 修改表 2.14.1 的注解 1 文字; (3) 修改第 2.14.4.1 节判定逻辑图中相关平均燃烧速度文字
4	第 2.15 章有机过氧化物 (1) 修改第 2.15.4.2.3 节有机过氧化物判定逻辑图,方框 9、10、13 的文字,并增加方框 14、15、16 及相关文字
5	第 3 部分健康危害 第 3.2 章皮肤腐蚀/刺激 (1) 修改 3.2.2 节物质分类标准文字表述,并对 3.2.2.1 节根据标准动物试验数据分类方法以及表 3.2.1 皮肤腐蚀种类和类别标准文字描述做出修改; (2) 对 3.2.2.2 节采用分层法分类文字以及图 3.2.1 皮肤腐蚀/刺激的分层评估及其表注的文字描述做出调整修改; (3) 对表 3.2.3 混合物中皮肤腐蚀/刺激分类组分起点浓度值及其表注文字做出调整修改; (4) 对 3.2.5.1 节皮肤腐蚀/刺激判定逻辑图 3.2.1 中类别 1、类别 2 和类别 3,以及 3.2.5.2 节判定逻辑图 3.2.2 中类别 1 判定依据文字做出修改变动; (5) 增加 3.2.5.3 节背景指导,对如何利用以往采用 4～6 只试验动物方法提交研究数据进行分类判定提出指导意见
6	第 3.3 章严重眼睛损伤/眼睛刺激 (1) 修改 3.3.2 节物质分类标准文字表述,并对 3.3.2.1 节中的表 3.3.1 严重眼睛损伤类别 1 表注文字做出修改; (2) 对 3.3.2.1.2 节眼睛刺激类别 2 文字以及表 3.3.2 对眼睛可逆性影响标准 2/2A 及其表注的文字描述做出修改; (3) 对 3.3.2.2 节采用分层法分类的文字以及图 3.3.1 严重眼睛损伤/眼睛刺激的分层评估及其表注的文字描述做出调整修改; (4) 对表 3.3.3 混合物中严重眼睛损伤/刺激分类组分起点浓度值及其表注文字做出调整修改; (5) 增加 3.3.5.3 节背景指导,对如何利用以往采用 4～6 只试验动物方法提交研究数据进行分类判定提出指导意见
7	附件 1 分类和标签汇总表 按照分类类别、标签要素(象形图、信号词、危险说明)以及危险说明编码从左到右的顺序对第 4 修订版附件 1 的文字及其图像组合进行全面改编,使 GHS 分类对应的相关标签要素更具概括性和可读性
8	附件 3 第 2 节防范说明编码 (1) 修改 A3.2.3.3 节的部分文字; (2) 修改表 A3.2.2 节中 50 多条防范说明术语,适用危险类别和/或使用条件的文字 (3) 删除四条防范说明术语

(续表)

序号	修订内容说明
9	附件 3 第 4 节象形图的编码 对 A3.4.1 节前言和 A3.4.2 节象形图的编码两段文字做了修改
10	附件 4 编制安全数据说明书指导 (1) 对 A4.3.2.3 节 SDS 第二节(危险标识)、A4.3.5.1 节 SDS 第五节(消防措施)、A4.3.7.1.1 节 SDS 第七节(搬运和储存)的文字做出修改; (2) 对 A4.3.11.6 节、A4.3.12.1 节、A4.3.12.2 节、A4.3.12.3 节、A4.3.12.4 节的文字做出调整修改

2. GHS 紫皮书(第 6 修订版)主要修订内容

根据联合国 GHS 专家小组委员会 2014 年 12 月通过的对 GHS 紫皮书(第 5 修订版)修改建议的附件 1,GHS(第 6 修订版)的主要修订内容如下。

1) 危险性分类及分类标准

(1) 物理危险。① 对第 2.12 章遇水放出易燃气体物质和混合物类别 3 的分类标准进行了修改。② 新增加了第 2.17 章"退敏爆炸物",退敏爆炸物是指"固态或者液态爆炸性物质或混合物,经过退敏处理以抑制其爆炸性,使之不会整体爆炸,也不会迅速燃烧"。因此可不划入危险种类爆炸物。退敏爆炸物分为固态退敏爆炸物(指经水或酒精或用其他物质稀释,形成均质固态混合物,使其爆炸性得到抑制的爆炸性物质)和液态退敏爆炸物(指溶解或悬浮于水或其他液态物质中,形成均质液态混合物,使其爆炸性得到抑制的爆炸性物质)。

退敏爆炸物危险性分类包括类别 1、类别 2、类别 3 和类别 4 四个危险类别。根据联合国《关于危险货物运输的建议书:试验和标准手册》第五部分第51.4 小节所述的"燃烧速率试验(外部火焰)"的试验求出校正燃烧速率(Ac)值和退敏爆炸物判定标准确定。退敏爆炸物分类标准如表 3-2 所示。

表 3-2　退敏爆炸物分类标准

危险类别	分　类　标　准
类别 1	校正燃烧速率大于或等于 300 kg/min,但小于 1 200 kg/min
类别 2	校正燃烧速率大于或等于 140 kg/min,但小于 300 kg/min
类别 3	校正燃烧速率大于或等于 60 kg/min,但小于 140 kg/min
类别 4	校正燃烧速率小于 60 kg/min

(2) 健康危害。只对第 3.3 章和第 3.5 章做出调整修改,增加或删除了作为判定依据的 OECD 试验项目。

(3) 环境危害。只对 4.1.1.5 节危害水生环境判定指标"生物蓄积潜力"相关的 OECD 测试导则项目做了调整,没有对分类标准做出调整修改。

2) 危险性公示要素

GHS 紫皮书(第 6 修订版)的标签要素共包括 9 个象形图、2 个信号词、96 条危险性说明以及 126 条防范说明术语。

① 危险说明、防范说明。GHS 新增的退敏爆炸物采用的象形图为"火焰",信号词为"危险"和"警告",并依据其危险程度分配 H206、H207、H208 三条危险说明术语。退敏爆炸物的标签要素如图 3-3 所示。

项　目	类别 1	类别 2	类别 3	类别 4
象形图				
信号词	危险	危险	警告	警告
危险说明	起火、爆炸或迸射危险;退敏剂减少时爆炸风险增加	起火或迸射危险;退敏剂减少时爆炸风险增加	起火或迸射危险;退敏剂减少时爆炸风险增加	起火危险;退敏剂减少时爆炸风险增加

图 3-3　退敏爆炸物的标签要素

此外,GHS(第 6 修订版)还分配给退敏爆炸物 8 条防范说明术语。

② 标签及 SDS 要求。在 GHS(第 6 修订版)附件 4 和附件 7 中增加了部分内容。

GHS 紫皮书(第 6 修订版)主要修订内容概要如表 3-3 所示。

表 3-3　GHS 紫皮书(第 6 修订版)主要修订内容概要

序号	修订内容说明
1	第 2 部分物理危险 第 2.12 章遇水放出易燃气体物质和混合物 修改表 2.12.1 遇水放出易燃气体物质和混合物标准类别 3 判定标准,将释放易燃气体的最大速率由原来"≥1 L/(kg·h)"修改为">1 L/(kg·h)",并相应修改 2.12.4.1 节判定逻辑 2.12 图第 2 个方框中相应文字
2	第 2.17 章退敏爆炸物 增加第 2.17 章退敏爆炸物,内容包括:定义、退敏爆炸物分类标准、危险公示、判定逻辑和指导。退敏爆炸物分类包括四个危险类别。象形图符号为"火焰",信号词"危险"和"警告",并依据其危险程度分配 H206、H207、H208 三条危险说明术语和 P210、P212、P230、P233、P280、P370+P380+P375、P401 和 P501 八条防范说明术语
3	第 3 部分健康危害 第 3.3 章严重眼睛损伤/眼睛刺激 (1) 修改图 3.3.1 注解 d,增加:"例如,OECD TG 437[牛角膜混浊和渗透性试验(BCOP)]、438[离体鸡眼试验(ICE)]和 460[荧光素渗透试验(FL)]"

(续表)

序号	修订内容说明
4	第3.5章生殖细胞致突变性 3.5.2.6节删除了"小鼠斑点试验(OECD484)"及其脚注1
5	第3.7章生殖毒性 3.7.2.5.1节增加了一代或两代毒性试验(OECD443)项目
6	第4部分环境危害 第4.1章危害水生环境 4.1.1.5节生物蓄积潜力:修改第1句文字结尾部分"OECD TG 107、117或123 确定的……"
7	附件4编制安全数据说明书指导 第9节理化特性和安全特征 表A4.3.9.2中增加一行文字: 2.17 退敏爆炸物——说明使用的退敏剂种类; ——说明放热分解能;——说明校正燃烧速率Ac
8	附件7全球统一制度标签要素安排样例 增加了样例8:小型容器的标签,并修改第2、3、6和第7段部分文字
9	附件9水生环境危害指导 (1)对A9.3.5.1、A9.5.2.4.2和A9.5.3.2.1节文字做了少许修改; (2)对附录一的2.4.1、2.4.2和3.7.4节文字做了少许修改; (3)对附录三2.2.1和附录五第2和第3项以及附录六第1项文字做了少许 修改

3. GHS 紫皮书(第7修订版)主要修订内容

根据2017年2月7日联合国秘书处公布的联合国危险货物运输和全球化学品统一分类和标签制度专家委员会的第8届会议报告的附件Ⅲ《对GHS紫皮书第6修订版的修订(ST/SG/AC.10/30/REV.6)》,GHS紫皮书(第7修订版)的主要修订内容包括两个方面。

1)危险性分类及分类标准

(1)物理危害。GHS紫皮书(第7修订版)调整了第2.2章易燃气体的分类标准,将易燃气体细分为"易燃气体""发火气体"和"化学性质不稳定气体"三个小类。将易燃气体类别1分成为1A和1B两个子类别,并将发火气体和/或化学性质不稳定气体归类为类别1A。GHS紫皮书(第7修订版)明确了发火气体的危险说明为两条(H220和H232),化学性质不稳定气体的危险说明为两条(H220和H230或H231)。修订后的易燃气体危险类别及其标签要素如图3-4所示。

对GHS紫皮书(第6修订版)中新增加的第2.17章"退敏爆炸物"的分类标准值未做变动(表3-2),但对描述分类标准文字做了少许修改,使文字更加严谨。GHS紫皮书(第7修订版)将第2.17.2.1节(a)和(b)前面的文字修改

分　类			标　签			危险说明 代码
危险 种类	危险类别		象形图	信号词	危险说明	
易燃 气体	1A	易燃气体		危险	极易燃气体	H220
		发火气体		危险	极易燃气体。 接触空气可能 自燃	H220 H232
		化学性质 不稳定气 体	A		危险	极易燃气体。 可能发生爆炸性 反应，即使在缺 少空气的情况下	H220 H230
			B		危险	极易燃气体。 在高压和/或高 温时可能发生爆 炸性反应，即使 在缺少空气的情 况下	H220 H231
	1B			危险	易燃气体	H221
	2		无象形图	警告	易燃气体	H221

图 3-4　修订后的易燃气体危险类别及其标签要素

为"除非下列情况,任何在退敏状态下的爆炸物应当考虑划到爆炸物中";
2.17.2.1(a)修改为"(a)旨在产生一种实际爆炸或烟火效应";2.17.2.1(b)中
用"校正燃烧速率"替换原来的"它们的校正燃烧速率";2.17.2.1(c)中用"放热
分解"替换原来的"它们的放热分解";在注解1"符合标准(a)或(b)"文字之后,
插入"在其退敏状态下"。

（2）健康危害。GHS紫皮书(第7修订版)对健康危害性的急性毒性、皮
肤腐蚀/刺激等全部10个危害种类的术语定义做了文字修改和重新解释,使其
更加科学、严谨。例如,直到GHS紫皮书(第6修订版)的各版本中,"急性毒
性"一直被定义为"急性毒性是指在经口或经皮肤摄入一种物质单一剂量或者
24小时之内多次剂量或者吸入暴露4小时之后引发的不利效应"。现将该定义
修改为"急性毒性是指在一次或短期经口、经皮肤或者吸入暴露接触一种物质或

混合物之后发生的严重不利健康效应(即致死性)"。修改后的文字更简洁,且界定清晰。原来定义偏学术性,包括了实验的持续时间,且未强调致死性。

以往各版本中关于呼吸/皮肤过敏性的危害种类一直被定义为"呼吸致敏物(A Respiratory Sensitizer)"或"皮肤致敏物(A Skin Sensitizer)",现统一修改为"呼吸过敏(Respiratory Sensitization)"或"皮肤过敏(Skin Sensitization)",以便与其他健康危害的名称相对应。对于健康危害中的"吸入危害(Aspiration Hazard)",以往文本中又称之为"吸入毒性(Aspiration Toxicity)",现统一修改为"吸入危害(Aspiration Hazard)"。

GHS紫皮书(第7修订版)中修订后的健康危害种类定义的表述如表3-4所示。

表3-4 GHS紫皮书(第7修订版)修订后的健康危害种类定义的表述

危害种类	修订后的定义表述
急性毒性	急性毒性是指在一次或短期经口、经皮肤或者吸入暴露接触一种物质或混合物之后发生的严重不利健康效应(即致死性)
皮肤腐蚀/刺激	皮肤腐蚀是指对皮肤产生不可逆的损害,即在暴露于一种物质或混合物之后,通过表皮并进入真皮的可见的坏死; 皮肤刺激是指在暴露于一种物质或混合物之后对皮肤产生的可逆的损害
严重眼睛损伤/眼睛刺激	严重眼睛损伤是指眼睛暴露于一种物质或混合物之后产生的眼睛组织损伤或者非完全可逆的严重生理视觉衰退; 眼睛刺激是指眼睛暴露于一种物质或混合物之后,眼睛产生的完全可逆的变化
呼吸或皮肤过敏	呼吸过敏是指吸入一种物质或混合物之后呼吸气道的超敏反应; 皮肤过敏是指皮肤接触一种物质或混合物后的过敏反应
生殖细胞致突变性	生殖细胞致突变性是指可遗传的基因突变,包括暴露于一种物质或混合物之后发生的生殖细胞可遗传的染色体结构和数目的畸变
致癌性	致癌性是指暴露于一种物质或混合物之后引发癌症或者癌症发生率增加
生殖毒性	生殖毒性是指暴露于一种物质或混合物之后发生的对成年男性和女性性功能和生育力的不利影响,以及对其后代的发育毒性
特定靶器官毒性(一次接触)	特定靶器官毒性(一次接触)是指一次接触一种物质或混合物引起的对靶器官特定的非致死毒性效应
特定靶器官毒性(反复接触)	特定靶器官毒性(反复接触)是指反复接触一种物质或混合物引起的对靶器官的特定毒性效应
吸入危害	吸入危害是指吸入一种物质或混合物之后引起的严重急性效应,如化学肺炎、肺部损伤或死亡

原来各版本中急性毒性分类标准值的表述不够严谨。例如,在原GHS紫皮

书的分类标准中,对急性毒性(经口)类别 1 至类别 5 的每一项只给出一个急性毒性估计值(ATE),如类别 1 的 ATE 为 5;类别 2 的 ATE 值为 50。而急性毒性(经口)的实际判定标准值类别 1 为 ATE≤5(mg/kg 体重);类别 2 为 5＜ATE≤50(mg/kg 体重)。在使用该标准值进行分类判定时,容易造成误解。GHS 紫皮书(第 7 修订版)对各种接触途径的急性毒性估计值给予了清晰表述(表 3 - 5)。

表 3 - 5　急性毒性估计值和急性毒性危害性分类标准

接触途径①	类别 1	类别 2	类别 3	类别 4	类别 5
经口/(mg/kg 体重)	ATE≤5	5＜ATE≤50	50＜ATE≤300	300＜ATE≤2 000	2 000＜ATE≤5 000
经皮肤/(mg/kg 体重)	ATE≤50	50＜ATE≤200	200＜ATE≤1 000	1 000＜ATE≤2 000	见原注解的详尽标准①
气体/(mL/L)	ATE≤100	100＜ATE≤500	500＜ATE≤2 500	2 500＜ATE≤20 000	见原注解的详尽标准①
蒸气/(mg/L)	ATE≤0.5	0.5＜ATE≤2.0	2.0＜ATE≤10.0	10.0＜ATE≤20.0	
粉尘和烟雾/(mg/L)	ATE≤0.05	0.05＜ATE≤0.5	0.5＜ATE≤1.0	1.0＜ATE≤5.0	

注：① 对接触途径的解释说明参见 GHS 紫皮书(第 7 修订版)第 3.1.2 节中表 3.1.1 注解。

此外,GHS 紫皮书(第 7 修订版)对急性毒性判定原则及其所依据的实验数据也做出了重要补充。在 3.1.2.3 节的结尾修改时加入下列文字:"如果还可以提供人类的经验数据(即职业接触数据、事故数据库数据、流行病学研究和临床报告),应当按照 1.3.2.4.9 节所述的原则,以证据权重方法加以考虑。"

(3) 环境危害。GHS 紫皮书(第 7 修订版)没有做出修改调整。

2) 危险性公示要素

GHS 紫皮书(第 7 修订版)的标签要素共包括 9 个象形图、2 个信号词、96 条危险性说明以及 130 条防范说明术语。

(1) 危险说明。对附件 3 第 2 节中适用于易燃气体的危险说明(H220、H221、H230、H231 和 H232)文字做了相应调整。

此外,GHS 紫皮书(第 7 修订版)对第 3 节 A3.3.5.1 各矩阵表格危险种类/类别的适用范围做了如下调整。

① "爆炸物"(第 2.1 章)类别：不稳定爆炸物和 1.1 项至 1.5 项。

② "易燃气体"(第 2.2 章)类别：发火气体。

③ "易燃液体"(第 2.6 章)：类别 1 至类别 4。

④ "易燃固体"(第 2.7 章)：类别 1 和类别 2。

⑤ "自反应物质和混合物"(第2.8章):A～F型。

⑥ "发火液体"(第2.9章)和"发火固体"(第2.10章):类别1。

⑦ "自热物质和混合物"(第2.11章):类别1和类别2。

⑧ "与水接触释放出易燃气体物质和混合物"(第2.12章):类别1至类别3。

⑨ "氧化性液体"(第2.13章):类别1至类别3。

⑩ "氧化性固体"(第2.14章):类别1至类别3。

⑪ "有机过氧化物"(第2.15章):A～F型。

⑫ "退敏爆炸物"(第2.17章):类别1至类别4。

⑬ "生殖细胞致突变性"(第3.5章):类别1和类别2。

⑭ "致癌性"(第3.6章):类别1和类别2。

⑮ "生殖毒性"(第3.7章):类别1和类别2。

(2) 防范说明。① 对第3节各表格中的14条防范说明(P103;P201;P202;P280;P301;P312;P332;P375;P377;P381;P301＋P312;P302＋P352;P403;P501)的文字做出修改调整。如防范说明术语"P280"修改为"佩戴防护手套/防护服/防护眼罩/防护面具/听力防护用品/……"。

② 新增防范说明P503。在第2节表A3.2.5处置防范说明的代码中,新增加了一条防范说明P503,其文字如表3-6所示。

表3-6 防范说明P503内容

代码 (1)	处置防范 说明(2)	危险种类 (3)	危险类别 (4)	使用条件 (5)
P503	有关处置/回收/再生利用的信息,请参阅制造商/供应商/……	爆炸物 (第2.1章)	不稳定爆炸物和爆炸物1.1项、1.2项、1.3项、1.4项、1.5项	……制造商/供应商或主管当局明确说明根据适用的当地/地区/国家/国际法规规定的适当信息来源

(3) 增加一个关于使用折叠式标签标注的小包装样例。针对化学品小包装的表面积小、GHS标签要素信息较多、无法全部展示的问题,在GHS紫皮书(第7修订版)的附件7中提供了一种折叠式标签小包装样例,如图3-5所示。

折叠标签分为首页、折叠部分以及尾页三个部分,每个部分所需展示的基本信息如下。

① 首页。标签首页是折叠标签在包装表面最外层展示的部分。标签首页至少包括产品标识、象形图、信号词和供应商标识。

② 折叠部分。折叠部分可以展示产品标识(包括对危险性分类有贡献组分的信息)、信号词、危险说明、防范说明以及其他信息(如使用指南)。如果标签有多种语言,则需包括各个国家的邮编或代码。

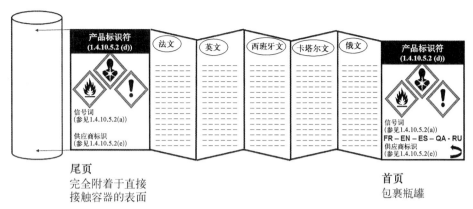

图 3‒5　用于小包装的折叠式标签样例

③ 尾页。尾页是折叠标签直接与包装接触的部分,至少包括产品标识、象形图、信号词以及供应商标识信息。在实际使用时,GHS 紫皮书(第 7 修订版)还给出了折叠式标签的不同展示方式。

3.1.3　GHS 紫皮书(第 8 修订版)的主要修订内容

2019 年 3 月 18 日联合国危险货物运输和全球化学品统一分类和标签制度专家委员会公布了《关于对联合国 GHS 紫皮书(第 7 修订版)的修正案(ST/SG/AC.10/30/Rev.7)》。GHS 紫皮书(第 8 修订版)在以下 6 个方面对其内容做出较大调整修改。

1. 物理危险

(1) 气溶胶分类标准的变化

在物理危险中,对第 2.3 章气溶胶的分类标准做出调整修改,即气溶胶危险种类基于:① 易燃特性;② 其燃烧热;③ 如果适用,根据联合国《关于危险货物运输的建议书:试验和标准手册》第 31.4 节、第 31.5 节和第 31.6 节规定的点火距离实验、封闭空间点火实验以及气溶胶泡沫易燃实验获得的试验结果,参照气溶胶分类标准将其分类为该危险种类的三个类别之一。气溶胶的 GHS 分类标准如表 3‒7 所示。

表 3‒7　气溶胶的 GHS 分类标准

类别	分　类　标　准
1	(1) 任何气溶胶,其含有的易燃组分大于或等于 85%(质量分数)且燃烧热大于或等于 30 kJ/g; (2) 任何喷雾气溶胶,其在点火距离实验中点火距离为大于或等于 75 cm; (3) 任何泡沫气溶胶,在其泡沫易燃实验中具有火焰高度大于或等于 20 cm 并且火焰持续时间大于或等于 2 s 或者火焰高度大于或等于 4 cm 并且火焰持续时间大于或等于 7 s

（续表）

类别	分 类 标 准
2	任何喷雾气溶胶,根据点火距离实验结果其不符合类别1的标准,并且具有:燃烧热大于或等于20 kJ/g; 燃烧热小于20 kJ/g,且点火距离大于或等于15 cm; 燃烧热小于20 kJ/g,点火距离小于15 cm,且在封闭空间点火实验中时间当量小于或等于300 s/m³或者爆燃密度小于或等于300 g/m³; 任何泡沫气溶胶,根据气溶胶泡沫易燃实验,不符合类别1的标准,且具有火焰高度大于或等于4 cm和火焰持续时间大于或等于2 s
3	任何气溶胶,其含有的易燃组分小于或等于1%(质量分数),且燃烧热小于20 kJ/g; 任何气溶胶,其含有的易燃组分大于1%(质量分数)或者燃烧热大于或等于20 kJ/g,但根据点火距离实验、封闭空间点火实验或者气溶胶泡沫易燃实验结果,不符合类别1或者类别2的标准

（2）增加"加压化学品"危险子种类

在第2.3章气溶胶内容中增加了"加压化学品（Chemicals Under Pressure）"危险子种类。虽然气溶胶（GHS紫皮书第2.3.1节）和加压化学品（GHS紫皮书第2.3.2节）两者具有类似危险性,但是GHS（第8修订版）将气溶胶和加压化学品划分为两个并列的单独危险子种类,并规定了加压化学品的定义、分类标准、危险公示要素、判定逻辑和指导意见。

根据GHS紫皮书规定的定义,加压化学品是指在20℃和大于或等于200 kPa压力（表压）下,将气体加压储存在压力容器内（非气溶胶喷射罐）,且未被分类为加压气体的液体或固体（如糊状物或粉末）。在该定义注释中强调,加压化学品通常含有大于或等于50%（质量分数）的液体或者固体,而含有50%以上气体的混合物通常被视为加压气体。

一种物质或混合物基于其易燃组分含量及其燃烧热,参照加压化学品的分类标准（表3-8）,将其分类为三个危险类别之一。

表3-8　加压化学品的分类标准

类别	分 类 标 准
1	含有大于或等于85%（质量分数）的易燃组分,并且燃烧热大于或等于20 kJ/g
2	含有大于1%（质量分数）的易燃组分,并且燃烧热小于20 kJ/g; 含有小于85%（质量分数）的易燃组分,并且燃烧热大于或等于20 kJ/g
3	含有小于或等于1%（质量分数）的易燃组分,并且燃烧热小于20 kJ/g

注:① 加压化学品中的易燃组分不包括发火、自热或遇水发生反应的物质和混合物,因为根据联合国《规章范本》加压化学品中不允许使用这些组分。
② 加压化学品不属于GHS紫皮书（第8修订版）第2.3.1节（气溶胶）、第2.2章（易燃气体）、第2.5章（加压气体）、第2.6章（易燃液体）和第2.7章（易燃固体）的范围。然而,根据其含量,加压化学品可能被划入其他危险种类的范围,包括其标签要素。

加压化学品相应的危险说明等标签要素如图 3-6 所示。

类　别	类别 1	类别 2	类别 3
象形图			
信号词	危险	警告	警告
危险说明	极易燃加压化学品：遇热可能爆炸	易燃加压化学品：遇热可能爆炸	加压化学品：遇热可能爆炸

图 3-6　加压化学品相应的危险说明等标签要素

2. 健康危害

GHS 紫皮书(第 8 修订版)对健康危害的皮肤腐蚀/刺激分类标准、判定逻辑和测试方法做了较大的文字调整修改。

（1）根据体外/体内数据进行皮肤腐蚀/刺激分类

目前虽然 GHS 已有针对皮肤刺激或者皮肤腐蚀的体内/体外试验方法，但其不能在单一试验中同时解决这两个分类终点问题。GHS 紫皮书(第 8 修订版)对如何根据体外/体内测试数据进行一种物质或混合物的皮肤腐蚀/刺激性分类，给出了新的详细指导意见，说明了适用的方法及其相应分类标准。

为了对皮肤腐蚀/刺激进行分类，需收集所有可提供和相关的皮肤腐蚀/刺激信息，并针对其充分性和可靠性对数据质量进行评估。在可能的情况下，分类应当基于经国际验证和公认方法，如 OECD TG 或同等方法产生的数据。GHS 紫皮书(第 8 修订版)分别对根据人类数据进行分类、根据动物体外/体内试验数据分类、基于化学性质极端 pH 分类、基于 QSARs 等非试验方法采用分层级方法进行分类，给出了明确的分类标准和分类指导意见。皮肤腐蚀/刺激体外试验方法适用性如表 3-9 所示。皮肤腐蚀性分类标准(体外试验方法)如表 3-10 所示。皮肤刺激分类标准(体外方法)如表 3-11 所示。

表 3-9　皮肤腐蚀/刺激体外试验方法适用性

分类类别	试验方法①	相应国家标准
皮肤腐蚀	(1) OECD TG 430 经皮电阻试验方法 (2) OECD TG 431 重组人表皮模型试验方法 (3) OECD TG 435 膜屏障试验方法	(1) 化学品体外皮肤腐蚀经皮电阻试验方法(GB/T 27828—2011) (2) 化学品体外皮肤腐蚀人体皮肤模型试验方法(GB/T 27830—2011) (3) 化学品体外皮肤腐蚀膜屏障试验方法(GB/T 27829—2011)
皮肤刺激	OECD TG 439 重组人表皮模型试验方法	我国尚未制定颁布相应国家标准

注：① OECD TG 431 和 OECD TG 435 支持皮肤腐蚀类别 1(1A/1B/1C)分类，而 OECD TG 430 不支持。

表 3-10 皮肤腐蚀性分类标准(体外试验方法)

类别	OECD TG 430 (经皮电阻试验方法)	OECD TG 431 (重组人表皮肤模型试验方法:附件2中收录的方法1、2、3、4)				OECD TG 435 (膜屏障试验方法) 1类化学品(高酸/碱储留)①	2类化学品(低酸/碱储留)②
类别1	(a) 经皮电阻(TER)平均值≤5 kΩ和皮肤层明显损伤(如穿孔);(b) TER平均值≤5 kΩ,且(i) 皮肤层没有明显损伤(如穿孔),但是(ii)随后使用染色结合步骤对阳性结果进行确认,结果呈阳性	方法1 3 min、60 min或240 min暴露后,细胞组织存活百分率(PTV)<35%	方法2,3,4 3 min暴露后,PTV<50%;或者3 min暴露后,PTV≥50%,且60 min暴露后,PTV<15%			平均穿透时间≤240 min	平均穿透时间≤60 min
1A	不适用	方法1 3 min暴露后,PTV<35%	方法2 3 min暴露后,PTV<25%	方法3 3 min暴露后,PTV<18%	方法4 3 min暴露后,PTV<15%	平均穿透时间为0~3 min	平均穿透时间为0~3 min
1B		3 min暴露后PTV≥35%且60 min暴露后PTV<35%或者60 min暴露后PTV≥35%且240 min暴露后PTV<35%	3 min暴露后PTV≥25%且符合类别1标准	3 min暴露后PTV≥18%,且符合类别1标准	3 min暴露后PTV≥15%,且符合类别1标准	平均穿透时间>3~60 min	平均穿透时间>3~30 min
1C						平均穿透时间>60~240 min	平均穿透时间>30~60 min
非皮肤腐蚀类	(a) TER平均值>5 kΩ;(b) TER平均值≤5 kΩ,且(i) 皮肤层无明显损伤(如穿孔),(ii)随后使用染色结合步骤对阳性结果进行确认,结果呈阴性	240 min暴露后,PTV≥35%	3 min暴露后PTV≥50%,且60 min暴露后PTV≥15%			平均穿透时间>240 min	平均穿透时间>60 min

注:① 高酸/碱储留(High Acid/Alkaline Reserve)。
② 低酸/碱储留(Low Acid/Alkaline Reserve)。

表 3－11　皮肤刺激分类标准(体外方法)

类　别	OECD TG 439［重建人表皮肤模型试验方法(RHE)］
类别 1 或类别 2	组织存活百分率平均值(MPTV)≤50%。 (本试验方法不能判定 GHS 类别 1 和类别 2 之间的子类别分类,需要提供关于皮肤腐蚀进一步资料,才能判定其最终分类[①])
类别 2	MPTV≤50%,且受试化学品被发现无腐蚀性(如基于 OECD TG 430、431 或 431)
类别 3 或者非皮肤刺激类	MPTV>50% (本试验方法不能判定 GHS 类别 3 和不能分类为皮肤刺激物之间问题。对于希望采纳接受一个以上的皮肤刺激类别的国家主管当局,需要提供更多关于皮肤刺激性的信息)

注：① 参见 OECD TG 203。

3. 危险性标签要素

(1) 增加"加压化学品"相关标签要素内容

GHS 紫皮书(第 8 修订版)附件部分对化学品危险性标签要素等做出一系列增补修改。例如,根据上述物理危险的加压化学品及其分类标准的修改,在附件 1 分类和标签汇总表中 A1.3 标题的"气溶胶"之后,插入"加压化学品"相关标签要素内容;在附件 3"危险说明、防范说明的编码和使用、危险象形图和防范象形图示例"中,插入"加压化学品"的危险说明并对第 2 节表 A3.2.2 和表 A3.2.3 的部分防范说明等文字做了增删修改。将第 3 节原标题"防范说明的使用"改为"按危险种类/类别的防范说明矩阵表",并在"气溶胶(第 2.3 章)"的矩阵表后插入了"加压化学品"相关标签要素内容。

(2) 修改健康危害使用的防范说明

对于 GHS 紫皮书(第 8 修订版)附件 3 的第 3 节按危险种类/类别的防范说明矩阵表,修改了各健康危害种类适用的"应对措施"一栏使用的防范说明文字。

(3) 增加新防范说明术语(P102)和新防范象形图

GHS 紫皮书(第 8 修订版)在第 5 节防范象形图示例中,增加了新的防范说明术语 P102"放在儿童触及不到的地方",并且推荐使用两个新的防范象形图。对于向公众供应的化学产品的标签来说,该防范说明和防范象形图提供的信息非常重要。其中一个是由国际肥皂、洗涤剂和护理产品协会(International Association for Soaps, Detergents and Maintenance Products, AISE)推荐使用(图 3－7),另一个由日本肥皂和洗涤剂协会(Japan Soap and Detergent Association, JSDA)推荐使用(图 3－8)。

图 3-7　AISE 推荐的象形图　　　图 3-8　JSDA 推荐的象形图

4. 增加组件或套件的新标签样例

在 GHS 紫皮书(第 8 修订版)的附件 7 GHS 标签要素安排样例中,新增加了实例 10:组件或套件的标签样例。通常,一个组件或套件内装有两个或多个可移出的小容器,每个容器内都装有不同的产品(可能是危险或非危险物质或混合物)。这个新标签样例说明了当产品制造商/供应商或者主管当局已确定缺少足够空间在组件或套件每个内部容器集中使用标签时,应当如何使用标签和按规定标示 GHS 象形图、信号词和危险说明的方法。GHS 紫皮书(第 8 修订版)给出了方案 A 内部容器和方案 B 外包装标签示例,分别如图 3-9 和图 3-10 所示。

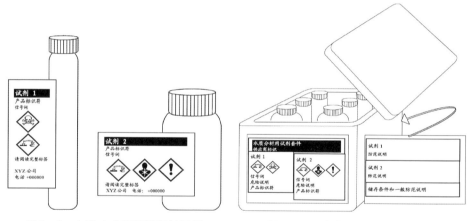

图 3-9　方案 A 内部容器标签示例　　　图 3-10　方案 B 外包装标签示例

5. 增加附件 11 关于分类中未出现的其他危险性指南

GHS 紫皮书(第 8 修订版)对于未列入物理危险,但仍可能需要进行风险评估和危险公示沟通的"粉尘爆炸危险",专门增设了附件 11 对造成粉尘爆炸危险的因素、危险识别以及风险评估、预防、缓解和沟通的必要性提供了详尽说明和指导意见。

任何可燃的固体物质或混合物,当在空气等氧化性氛围下以微细颗粒物形态存在时,都可能会造成粉尘爆炸风险。对许多物质、混合物或固体材料可能都需要进行风险评估,而不仅仅是根据第 2.7 章规定将其分类为易燃固体。

此外,在转移或移动过程中或者在装置中处置或机械加工(如铣削、研磨)固体材料(如农产品、木制品、药品、染料、煤炭、金属、塑料)时,都可能(有意或无意地)形成粉尘。因此,应当评估形成细小颗粒及其潜在积累的可能性。在查明粉尘爆炸风险的情况下,应当按照国家法律、法规或标准的要求,实施有效的预防和防护措施。

附件 11 的指南用于识别何时可能存在可燃粉尘(Combustible Dust),确定何时应当考虑粉尘爆炸的风险。该指南内容分为以下六个部分。

(1) 术语定义

对可燃粉尘、粉尘爆燃指数(Dust Deflagration Index,K_{st})、限制氧浓度(Limiting Oxygen Concentration,LOC)、最大爆炸压力(Maximum Explosion Pressure)、最低爆炸浓度(Minimum Explosible Concentration,MEC)/爆炸极限下限值(Lower Explosible Limit,LEL)、最小引燃能(Minimum Ignition energy,MIE)等常用术语进行定义与说明。

(2) 可燃粉尘的识别

提供了帮助识别确定一种物质或混合物是否为可燃粉尘的程序流程图,从而确定是否需要评估粉尘爆炸风险。并对流程图中使用的每个方框程序提供详细解释说明和指导意见。

(3) 导致粉尘爆炸的因素

这些因素主要包括颗粒特性(大小和形状)、可燃粉尘浓度、空气或其他氧化氛围、引燃火源以及影响粉尘爆炸严重程度的其他因素(温度、压力、氧气供应以及湿度的影响、封闭受限空间)等。

(4) 粉尘爆炸危险预防、风险评估和减轻措施

归纳说明了粉尘爆炸防护的原则。介绍了预防措施和缓解措施,相关安全特性、操作和加工过程中防止粉尘爆炸注意事项等。

(5) 关于危险和风险沟通的补充信息

这是主管当局可能需要或供应商可能选择主动添加的补充信息。其要求以 SDS 形式或其他适当的格式创建并向其下游用户提供适当的信息,以提醒下游用户注意粉尘爆炸危险和风险。对于物质、混合物或固体材料,如何在 SDS 第 2、5、7 和 9 节提供可燃粉尘的信息,并以标准化方式公示通报可燃粉尘的危险和粉尘爆炸潜在风险等。

(6) 参考文献

说明并列出了在评估粉尘爆炸性时,应当采用的公认和经科学验证的测试方法和标准,包括:国际标准 ISO/IEC 80079 - 20 - 2,"爆炸氛围- Part 20 - 2:材料特性—可燃粉尘测试方法";国际标准 ASTM E1226,"粉尘云可爆炸性标准测试方法";德国工程师协会 VDI 2263 - 1,"粉尘着火和粉尘爆炸;危险—评估—防护措施;确定粉尘安全特性试验方法"。

该指南还列出了欧盟和美国消防协会针对木材、煤炭、硫黄、可燃金属以及

农业和粮食等材料发布的尽量减少或消除粉尘爆炸措施的相关法规和指南文件。

3.1.4　GHS 紫皮书(第 9 修订版)的主要修订内容

2021 年 3 月 9 日联合国危险货物运输和全球化学品统一分类和标签制度专家委员会公布了《关于对联合国 GHS 紫皮书(第 8 修订版)的修正案(ST/SG/AC. 10/30/Rev. 8)》文件,并于 2021 年 9 月 14 日公布了 GHS 紫皮书(第 9 修订版)英文版的正式文书。

GHS 紫皮书(第 9 修订版)对 GHS 紫皮书(第 8 修订版)物理危险中爆炸物的分类类别和分类标准等做出了重要调整,而对物理危险的其他危险性以及健康危害和环境危害性的分类种类/类别及其相应分类标准保持不变。

此外,GHS 紫皮书(第 9 修订版)还对部分重复术语定义表述做了删节;对各章的危险性分类判定逻辑流程图进行编辑加工处理;对附件 1 和附件 3 列表中部分数据项做了调整修改,并对附件 9 和附件 10 引用的部分文献数据源进行了更新等。

现将 GHS 紫皮书(第 9 修订版)对物理危险性中爆炸物分类修订内容概要说明如下。

联合国 GHS 的适用范围涵盖了化学品生产、储存、销售、运输和使用,直至废弃处置的生命周期全过程。同时,联合国发布的《规章范本》对危险货物运输分类和包装标志做出了详尽规定。这两套管理制度同时存在,但在爆炸物种类划分和分类标准上存在差异,需要协调统一和规范。

GHS 的爆炸物分类很大程度建立在《规章范本》的危险货物运输分类基础上。GHS 物理危险性中爆炸物危险种类和类别一直基于《规章范本》的分类,但除了运输环节之外,还需要考虑危险化学品的制造、储存和使用等环节。经过多年运行实践并经联合国专家组评估研究之后,GHS 对爆炸物分类作出以下调整。

1. 重新界定爆炸物危险类别的适用范围

GHS 紫皮书(第 9 修订版)明确界定爆炸物危险类别的定义和适用范围。修订后爆炸物种类包括:(1) 爆炸性物质和混合物;(2) 爆炸性物品,但不包括含有爆炸性物质或混合物的数量或特性,在偶然或意外被点燃或引发后因进射、发火、冒烟、发热或巨响不会在其外部产生任何影响的装置;(3) 在以上(1)和(2)项中未提及的为产生爆炸或烟火实际效应而制造的物质、混合物和物品。

爆炸物明确排除了以下物质和混合物。

(1) 符合联合国《关于危险货物运输的建议书:试验和标准手册》第 8 试验系列标准以及氧化性液体类别 2 或氧化性固体类别 2 分类标准的硝酸铵乳液、

悬浮液或凝胶。

（2）符合第2.17章退敏爆炸物分类标准的物质和混合物。

（3）旨在产生爆炸或烟火效果尚未制造的物质和混合物，并且：

① 符合第2.8章自反应物质和混合物分类标准的自反应物质和混合物；

② 符合第2.15章有机过氧化物分类标准的有机过氧化物；

③ 根据联合国《关于危险货物运输的建议书：试验和标准手册》附录6的筛选程序，被认为不具有爆炸性；

④ 根据联合国《关于危险货物运输的建议书：试验和标准手册》第2试验系列试验结果，对列入该危险分类太不敏感；

⑤ 根据联合国《关于危险货物运输的建议书：试验和标准手册》第6试验系列试验结果不属于联合国《规章范本》第1类爆炸物的物质。

2. 重新划定爆炸物的分类类别

GHS紫皮书（第9修订版）将爆炸物划分为两个危险类别，即类别1和类别2，而类别2又划为三个子类别2A、2B和2C。

类别1仅包括其制造旨在产生爆炸或烟火效应，经联合国《关于危险货物运输的建议书：试验和标准手册》试验系列2的试验结果确定为其太不敏感，未划定一个危险项别的物质、混合物以及已从划定一个危险项别的初始包装配置中转移出来的物品。

类别2则包括已划定的危险项别，且符合联合国《规章范本》规定的第1类爆炸物。即包括GHS紫皮书（第8修订版）采纳的1.1项、1.2项、1.3项、1.4项、1.5项和1.6项的爆炸性物质、混合物和物品。

GHS紫皮书（第9修订版）爆炸物危险性还单独列出了"1.4项配装组S（Division 1.4 Compatibility Group S）"，并进一步划为类别2C。虽然1.4项配装组S自身不是项别，但是基于附加标准，其分类相当于一个单独项别。

爆炸物危险项别的定义分别如下。

1.1项：有整体爆炸危险的物质、混合物和物品（整体爆炸是指实际上瞬间能影响到几乎全部载荷的爆炸）。

1.2项：有迸射危险，但无整体爆炸危险的物质、混合物和物品。

1.3项：有燃烧危险并有局部爆炸危险或局部迸射危险或兼有这两种危险，但无整体爆炸危险的物质、混合物和物品。包括：

（1）产生相当大热辐射的物质、混合物和物品；

（2）相继燃烧产生局部爆炸或迸射效应或者两种效应兼而有之的物质、混合物和物品。

1.4项：不呈现重大危险的物质、混合物和物品。包括：一旦被点燃或引发时,仅造成较小危险的物质、混合物和物品。危险效应主要限于包装件本身,并且估计射出的碎片不大,射程也不远。外部火烧不会引起包装件几乎全部内装物的瞬间爆炸。

1.4 项配装组 S:该项物质、混合物和物品的包装或设计可使意外引起的任何危险效应局限在包装件内,除非包装件被烧毁;在包装件被烧毁情况下,所有爆炸或进射效应也有限,不会严重妨碍在包装件邻近处救火或采取其他应急措施。

1.5 项:有整体爆炸危险的非常不敏感物质或混合物。包括:有整体爆炸危险,但非常不敏感,以致在正常情况下引发或由燃烧转为爆炸的可能性极小的物质和混合物。

1.6 项:无整体爆炸危险的极不敏感物品。包括:主要含有极不敏感的物质或混合物,并且其意外引发爆炸或传导的概率可以忽略不计的物品。本项物品的危险仅限于单个物品的爆炸。

3. 修订爆炸物的分类标准

GHS 紫皮书(第 9 修订版)根据爆炸物类别 2 的危险性严重程度,将其进一步划为 2A、2B 和 2C 子类别。修订后爆炸物的分类标准如表 3-12 所示。

表 3-12　修订后爆炸物的分类标准

类别	子类别	分　类　标　准
1		爆炸性物质、混合物和物品: (1) 尚未划定一个危险项别,并且: 　① 其制造旨在产生爆炸或烟火效应;或者 　② 根据联合国《关于危险货物运输的建议书:试验和标准手册》试验系列 2 的试验结果为"+"的物质或混合物; 或者 (2) 从划定危险项别配置的初始包装中转移出来[①],除非它们是划定一个危险项别的爆炸性物品: 　① 没有初始包装;或者 　② 在不减弱爆炸效应的初始包装中,同时考虑到包装材料衰减特性、物品间距或关键性方位
2	2A	划定为下列危险项别的爆炸性物质、混合物和物品: (1) 1.1 项、1.2 项、1.3 项、1.5 项或 1.6 项;或者 (2) 1.4 项,且不符合子类别 2B 或 2C 分类标准[②]
	2B	划定为 1.4 项非配装组 S 的爆炸性物质、混合物和物品,并且: (1) 在按预期运作时,不会发生引爆和解体;和 (2) 在联合国《关于危险货物运输的建议书:试验和标准手册》第 6(a) 或 6(b) 试验中,未出现严重危险后果[③];和 (3) 除了初始包装之外,不需要提供衰减特性来减缓严重危险后果

（续表）

类别	子类别	分　类　标　准
2	2C	划定为 1.4 项配装组 S 的爆炸性物质、混合物和物品，并且： （1）在按预期运作时，不会发生引爆和解体；和 （2）在联合国《关于危险货物运输的建议书：试验和标准手册》第 6(a) 或 6(b) 试验中，未出现严重危险后果③，或者在缺少这些试验结果，而在 6(d) 试验中显示出类似结果；和 （3）除了初始包装之外，不需要提供衰减特性来减缓严重危险后果③

注：① 从初始包装中转移出来使用的爆炸物类别？仍然归类为类别 2。
② 制造商、供应商或主管当局可以根据试验数据或其他考虑因素，将 1.4 项爆炸物划归为类别 2A，即使其符合类别 2B 或 2C 的技术标准。
③ 根据联合国《关于危险货物运输的建议书：试验和标准手册》6(a) 或 6(b) 试验时，出现的严重危险后果包括：验证板形状发生明显变化，如穿孔、半圆孔、实质性凹痕或弯曲；或者大部分封隔材料瞬时破裂和散射。

4. 调整修改部分爆炸物的标签要素要求

GHS 紫皮书（第 9 修订版）说明了爆炸物类别 2 及其子类别的爆炸危险程度（表 3-13）。

表 3-13　爆炸危险程度说明

子类别	爆炸危险水平
2A	具有高度爆炸危险。该子类别的爆炸物可能造成物体的完全破坏和对人员致命或非常严重伤害
2B	具有中度爆炸危险。该子类别的爆炸物可能对物体造成严重损坏和对人员造成严重伤害。伤害可能导致永久性损伤
2C	具有低度爆炸危险。该子类别的爆炸物可能对物体造成轻微损坏和对人员造成中度伤害。伤害通常不会导致永久性损伤

GHS 紫皮书（第 9 修订版）明确指出：类别 2 仅包括已划定一个危险项别，且符合联合国《规章范本》规定的第 1 类爆炸物。类别 2 的子类别根据在初始包装中爆炸物的危险特性或者根据单独爆炸物品的危险特性进行分类。

一种未划定一个危险项别的爆炸物应当划为爆炸物类别 1，这可能是因为认为它太危险不能划定一个危险项别，或者因为它尚未适当配置而划定一个危险项别。因此，爆炸物类别 1 不一定比爆炸物类别 2 更危险。

GHS 紫皮书（第 9 修订版）对爆炸物的标签要素做了相应调整，对类别 1 增加了补充危险说明。修订后爆炸物的标签要素如图 3-11 所示。

此外，GHS 紫皮书（第 9 修订版）对附件 1 和附件 3 中爆炸物标签要素做出了以下部分调整修改。

类 别	1	2		
子类别	不适用	2A	2B	2C
象形图①		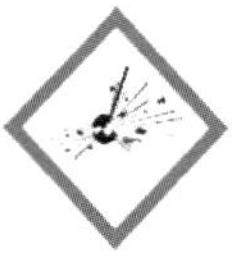		
信号词	危险	危险	警告	警告
危险说明	爆炸物	爆炸物	有着火或迸射危险	有着火或迸射危险
补充危险说明	非常敏感②或者可能敏感③	不适用	不适用	不适用

注：① 根据联合国《关于危险货物运输建议书规章范本》，对于 1.4 项、1.5 项和 1.6 项爆炸物，在运输标签上不出现象形图符号。

② 根据联合国《关于危险货物运输建议书试验和标准手册》第 3 或 4 试验系列确定的对撞击敏感的爆炸物，需补充危险说明"非常敏感"。这也适用于对其他刺激敏感的爆炸物，例如，对静电释放敏感。

③ 对不能提供充分爆炸敏感性信息的爆炸物，需补充危险说明"可能敏感"。

图 3-11　修订后爆炸物的标签要素

(1) 附件 1 分类和标签要素汇总表的表 A1.1

爆炸物类别 1 危险说明代码修改为 H209、H210、H211。

爆炸物类别 2A 危险说明代码修改为 H209。

爆炸物类别 2B、2C 危险说明代码为 H204。

(2) 附件 3 第 1 节的表 A3.1.1 物理危险的危险说明代码

① 删除了代码 H200、H201、H202、H203 和 H205 五行全部文字。

② 在代码 H204 一行的第 4 列危险类别中将"1.4 项"修改为"类别 2B、2C"。

③ 增加了代码 H209、H210 和 H211 三行新文字(表 3-14)。

表 3-14　物理危险的危险说明代码

代　码	物理危险的危险说明	危险种类(GHS 章节)	危险类别
H209	爆炸物	爆炸物(2.1 章)	1、2A
H210	非常敏感	爆炸物(2.1 章)	1
H211	可能敏感	爆炸物(2.1 章)	1

(3) 对附件 3 第 2 节的表 A3.2.2 预防类防范说明

第 4 列危险种类"不稳定爆炸物"修改为"类别 1、类别 2A、2B"。

在该表第 1 列代码和第 2 列预防类防范说明中,增加下列新的防范说明术语:"P236 仅保留在原始包装中:在运输配置中项别……

——适用于危险货物运输第 1 类划定危险项别的爆炸物。"

"P265 不要触摸眼睛。"

"P264+P265 处理后彻底洗手[和……]。不要触摸眼睛。"

(4) 附件 3 第 3 节表 A3.2.4 储存类防范说明

针对爆炸物类别 1 增加:"P210 远离热源、高温表面、火花、明火和其他引燃源。禁止吸烟。"

针对爆炸物类别 2A 的 1.1 项、1.2 项、1.3 项和 1.5 项增加:"P230 用……保持湿润。

——对用固体或液体稀释的或者用溶解或悬浮在水中或其他液体润湿的以降低其爆炸性的爆炸性物质和混合物;

——制造商/供应商或主管部门具体说明适宜的材料。"

"P240 货箱和装载设备接地并等势联结。

——如果爆炸物对静电敏感。"

针对爆炸物类别 2A、2B 的储存类防范说明中增加:"P203 使用前获取、阅读和遵循所有的安全说明书。"

针对爆炸物类别 2C 的储存类防范说明中增加:"P230 用……保持湿润。

——对用固体或液体稀释的或者用溶解或悬浮在水中或其他液体润湿的以降低其爆炸性的爆炸性物质和混合物;

——制造商/供应商或主管部门具体说明适宜的材料。"

"P236 仅保留在原始包装中:在运输配置中项别……

——适用于危险货物运输第 1 类划定危险项别的爆炸物。

——对于单一包装,当展示了(第 1 类)危险项别运输象形图时,可以省略。

——如果使用不同的外包装,导致不同的运输危险项别,可以省略。

——制造商/供应商或主管部门具体说明运输危险类别。"

5. 修改爆炸物判定逻辑流程

GHS 紫皮书(第 9 修订版)对第 8 修订版的爆炸物判定逻辑流程做出修改,并提出了爆炸物的分类指导意见。

GHS 紫皮书(第 9 修订版)设有 29 个危险种类和 101 个危险类别,其中物理危险 17 种、健康危害 10 种和环境危害 2 种。GHS 紫皮书(第 9 修订版)全部危险种类和危险类别如图 3-12 和图 3-13 所示。

危险种类	危险类别						
爆炸物	1	2A	2B	2C			
易燃气体（包括发火气体、化学性质不稳定气体）	1A（易燃气体）	1B（易燃气体）	2（易燃气体）	1A A（化学性质不稳定气体）	1A B（化学性质不稳定气体）	1A（发火气体）	
气溶胶和加压化学品	1（气溶胶）	2（气溶胶）	3（气溶胶）				
	1（加压化学品）	2（加压化学品）	3（加压化学品）				
氧化性气体	1						
加压气体	1（压缩气体）	1（液化气体）	1（冷冻液化气体）	1（溶解气体）			
易燃液体	1	2	3	4			
易燃固体	1	2					
自反应物质和混合物	A 型	B 型	C 型	D 型	E 型	F 型	G 型
发火液体	1						
发火固体	1						
自热物质或混合物	1	2					
遇水放出易燃气体物质和混合物	1	2	3				
氧化性液体	1	2	3				
氧化性固体	1	2	3				
有机过氧化物	A 型	B 型	C 型	D 型	E 型	F 型	G 型
金属腐蚀物	1						
退敏爆炸物	1	2	3	4			

图 3 - 12　GHS 物理危险种类和危险类别

危害种类	危害类别				
急性毒性（经口、经皮和吸入）	1	2	3	4	5
皮肤腐蚀/刺激性	1A	1B	1C	2	3
严重眼睛损伤/眼睛刺激性	1	2A	2B		
呼吸或皮肤过敏	1A(呼吸)	1B(呼吸)	1A(皮肤)	1B(皮肤)	
生殖细胞突变性	1A	1B	2		
致癌性	1A	1B	2		
生殖毒性	1A	1B	2	附加类别（哺乳效应）	
特定靶器官毒性（一次接触）	1	2	3		
特定靶器官毒性（反复接触）	1	2			
吸入危害	1	2			
危害水生环境　急性毒性	1	2	3		
危害水生环境　慢性毒性	1	2	3	4	
危害臭氧层	1				

图 3 - 13　GHS 健康危害和环境危害种类和危害类别

3.2　各国 GHS 实施现状及其实施策略分析

3.2.1　发达国家和地区 GHS 实施现状

1. 欧盟

欧盟 2008 年颁布了《CLP 条例》专项法规，要求从 2010 年 12 月 1 日起对化学物质，从 2015 年 6 月 1 日起对混合物全面实施 GHS，过渡期分别为一年零十个月和六年零四个月。欧盟采取适应科学技术进步方式，对《CLP 条例》的规定及其适用 GHS 版本定期进行更新修订。2019 年 4 月欧盟发布了"为适应技术进步对《CLP 条例》第 12 次修正令"，从而该条例的危险性分类标准和标签要素与联合国 GHS 紫皮书（第 6 修订版）和（第 7 修订版）保持一致，本次条例的修订从 2020 年 10 月 17 日施行，但是从发布之日起就可以用于化学品的分类和标签。欧盟《GLP 条例》关于标签和 SDS 相关规定要求，采纳 GHS 分类积木块以及实施 GHS，详细经验做法可见本书 2.1 节。

2. 美国

在美国根据不同的司法授权,由几个主管部门监管化学品危险性信息公示工作。除了美国 OSHA 之外,DOT 负责监管危险化学品的运输,CPSC 负责监管消费产品安全,EPA 负责监管农药和工业化学品的分类和标签等。

根据《职业安全与健康法》,美国 OSHA 于 2012 年 3 月 26 日发布了修订后的 HCS,从 2012 年 5 月 25 日生效,2015 年 6 月 1 日起全面施行,过渡期三年。

该 HCS 要求化学品制造商和进口商对其生产或进口的化学品,根据其掌握的物理危险和健康危害信息数据进行评估审查,以确定这些化学品是否属于危险化学品。对于每一种危险化学品,化学品制造商或进口商必须编制安全标签和 SDS 并将上述信息文件提供给该化学品的下游用户。所有暴露接触危险化学品企业的雇主必须制定一项危险性公示计划,确保向暴露的员工提供化学品标签和 SDS 相关信息,并针对作业场所接触的危险化学品开展培训活动。

美国 OSHA 对修订后的 HCS 设置了三年过渡期,涉及四个关键的时间节点。2013 年 12 月 1 日以前,要求企业雇主就如何正确阅读理解符合 GHS 要求的标签和 SDS 对员工开展培训工作。2015 年 5 月 31 日以前,允许所有暴露接触危险化学品的企业自主决定继续使用原标准制作的标签和 SDS 或者按照修订的 HCS 制作新标签和 SDS 或者两者同时使用。从 2015 年 6 月 1 日起,化学品制造厂商和经销商必须完成其化学品危险性重新分类并编制符合 GHS 要求的标签和 SDS,而对化学品经销商又给予了额外六个月的时间完成其库存的原有包装化学品的发货运输。从 2015 年 12 月 1 日起,化学品经销商必须全面遵守修订后 HCS 的要求。2016 年 6 月 1 日起,全面执行修订后的 HCS 完成对新危险性标签要素的员工培训以及修改作业场所危险性公示计划等工作。

2015 年 7 月 9 日 OSHA 还发布了《危险性公示标准(2012)监督检查指令》,对各级职业安全与健康检查官员实施企业合规性检查提供指导。2016 年 2 月 OSHA 公布了《危险性分类指南》文件以及《证据权重指南(初稿)》。

美国 HCS 采纳了 GHS 紫皮书(第 3 修订版)相关分类标准。该标准未采纳的 GHS 危险类别包括:加压化学品(全部类别);易燃气体类别 1B;发火气体类别 1A;化学性质不稳定气体(全部类别);气溶胶类别 3;退敏爆炸物(全部类别);急性毒性类别 5;皮肤腐蚀/刺激类别 3;吸入危害类别 2。

此外,OSHA 还增加了 3 项其他危险类别,包括发火气体、单纯窒息剂以及可燃粉尘,以维持 GHS 实施以前 HCS 已包括的危险性。

由于《职业安全与健康法》授权 OSHA 负责监管职业健康和作业场所安全,没有监管环境危害相关职权。因此,该标准中没有采纳化学品环境危害性分类标准和标签要素,而将这些相关标准制定发布留给了 EPA。

　　目前 OSHA 正在参照 GHS 紫皮书(第 6 修订版)和(第 7 修订版),修订更新其 HCS(2012 年版),以便与 GHS 紫皮书(第 7 修订版)保持一致。

　　美国 EPA 依据《21 世纪化学品安全法》《联邦杀虫剂、杀菌剂和杀鼠剂法》《污染预防法》《应急计划与公众知情权法》等法律,负责监管工业化学品和农药的申报登记管理、对人体健康与环境的危害和污染防治以及有毒物质环境释放与事故应急响应等。

　　2006 年 10 月美国 EPA 在其编制的《白皮书:关于 GHS 实施计划问题》中概述了对根据《联邦杀虫剂、杀菌剂和杀鼠剂法》监管的农药如何采用 GHS 标签的初步设想,并征求了公众意见。根据美国 EPA 农药计划办公室 2004 年 7 月公布的《关于农药危害性分类标准与联合国 GHS 比较》文件显示,EPA 现行农药健康和环境危害性分类标准与 GHS 分类标准在物理危险、健康危害(急性毒性、皮肤腐蚀、严重眼睛损伤/眼睛刺激、皮肤过敏)以及水生环境危害性分类标准和标签要素上存在较多差异点,需要做出较大调整。

　　例如,GHS 分类标准目前只包括危害水生环境和破坏臭氧层两个环境危害种类,对陆生生物毒性危害标准尚在研究制定中。而美国 EPA 现行的农药环境危害性分类除了水生生物毒性之外,还考虑了对蜜蜂、哺乳动物的毒性。

　　再如,GHS 水生环境危害设立三个急性毒性类别(类别 1、类别 2 和类别 3),四个慢性毒性类别(类别 1、类别 2、类别 3 和类别 4),而现行 EPA 农药分类标准只设立一项鱼类急性毒性分类标准($LC_{50} \leqslant 1$ ppm;相当于 GHS 急性毒性类别 1),没有设立急性毒性别 2 和类别 3 以及慢性毒性类别(类别 1、类别 2、类别 3 和类别 4)的分类标准。在 GHS 分类标准中环境危害设有 1 个象形图(死鱼和枯树)、信号词(警告)和 4 条危害说明(图 3 - 2),而美国 EPA 农药环境危害性分类标准没有象形图、信号词,且只有 2 条对急性危害的说明(该农药对鱼类有极高毒性或者该农药对鱼类有毒),没有慢性水生毒性的危害说明。

　　为了避免 EPA 根据《联邦杀虫剂、杀菌剂和杀鼠剂法》批准的农药产品标签中的危险性公示信息与 OSHA 新发布的 HCS 要求农药产品采用的 GHS 标签要素出现矛盾和不一致,2012 年 4 月美国 EPA 农药计划办公室发布了一项"关于农药产品标签和 SDS 的要求"的农药登记公告(PRN2012 - 1),建议农药产品登记人在其农药产品 SDS 中就 EPA 规定的农药标签内容及其与 GHS 标签的差异点做出相应的解释说明,并对农药登记人如何确保其农药标签和 SDS 同时符合 EPA 和 OSHA 的要求,公布了指南文件。

　　总之,目前美国 EPA 仍在研究考虑如何依据原《有毒物质控制法》和《联邦杀虫剂、杀菌剂和杀鼠剂法》在其负责监管的工业化学品和农药产品中采纳 GHS 分类标准体系,但至今尚未颁布关于工业化学品和农药产品如何采纳 GHS 分类标准和标签要素的环境危害性公示标准。美国 EPA 在实施 GHS 分类标准方面远滞后于欧盟、日本和新西兰等发达国家和地区。

3. 加拿大

2015 年 2 月 11 日加拿大发布《危险产品条例》(The Hazardous Products Regulations，HPR)，规定了危险产品危险性分类和危险公示的要求，并修改了《作业场所危险物质信息制度》(WHMIS 2015)，将 GHS 分类标准和标签要素纳入加拿大作业场所的化学品管理之中。本次修订的《危险产品条例》采纳了 GHS 紫皮书(第 5 修订版)相关分类标准和标签要素。该条例从 2015 年 2 月 11 日起生效，并分别从 2017 年 6 月 1 日起对生产/进口商、从 2018 年 6 月 1 日起对生产/进口/经销商以及从 2018 年 12 月 1 日起对供应商和用人单位施行。过渡期分别为两年零三个月、三年零三个月、三年零九个月。

WHMIS 2015 的核心内容是通过危险性分类、包装容器的警示性标签和 SDS 以及工人教育和培训计划进行危险信息公示沟通。该制度依靠加拿大联邦、省和地区立法加以协调实施。

加拿大《危险产品法》(HPA)授权加拿大卫生部监管作业场所使用、处理或储存的危险产品的销售和进口；与联邦、省和地区职业健康与安全管理局合作实施 WHMIS；代表加拿大政府出席联合国 GHS 专家小组委员会等国际会议以及与美国 OSHA 协作研发和实施危险性分类和危险性公示相关要求。

加拿大危险产品供应商必须遵照《危险产品法》和《危险产品条例》的下列 6 项要求。

① 识别确定其产品是否属于危险化学品。

② 编制或获取用两种语言写成的标签和 SDS。

③ 对危险产品贴附标签，并为危险产品的购买者提供 SDS。

④ 准备和维护文档，包括标签和 SDS 副本、销售和购买信息，以及应主管部长或督察人员请求，向其提供这些文件。

⑤ 供应商知悉改变危险产品分类或者危险防护方式改变的"重要新信息"时，应当在 90 天和 180 天内更新其 SDS 和标签。

⑥ 发生突发应急事件时，分别向安全或卫生专业人员披露在 SDS 上出现的任何需要的相关信息。

为了指导危险化学品的供应商和进口商，加拿大卫生部依据《危险产品法》和《危险产品条例》规定，发布了《技术指南(第一阶段)——2015 年对供应商的要求》文件。该文件向供应商说明了《危险物质信息审查法》(HMIRA)的信息管理要求以及保护 CBI 的机制等。

加拿大准备分两步发布技术指南文件，并在 2017 年 6 月之前为制造商和进口商遵守 WHMIS 2015 的新要求设置过渡期。技术指南文件(第一阶段)重点解释说明 GHS 紫皮书第 1 部分(引言)所阐述的分类原则、危险公示(标签和

SDS)以及 CBI 等内容要求。技术指南文件(第二阶段)将重点解释说明 GHS 紫皮书第 2 部分(物理危险)和第 3 部分(健康危害)所阐述的物理危险和健康危害性分类标准和标签要素内容,技术指南文件(第二阶段)于 2016 年秋天公布。

加拿大本次修订的《危险产品条例》未采纳的 GHS 危险类别为加压化学品(全部类别)、易燃气体类别 1A(化学性质不稳定气体)、类别 1B,气溶胶类别 3,退敏爆炸物(全部类别)、急性毒性类别 5,皮肤腐蚀/刺激类别 3,吸入危害类别 2。

依据《危险产品法》《危险产品条例》《危险物质信息审查法》的授权,加拿大卫生部负责监管作业场所使用、处理或储存危险产品的销售和进口,不涉及化学品的环境污染防治。化学品环境危害性分类标准及其实施由加拿大环境部主管,因而也未采纳化学品环境危害性分类标准(危害水生环境和危害臭氧层)和标签要素,与美国情况类似。

此外,加拿大还采纳了 GHS 紫皮书(第 5 修订版)分类标准没有覆盖的危险种类,如可燃粉尘、单纯窒息剂以及感染性生物有害材料等。

4. 日本

日本根据《工业安全与健康法》《PRTR 法》《有毒有害物质控制法》和《基于 GHS 的化学物质等分类方法(JISZ 7252)》等国家工业标准,从 2006 年开始实施 GHS,并从 2011 年 1 月 1 日全面施行。

为了保护工作场所工人安全和健康,日本根据 1972 年颁布的《工业安全与健康法》,要求生产商和供应商向客户供应列入该法管控名单上的危险化学物质时,必须强制性提供合规的 GHS 标签和 SDS,对未提供者规定了处罚措施。对其他危险物质则要求其生产商和供应商有义务提供 GHS 标签和 SDS,但对未提供者未规定处罚措施。目前《工业安全与健康法》监管控制名单上列有 674 种危险化学物质。

日本 2008 年 11 月颁布了《PRTR 法》修正令,要求相关企业向主管部门报告引起关注的特定化学物质环境释放量,并对该法监管的第 1 类指定化学物质(462 种)和第 2 类指定化学物质(100 种),从 2012 年 4 月起,根据日本工业标准《基于 GHS 的化学品危险性公示方法——标签和 SDS(JISZ 7253)》强制性提供符合 GHS 的 SDS。

此外,日本根据 1950 年颁布的《有毒有害物质控制法》,要求制造商、进口商和销售商企业的经营者必须执行针对有毒物质或有害物质制造或储存设施规定的标准,并遵守储存、标签或转移的具体要求。如果一种化学品其本身是,或者含有超过一定数量的有毒物质或有害物质,则应当在其标签上注明"有毒物质"或"有害物质"字样。供应商还必须为该法管制名单上有毒物质或有害物质提供 SDS。目前该法管制名单上列有 567 种有毒物质和有害物质。

日本政府先后颁布了国家工业标准《化学品 SDS 内容和项目顺序(JISZ 7250)》《基于 GHS 的化学品标签(JISZ 7251)》《基于 GHS 的化学物质等分类方法(JISZ 7252)》《基于 GHS 的化学品危险性公示方法——标签和 SDS(JISZ 7253)》,并随着日本采纳的 GHS 紫皮书版本进行更新修订。

目前日本已采纳 GHS 紫皮书(第 6 修订版),但仍在执行 GHS 紫皮书(第 4 修订版)。2014 年日本根据 GHS 紫皮书(第 4 修订版)修订了国家工业标准 JISZ 7252,并确定了日本采纳的物理危险、健康和环境危害积木块。日本未采纳下列危险积木块:加压化学品(全部类别);急性毒性类别 5;皮肤腐蚀/刺激类别 3;吸入危害类别 2。

2012 年日本颁布了 JISZ 7253 标准,将原 JISZ 7250 和 JISZ 7251 标准废止,合并为单一标准,并于 2017 年 1 月 1 日起正式施行。

根据联合国 GHS 紫皮书(第 6 修订版),2019 年 5 月 25 日日本经济产业省和厚生劳动省联合发布了两项新修订的日本工业标准,即 JISZ 7252 和 JISZ 7253。该两项新修订标准设置了截至 2022 年 5 月 24 日的三年过渡期,过渡期后企业必须合规遵循该新标准。在此之前,原 2014 年颁布的 JISZ 7252 标准和 2012 年颁布的 JISZ 7253 标准仍然有效。对于混合物危险性分类,日本遵循联合国 GHS 设定混合物组分浓度临界值,各监管机构/部委执行相同的混合物分类临界值。

日本实施 GHS 的相关政府主管部门主要有厚生劳动省、经济产业省、环境省以及国土交通省。2002 年日本政府成立一个部际间 GHS 协调机构,即"关于 GHS 相关省厅联络会议",2016 年起更名为"关于 GHS 相关省厅等联络会议"。该联络会议以厚生劳动省为牵头单位,参与部门有厚生劳动省、内阁消费者厅、总务省消防厅、外务省、农林水产省、经济产业省、国土交通省、环境省、日本 GHS 专家小组委员会、NITE 以及日本化学工业协会。

根据化学品 GHS 分类研究项目计划,自 2006 年以来,日本关于 GHS 相关省厅等联络会议的分类专家分批完成了几千种化学品的 GHS 危险性分类(包括大约 1 400 种相关法律管制名单的危险化学品),并将分类结果和分类依据公布在经济产业省下属的 NITE 网站上,供企业和社会公众查询使用,对推动国内外企业实施化学品 GHS 标签和危险公示起到了重要作用。截至 2020 年 9 月底,NITE 网站上已公布了 3 108 种化学品 GHS 分类结果及其分类依据。

2009 年 3 月日本经济产业省公布了《GHS 分类指南(政府部门版)》和《GHS 分类指南(企业版)》。2010 年 3 月公布了《GHS 分类指南(第 2 版)》。2013 年 8 月日本修订公布了《GHS 分类指南(第 3 版)》。这些指南文件对物理危险、健康和环境危害性分类标准的运用、分类程序、可靠数据来源以及分类实例提供了很好的指导作用。2008 年日本经济产业省还针对混合物的分类开发了"混合物 GHS 分类在线指导软件工具",公布在政府网站上供企业和社会各界下载使用。2014 年该软件(2.0 版本)采用的标准是基于 GHS 紫皮书(第 4 修订版)和日本采纳的 GHS 危险性积木块。使用者只要输入混合物中每种组成化学物质的 GHS 分类结果以及该化学物质的百分含量,即可获得混合物的分类结果及其相应的标签要素内容。

日本政府主管部门和私人机构在国内举办了各种 GHS 培训班和研讨会,提高社会公众对 GHS 的理解和认识,宣传介绍制作化学品标签的经验、GHS 的培训软件,普及化学品分类和安全知识。有些行业和企业自愿开展宣传介绍 GHS 的活动。例如,日本肥皂和洗涤剂协会编制了"消费产品中 GHS 实施指南",旨在使更多人们了解 GHS 等。但鉴于 GHS 规定标签要素的复杂性,特别是象形图和危险说明的内容,如何正确了解 GHS 标签要素内容对许多日本社会公众仍然是一项挑战。

5. 澳大利亚

澳大利亚根据《模式工作健康和安全法》(*Model Work Health and Safety Law*)和相关法规,对于作业场所使用的危险化学品实施管理。该法要求危险化学品制造商、进口商在向作业场所供应一种化学物质、混合物和制成品以前,需要识别判定该化学品是否属于危险化学品,并按照 GHS 分类标准正确进行分类,以确保化学品安全使用、储存和处置等。

该法设置了五年过渡期(自 2012 年 1 月至 2016 年 12 月)。在此期限内,生产企业既可以使用符合 GHS 分类标准的标签和 SDS,也可以使用原来危险物质分类要求的标签和 SDS。从 2017 年 1 月 1 日起,所有向作业场所供应的化学品都必须强制性参照 GHS 分类标准实施分类及更新其标签和 SDS。危险化学品制造商和进口商负责确保其危险化学品正确编制与附带符合 GHS 要求的标签和 SDS。危险化学品的供应商和最终用户必须只供应和接受符合 GHS 分类和标签的危险化学品。

为了向企业和公众提供化学品 GHS 分类信息,澳大利亚安全工作局(Safe Work Australia)还建立了 GHS 危险化学品信息系统(HCIS)数据库平台,公布并定期更新根据 GHS 分类的危险化学品名单及其标签要素信息。截至 2020 年 9 月底,HCIS 系统已收录了 5 255 种化学品 GHS 分类结果和标签要素信息以及作业场所暴露限值标准信息。

目前澳大利亚按照 GHS 紫皮书(第 3 修订版)的分类标准和标签要素,实施化学品危险性分类和危险性公示要求。澳大利亚未采纳的 GHS 危险类别有加压化学品(全部类别)、易燃气体类别 1A(发火气体、化学性质不稳定气体)、易燃气体类别 1B、易燃气体类别 2、发火气体类别 1A、化学性质不稳定气体 1A－A/B、气溶胶类别 3、退敏爆炸物(全部类别)、急性毒性类别 5、皮肤腐蚀/刺激类别 3、严重眼睛损伤/眼睛刺激类别 2B、吸入危害类别 2、危害水生环境急性和慢性毒性全部类别、危害臭氧层类别 1。

除 GHS 危害性分类之外,澳大利亚还认可使用 12 个非 GHS 危害说明术语。其中涉及物理危险的危害说明术语有 6 个。① AUH001:干燥时,爆炸。② AUH006:与空气或不与空气接触发生爆炸。③ AUH014:与水猛烈反应。④ AUH018:使用时,可能会形成易燃/爆炸性蒸气-空气混合物。⑤ AUH019:可能形成爆炸性过氧化物。⑥ AUH044:在封闭空间内加热,有爆炸风险。

此外,涉及健康危害的危害说明术语有 6 个。① AUH029:与水接触释放出有毒气体。② AUH031:与酸接触释放出有毒气体。③ AUH032:与酸接触释放出剧毒气体。④ AUH066:反复接触可能导致皮肤干燥或开裂。⑤ AUH070:与眼睛接触有毒。⑥ AUH071:对呼吸道有腐蚀性。

这些非 GHS 危害说明术语不是强制性的,且不会导致根据《模式工作健康和安全法》将一种化学品视为危险化学品。但是,建议危险化学品制造商和进口商酌情将这些术语列在标签上和在 SDS 中,以确保向化学品下游用户提供完整的危害信息。这些危害说明术语本身并不需要在标签上显示相应的象形图或信号词。

根据《模式工作健康和安全法》的授权,澳大利亚安全工作局只负责作业场所危险化学品职业健康与安全监管。因而,未采纳 GHS 环境危害性分类标准和标签要素。

澳大利亚根据《工业化学品(申报和评估)法》(1989)的规定,对工业化学品安全实施监管。目前,澳大利亚国家工业化学品申报和评估机构(National Industrial Chemicals Notificafion and Assessment Scheme,NICNAS)负责工业化学品的 GHS 水生毒性危害和风险评估工作。该机构根据 GHS 分类标准负责完成新化学物质申报登记及其危害性分类,但是未见该机构公布和实施 GHS 环境危害性分类标准的报道。

此外,根据国家化学品环境管理框架设立的澳大利亚联邦和州化学品联合工作组,正在研究制定如何在各级环境监管中实施 GHS 相关策略。

2019 年 10 月澳大利亚安全工作局决定正式实施 GHS 紫皮书(第 7 修订版)危险性分类和标签要求。从 2021 年 1 月 1 日起,澳大利亚将开始为期两年的过渡期,过渡期将于 2022 年 12 月 31 日结束。在过渡期内,制造商和进口商可以使用 GHS 紫皮书(第 3 修订版)或者 GHS 紫皮书(第 7 修订版)进行危险化学品的分类和标签,从 2023 年 1 月 1 日起,只能遵照使用 GHS 紫皮书(第 7

修订版)。

2016 年以来,澳大利亚安全工作局开展了一些提高社会公众对 GHS 分类的认识活动,利用与澳大利亚消防局合作召开危险品运输安全会议和贸易展览会等方式开展宣传,提高社会公众对实施 GHS 的认识。

2018 年 8 月根据《模式工作健康和安全法》,澳大利亚安全工作局在其官网平台上公布了更新的《国家危险化学品分类指南》,该指南对化工公司,尤其是中小企业开展化学品 GHS 分类非常有用。

此外,在其官网上设置了"关于 GHS 分类、标签和 SDS 常见问题解答",并举办 GHS 网络视频研讨会来解答 GHS 相关问题。

6. 新西兰

新西兰根据 1996 年《危险物质和新生物法》(HSNO)、2015 年《作业场所卫生与安全法》(HSWA)和 1991 年《资源管理法》(RMA)等法律法规,对危险化学品进口、生产或使用及其危险性分类、包装标签等实施监管。新西兰环境保护局(Environmental Protection Authority)根据《危险物质和新生物法》的授权,负责监管农药、危险化学品、日用化学品的风险,保护人体健康和环境。新西兰工作安全委员会(Work Safe New Zealand Board)负责作业场所职业健康和安全的监管。

新西兰参照 GHS 紫皮书的分类标准,修订了原来的化学品分类标准。从2001 年起,对新危险物质实施 GHS 分类,2006 年 7 月适用于所有新物质和现有物质。

2012 年新西兰正式采纳了 GHS 紫皮书(第 4 修订版)。2012 年 1 月新西兰环境保护局公布的《根据危险物质和新生物法的阈值和分类用户指南》文件,详尽解释说明 GHS 分类标准和标签要素,并说明本国化学品分类标准与 GHS分类标准的差异点。

新西兰未采纳的 GHS 危险类别包括不稳定爆炸物,加压化学品(全部类别),易燃气体类别 1A(发火气体、化学性质不稳定气体)、类别 1B,气溶胶类别3,退敏爆炸物(全部类别),特定靶器官毒性(一次接触)类别 3。此外,新西兰化学品危险性分类还增加了环境危害,即对土壤生态毒性、对陆生脊椎动物生态毒性和对陆生无脊椎动物生态毒性的分类标准。

2017 年 12 月新西兰公布了新的危险物质框架规则("EPA 通告"),要求根据 GHS 紫皮书(第 5 修订版)提供标签和 SDS,并计划实施 GHS 紫皮书(第 6修订版),但具体时间表尚未确定。该通告还允许采用澳大利亚、欧盟、加拿大和美国符合 GHS 的 SDS,只要其包含新西兰规定的特定信息即可。2019 年 10月新西兰主管部门就采纳 GHS 紫皮书(第 7 修订版)征求公众意见。

新西兰环境保护局还在其网站上建立了"化学品分类和信息数据库系统

(CCID)"平台,截至 2020 年 9 月底收录了根据《危险物质和新生物法》确定的5 443 种危险化学品的物理危险、健康与环境危害性分类结果及其分类依据,供企业和公众查阅使用。

3.2.2 其他国家和地区 GHS 实施现状

1. 韩国

韩国从 2013 年 7 月 1 日起对化学物质和混合物全面实施 GHS 分类。危险化学品的供应商必须根据韩国化学品 GHS 分类相关标准,对其生产、销售的化学品实施危险性分类,并编制 SDS 和标签。韩国实施 GHS 的法律、主管部门和实施要求如表 3－15 所示。

表 3－15 韩国实施 GHS 的法律、主管部门和实施要求

法 律 名 称	主管部门和实施要求
《化学品控制法》(第 16 条)	主管部门:环境部(MOE)。 截至期限:化学物质(2010 年 7 月 1 日);混合物(2013 年 7 月 1 日)。 适用范围:国立环境研究院(NIER)公布的有毒化学品。 要求:强制性执行 NITE 规定的分类结果
《职业健康与安全法》(第 41 条)	主管部门:就业和劳动部(MOEL)。 截至期限:化学物质(2011 年 7 月 1 日);混合物(2013 年 7 月 1 日)。 适用范围:适用于所有符合 GHS 危害性分类标准的化学品
《危险材料法》	主管部门:国家突发事件管理局(NEMA)。 截至期限:化学物质(2010 年 7 月 1 日);混合物(2013 年 7 月 1 日)。 适用范围:仅适用于具有物理危险的化学品

注:《化学品控制法(Chemicals Control Act,CCA)》原称为《有毒化学品控制法(Toxic Chemicals Control Act,TCCA)》

韩国颁布了一系列关于化学品危险性分类、标签和 SDS 的国家标准,其中最重要的标准是韩国就业和劳动部颁布的《化学物质分类、标签和 SDS 标准(No.2016－19)》。该标准规定了化学品分类标准、SDS/标签内容以及危险说明和防范说明。

目前韩国采纳联合国 GHS 紫皮书(第 4 修订版),未采纳 GHS 的危险种类/类别有加压化学品(全部类别),易燃气体类别 1A(发火气体、化学性质不稳定气体)、类别 1B,气溶胶类别 3,易燃液体类别 4,退敏爆炸物(全部类别),急性毒性类别 5,皮肤腐蚀/刺激类别 3,严重眼睛损伤/眼睛刺激类别 2B,危害水生环境的急性毒性类别 2 和类别 3。

韩国对危险化学品标签的要求包括:产品标识符应与 SDS 相一致;信号词(警告或危险);象形图(如果有 5 个以上象形图时,最多选用 4 个,非强制性);危险说明(重复说明可以省略,相似的说明可以合并)和防范说明(如果有 7 条

以上时,最多选用 6 条,非强制性),并注明"参考 SDS 上列出的全部危险说明和防范说明";供应商信息,即给出韩国法人单位的联系人信息;语言文字为韩文,但供实验室和研究开发使用的化学品不需要使用韩文编制,产品名称、物质名称和外国供应厂商联系人的姓名可以使用英文。

对于小型包装(≤100 mL),危险说明和防范说明可以省略。该标准还规定了不同尺寸的包装容器的标签与象形图的大小,如表 3－16 所示。

表 3－16　不同尺寸的包装容器的标签与象形图的大小

包装容器	标签尺寸	象形图尺寸
500 L＜容积	450 cm²	
200 L＜容积≤500 L	300 cm²	
50 L＜容积≤200 L	180 cm²	1/40 的表面积 最小为 0.5 cm²
5 L＜容积≤50 L	90 cm²	
容积≤5 L	＞5%(表面积)	

韩国职业安全与健康署(KOSHA)建立了化学品 GHS 分类数据库系统,目前可以提供 11 377 种化学物质 GHS 分类结果和 SDS 相关数据。

对于《化学品控制法》管制的有毒化学品,韩国环境部提出了下列 5 项补充要求。

① 分类结果:采用 NIER 公布的强制性分类结果和标签。

② 产品标识符:对于混合物,应当说明产品名称和有毒化学品成分。

③ 象形图:尽可能展示出 NIER 公布的全部适用象形图。

④ SDS 要求:采用 GHS 要求的 SDS 16 项格式内容。

⑤ 关于 CBI:可以不披露物质的化学名称和 CAS 号,但须披露其全部危害性信息。

⑥ 说明有害物质浓度范围:在 5% 以内。如果有害物质浓度＜5%,应当说明其浓度下限,例如≥1%(致癌物质和生殖细胞致突变物质为 0.1%,呼吸致敏物为 0.2%,生殖毒性物质为 0.3%)。

韩国环境部下属的 NIER 建立了国家化学品信息系统(NCIS)数据库平台,公布了各类化学品 GHS 分类结果等信息。截至 2020 年 9 月底,该化学品信息系统平台中存储了 3 156 种化学品 GHS 分类数据,其中包括 2 041 种危险化学品,652 种严格控制危险化学品,364 种致癌、致突变和生殖毒性化学品(CMR 类)以及 99 种需要应对化学事故的危险化学品。

2. 新加坡

2008 年以来,新加坡开始在作业场所实施 GHS。根据《工作安全与健康条例》的规定,化学品供应商必须对其销售的危险化学品提供 SDS 并在作业场所使用的危险化学品包装容器上贴附标签。新加坡人力部(The Ministry of Manpower)是该法规定的主管部门。

新加坡 2014 年 3 月 7 日颁布了《关于危险化学品和危险货物的危险性公示规定(SS586—2014)》国家标准,与联合国 GHS 紫皮书(第 4 修订版)以及 TDG 桔皮书(第 17 修订版)要求保持一致。该标准内容包括三部分:第 1 部分危险货物运输与储存;第 2 部分新加坡采纳的 GHS 分类标准;第 3 部分 SDS 的编制要求。

新加坡立法规定的 GHS 实施的宽限期为对化学物质从 2012 年 2 月 1 日起执行;对混合物从 2015 年 7 月 1 日起执行。

目前新加坡国家 GHS 分类标准仍采用联合国 GHS 紫皮书(第 4 修订版),其未采纳的 GHS 危险类别为加压化学品(全部类别),易燃气体类别 1A(发火气体)、类别 1B,易燃液体类别 4,退敏爆炸物(全部类别),急性毒性类别 5,皮肤腐蚀/刺激类别 3,吸入危害类别 2,危害水生环境中急性毒性类别 2 和类别 3,慢性毒性类别 3 和类别 4。

新加坡对化学品标签要求包括应标示规定的 GHS 标签要素;对于小型包装(≤125 mL)最低限度信息包括产品标识符;象形图与"参见 SDS 的附加信息"文字。语言文字为英文,但是强制要求警示标签应使用能被作业场所所有人员理解的语言文字;标签尺寸取决于包装容器的体积(表 3 - 17)。

表 3 - 17　包装容器和标签尺寸

包 装 容 器 尺 寸	标 签 尺 寸
容积≤3 L	如适用,至少为 52 mm×74 mm
3 L<容积≤50 L	至少为 74 mm×105 mm
50 L<容积≤500 L	至少为 105 mm×148 mm
容积>500 L	至少为 148 mm×210 mm

对 SDS 的要求包括:采用标准的 SDS 16 项格式内容;语言文字为英文;应急信息中,如果不能 24 小时值班,应当提供应急电话号码;对于进口的化学品,还应当说明当地的地址和联系电话;SDS 应当每 5 年修订一次,当有可提供的新危害信息时,应在 6 个月内进行修订更新。

新加坡对农药产品和消费产品尚未采纳执行 GHS 分类标准。

3. 马来西亚

马来西亚颁布的化学品相关法规主要有《职业安全与健康法》(1994)、《危险化学品分类、包装和标签条例》(1997)、《农药法》(2004)、《消费者保护法》(1999)以及《环境质量法》(1974)等。2008 年马来西亚颁布了《化学品 GHS 分类、标签和 SDS 编制规范(MS1804：2008)》国家标准。

为了实施联合国 GHS 化学品分类和标签要求,马来西亚于 2013 年 10 月颁布了《化学品分类、标签和 SDS 条例》,并于 2014 年 4 月 16 日颁布了《关于化学品分类和危险性公示工业规范》(ICOP)。该条例要求化学品制造商、进口商、配制和销售商参照 ICOP 要求,对其化学品进行分类、标签和编制 SDS。

ICOP 对化学品分类、标签和 SDS 提出了详尽要求。其内容包括四部分,第 1 部分为已分类的危险化学品名单;第 2 部分为关于化学品的分类标准;第 3 部分为危险性公示：标签和 SDS;第 4 部分为 CBI。2019 年 10 月马来西亚人力资源部职业安全和健康司发布了 ICOP 第 1 部分修订版,收录了 662 种已确定的危险化学品名单。对于该名单上的危险化学品,企业必须强制性按照该名单列出的危险性分类结果进行标签和危险性公示。

对于未列入该名单上的化学品,企业应当参照 ICOP 第 2 部分的分类标准对其化学品进行分类。马来西亚规定对化学物质从 2015 年 4 月 1 日起、对混合物从 2015 年 4 月 17 日起执行化学品 GHS 分类和标签,并给予企业一年的合规宽限期。

马来西亚实施 GHS 相关政府部门包括国际贸易和工业部、人力资源部职业安全和健康司、农业部农药局、运输部、国内贸易和消费事务部、自然资源和环境部环境司。2006 年马来西亚成立了国家实施 GHS 协调委员会及 GHS 技术工作组。2010 年马来西亚制定了实施 GHS 路线图计划,内容包括 8 项战略和 19 项行动计划。路线图实施涉及所有利益相关者,包括政府部门、私人机构、非政府组织、专业团体、研究单位和科技界等。

目前马来西亚 ICOP 采纳联合国 GHS 紫皮书(第 3 修订版)。其未采纳的 GHS 危险类别包括：加压化学品(全部类别),易燃气体类别 1A(发火气体、化学性质不稳定气体)、类别 1B,气溶胶类别 3,易燃液体类别 4,退敏爆炸物(全部类别),急性毒性类别 5,皮肤腐蚀/刺激类别 3,吸入危害类别 2,危害水生环境的急性毒性类别 2 和类别 3。

马来西亚对标签的要求：采用标准的 GHS 标签要素;列出的防范说明数不超过 6 条(与欧盟相同);字体大小为最小 7 点(Points);象形图大小为标签表面积的 1/15(10 mm×10 mm);对于小型包装(≤125 mL),可以省略危险说明和防范说明并注明"使用前阅读 SDS";语言需同时使用马来文和英文;标签尺寸取决于包装容器大小(表 3 - 18)。

表 3-18　包装容器和标签尺寸

包 装 容 器 尺 寸	标 签 尺 寸
容积≤3 L	如适用,最小为 52 mm×74 mm
3 L<容积≤50 L	最小为 74 mm×105 mm
50 L<容积≤500 L	最小为 105 mm×140 mm
500 L<容积	最小为 140 mm×210 mm

对 SDS 的要求:采用标准的 SDS 16 项格式内容;语言需同时用马来文和英文;应急电话应提供国内和国外 24 小时应急电话号码;SDS 上象形图尺寸至少为 1 cm×1 cm 且小于 2 cm×2 cm;关于 CBI,如果属于 CBI,供应商可以省略危险物质的化学名称或其组成成分,如果化学名称被省略,应当提供危险物质的类名,如果组分的确切浓度为 CBI,该组分浓度信息应当选择使用下列浓度范围进行标示(表 3-19)。

表 3-19　危险组分浓度范围标示值

浓 度 范 围	浓 度 范 围
<1%	10%～30%
1%～3%	30%～60%
3%～5%	>60%
5%～10%	

当危险化学品是基于其组分进行分类,而不是基于整个产品进行分类时,其危险性必须基于 SDS 中提供的组分最高浓度进行分类。

4. 菲律宾

菲律宾化学品相关法规主要包括:1990 年颁布的《有毒物质和危险废物与核废料控制法(第 6969 号令)》,对工业化学品实施监管;《危险物质职业安全与健康标准(第 1090 号令)》,监管作业场所 GHS 的实施;2009 年颁布的《食品和药品管理法(第 9711 号令)》,对消费化学品实施监管;《菲律宾消费产品法(第 7394 号令)》,对消费产品实施监管;肥料和农药管理局颁布的《农药管理规定》,对农药实施监管;2008 年修订的《菲律宾消防条例(第 9514 号令)》,监管化学事故的应急救援。

2009 年 5 月 25 日菲律宾 8 个政府相关部门共同签署并发布一项《关于实施 GHS 的行政令(JAO,2009 年第 1 号令)》,并于 7 月 15 日生效。该政令要求负责实施 GHS 的相关部门制定和修订其各自部门的规章或者政令,纳入

GHS 的相关规定并明确规定了各部门在实施 GHS 分类标准、标签和 SDS 要求中的职责分工。

根据《有毒物质和危险废物与核废料控制法（第 6969 号令）》，菲律宾环境和自然资源部（DENR）于 2015 年 5 月 19 日发布了《关于实施 GHS 的规定和程序行政命令（第 9 号令）》。该行政令及其指导手册中明确规定了化学品 GHS 分类标准和对标签及 SDS 的要求。对于 CBI，仅限于化学物质名称及其在混合物中的浓度。对包装上标签尺寸的要求如表 3－20 所示。

表 3－20　包装上标签尺寸的要求

容 器 尺 寸	标签尺寸要求
容积＜1 L	无具体规定，但标签内容应当可阅读
1 L＜容积≤4 L	52 mm×74 mm
4 L＜容积≤50 L	74 mm×105 mm
50 L＜容积≤500 L	105 mm×148 mm
500 L＜容积	148 mm×210 mm

菲律宾环境和自然资源部的环境管理局 2015 年批准了一项关于对工业化学品生产实施 GHS 的管理计划。根据 GHS 紫皮书（第 4 修订版）的要求，该计划分四个阶段逐步加以实施。2016 年首先对根据"化学品控制令"管制的化学品以及列在"优先化学品名单"上的化学品，实施 GHS 分类和标签要求。菲律宾对各类化学品实施 GHS 的时间期限如表 3－21 所示。

表 3－21　菲律宾对各类化学品实施 GHS 的时间期限

化 学 品 类 型	实施年份/年
根据"化学品控制令"和"优先化学品名单"监管的单一物质和化合物	2016
高产量有毒化学品	2017
根据国际航空和国际海上运输规则危险货物名单监管有毒化学品	2018
混合物	2019

此外，菲律宾劳动与就业部（DLOE）根据《危险物质职业安全与健康标准（第 1090 号令）》，于 2014 年 2 月 18 日发布了《关于作业场所化学品安全计划中实施 GHS 的导则》，规定对作业场所的危险化学品（化学物质和混合物）从 2015 年 3 月 14 日起执行 GHS 分类和标签相关要求，并给予行业企业一年的合规宽限期。劳动与就业部没有发布自己的 GHS 分类和标签标准，而是直接

参照联合国 GHS 紫皮书的分类标准以及标签与 SDS 的相关要求。

交通运输部通过执行联合国《规章范本》以及相关《关于国际海运危险货物规则》和国际民航组织《关于危险货物航空安全运输技术细则》对危险货物运输实施安全管理。

农业部肥料和农药管理局根据联合国粮食及农业组织和 2009 年世界卫生组织修订的《农药危险性分类导则(修订版)》对农药标签和分类做出调整。国家海关署也发布了关于实施 GHS 的备忘录公报。

2004 年 9 月菲律宾成立了由政府(30 部门)、工业(6 个行业协会)以及社会团体(5 个公共利益和劳工组织)代表组成的国家 GHS 实施委员会。菲律宾实施 GHS 的国家主管部门及其责任如下。工业贸易部投资委员会被指定为国内实施 GHS 的牵头部门,负责协调、监测和对实施 GHS 提供指导;肥料和农药管理局负责遵照世界卫生组织和联合国粮食及农业组织制定的农药分类和标签导则,修订国内农药现行分类和标签导则;环境和自然资源部环境管理局负责制订、修订和施行工业化学品相关法规;劳动与就业部工作条件局负责制定和修订作业场所实施 GHS 的相关职业安全与健康标准;职业安全与健康中心负责政府部门和私人行业实施 GHS 能力建设信息材料和培训教材编制修改;食品和药品监督管理局负责制定、修订和施行消费化学品相关法规;产品标准局负责制订消费产品中化学物质和混合物的标签标准;交通运输部通过其下属部门负责运输行业实施 GHS,执行联合国《规章范本》的规定;消防局主管化学事故应急救援,负责制定、修订和施行国家消防条例相关法规,负责监管检查爆炸物品、易燃物质、有毒物质和其他危险化学品储存、搬运和使用设施的安全措施;国家海关署负责监管各类危险物质、混合物和物品进出口(经济开发区除外);经济开发区管理局负责监管经济开发区内各种危险物质、混合物和产品的进出口管理。

目前菲律宾执行联合国 GHS 紫皮书(第 4 修订版),未采纳的 GHS 危险种类/类别为加压化学品(全部类别),易燃气体类别 1A(发火气体)、类别 1B,易燃液体类别 4,退敏爆炸物(全部类别),急性毒性类别 5,皮肤腐蚀/刺激类别 3,吸入危害类别 2,危害水生环境中急性毒性类别 2 和类别 4,慢性毒性类别 3 和类别 4。

5. 泰国

泰国化学品管理主要相关法律法规有 1992 年颁布的《危险物质法(B. E. 2535 号)》和《工厂法》。2019 年 4 月泰国对《危险物质法》进行第 4 次修订,并于 2019 年 10 月 27 日起施行。

为了实施 GHS,2012 年工业工程部(Department of Industrial Works)根据《危险物质法》颁布了《关于危险物质分类和危险性公示制度规定(B. E.

2555)》,要求从 2013 年 3 月 13 日起和 2017 年 3 月 13 日起分别对化学物质和混合物执行 GHS 危险性分类和危险公示。泰国化学品制造商、进出口商和储存企业必须参照泰国 GHS 分类和公示制度规定的要求,编制符合 GHS 的标签和 SDS,并向工业工程部工业劳动司做出申报。泰国内阁于 2012 年 6 月 26 日批准了该规定,要求其他主管部门在其职权范围内制定和发布实施 GHS 相应的部门规章。

泰国工业工程部在其官网上建立了化学品 GHS 分类网站,提供了 GHS 核心内容、标签和 SDS 编制导则,泰国、日本和欧盟 GHS 分类结果比较以及 500 多种危险化学品 GHS 分类结果等信息,供社会公众查询使用。

泰国实施 GHS 涉及的主管部门有工业工程部工业劳动司、劳动部劳动保护与福利司、运输部、农业与合作部农业司以及卫生部食品和药品监管局。

泰国卫生部食品和药品监管局、农业与合作部农业司、运输部、劳动部劳动保护与福利司都根据各自职权范围,对自己负责监管的日用化学品、农药、危险货物等,制定和推进 GHS 分类和危害性公示制度,促进作业场所化学品安全管理和其他消费产品的安全管理。

此外,泰国卫生部食品和药品监管局已经将 WHO/IPCS 的国际化学品安全卡翻译成泰文,并建立了网络数据库查询系统。

泰国运输部与德国技术合作公司(GTZ)协作开发建立了化学品/危险货物事故应急响应网络数据库系统,收录了大约 3 000 种常用化学物质安全信息。使用者可以借助化学品的 UN 编号和 CAS 号或者物质名称进行检索查询。

农业与合作部正在编制农业化学品的危险信息源和数据库名单,以支持使用者根据 GHS 对农业化学品进行分类。

泰国在国家危险物质管理委员会下设立了 GHS 实施分委员会。该分委员会由工业工程部、劳动部、运输部、卫生部、农业与合作部、自然资源和环境部等政府部门以及泰国工业联合会、化工企业协会、农作物保护协会和农业化学品企业协会等组成,负责根据《危险物质法》等制定国家实施 GHS 的管理方案。

此外,在国家危险物质管理委员会中还设立了有相关企业、科技界、公共利益和劳工组织参与的部门间政策与计划分委员会,负责制定国家化学品管理战略规划。泰国化学品管理委员会/政策与计划分委员会已将实施 GHS 作为工作重点,纳入 2007—2011 年《国家化学品管理战略计划》第三阶段任务中。在该规划(2012—2021 年)第四阶段任务中,将更新 GHS 实施计划列为高度优先的战略任务并继续实施 GHS 的能力建设。

泰国 GHS 国家战略计划中采取的主要管理措施有以下 5 项。

(1)行政管理措施。改进化学品危害性分类方案,加强化学品危害公示制度和政府部门管理能力建设,支持化学品及其相关产品生命周期管理。

(2)法规管理措施。根据 GHS 相关要求,制定和修订法规标准。加强法规实施力度,推进 GHS 的实施。

(3)信息数据库开发。开发建立支持 GHS 实施的信息数据库系统,建立有效信息获取机制流程,分享 GHS 经验。

(4)企业实施能力建设。培养能够从事化学品 GHS 分类和危险性公示的专业人员,提高企业实施 GHS 的能力。向工人提供 GHS 培训和相关知识,促进作业场所化学品安全。

(5)举办各种 GHS 培训研讨会和宣贯活动,普及 GHS 相关知识和化学品安全知识,提高公众对 GHS 化学品分类和标签的理解和认识。吸收公共利益组织/工会组织参与提高公众认识的活动。

目前泰国采纳执行联合国 GHS 紫皮书(第 3 修订版),未采纳的 GHS 危险种类/类别为加压化学品(全部类别),易燃气体类别 1A(发火气体、化学性质不稳定气体)、类别 1B,气溶胶类别 3,退敏爆炸物(全部类别)。泰国对标签的要求包括:标示 UN 正式运输名称(如果可提供);对小型包装及其标签尺寸未做具体规定;SDS 采用 GHS 标准的 16 项格式内容;语言为泰文(默认)。

6. 越南

1999 年 8 月越南颁布了《国内生产和进口物品标签条例(No. 178/1999/QD‑TTg)》。根据该条例的规定,商业部颁布了《国内生产和进出口物品标签导则(No. 34/1999/TT‑BTM)》;工业和贸易部颁布了《工业行业产品标签的通知(No. 04/2000/TT‑BCN)》;农业和乡村发展部(原渔业部)颁布了《在水产养殖中禁止使用氯霉素和管理化学品与兽药使用指令(No. 07/2001)》;卫生部颁布了《关于在行业和医疗器械中允许注册,但限制使用以及禁止使用的化学品、杀虫剂和消毒剂名单的决定(No. 1452/2002/QD‑BYT)》;运输部颁布了《危险货物道路运输管理规定(13/2003/ND‑CP)》,对危险货物名单和标签做出规定。

此外,越南主管部门还颁布了《工业爆炸品管理条例(No. 39/2009/ND‑CP)《关于化学品违法活动行政处罚规定(No. 90/2009/ND‑CP)》《关于肥料生产和贸易违法活动行政处罚的规定(No. 15/2010/ND‑CP)》《关于限制电子产品中某些危险物质的暂行规定(30/2011/TT‑BCT)》《关于化学品申报的规定(39/2011/TT‑BCT)》等法规规章。

2007 年 11 月 21 日越南国会审议通过了《化学品法》,并从 2008 年起施行。根据《化学品法》的规定,越南主管部门颁布了《化学品法实施条例和导则(No. 108/2008/ND‑CP)》,对该法相关条款做出详尽规定和实施导则。

2012 年 2 月越南主管部门颁布了《关于遵循 GHS 化学品分类和标签指导

意见的通知(04/2012/TT - BCT)》,规定了化学品分类和标签的具体要求。越南相关法规要求,从 2014 年 3 月 30 日起和 2016 年 3 月 30 日起分别对化学物质和混合物执行 GHS 规定标签和 SDS 要求。

越南实施 GHS 涉及的政府主管部门包括工业和贸易部、运输部、卫生部、农业和乡村发展部等。

目前越南采纳了联合国 GHS 紫皮书(第 3 修订版),未采纳的 GHS 危险类别为加压化学品(全部类别),易燃气体类别 1A(发火气体、化学性质不稳定气体)、类别 1B,气溶胶类别 3,退敏爆炸物(全部类别),特定靶器官毒性的全部类别;吸入危害类别 1 和类别 2。

根据关于 GHS 化学品分类和标签的规定,越南对化学品安全标签除了标示 GHS 标签要素之外,还要求标示的补充信息为数量、生产日期(日/月/年)、失效日期(如果有)、货物产地以及使用和防护注意事项。对于小型包装,标签上可以省略防范说明和使用与防护注意事项,但须记录在附带书面文件中。对于 SDS 和标签上语言要求使用越南文。

7. 印度尼西亚

印度尼西亚化学品相关法规主要包括:贸易部颁布的《危险物品销售和控制规定(No. 04/M - DAG/PER/2/2006)》;工业部颁布的《工业生产使用危险物品管理规定(No. 24/M - IND/PER/5/2006)》;环境部颁布的《关于危险和有毒物品符号和标签程序规定(No. 03/2008)》等。

根据共和国总统令的决定,印度尼西亚由工业部颁布政令在全国实施 GHS。工业部 2009 年颁布了《关于实施 GHS 政令(No. 87/M - IND/PER/9/2009)》《关于实施 GHS 政令的修正令(No. 23/M - IND/PER/4/2013)》。

《关于实施 GHS 政令的修正令》做出下列规定:① 化学物质应当贴附标签并附具 SDS;② 化学物质生产企业应当鉴别确定其危险性分类,并贴附标签和编制 SDS,并且至少每 5 年审查和修订一次;③ 化学物质重新进行包装时,企业应当贴附标签,注明重新包装企业名称、地址和物质净重并编制 SDS;④ 上述每家企业应当向工业部制造局局长做出报告。

根据该法的要求:① 对国内生产和进口的单一化学物质从 2010 年 3 月 24 日起强制性实施 GHS 分类和标签;② 对化学混合物自愿实施 GHS 标签,从 2016 年 12 月 31 日以后,国内生产和进口的混合物都强制性实施 GHS 分类和标签,但是对中小企业豁免上述要求;③ 对生产和进口企业,尤其是跨国公司和进口商要求提供基于 GHS 的标签和 SDS。

印度尼西亚涉及化学品管理的主要主管部门包括工业部、运输部、农业部、贸易部、卫生部、国家药品和食品监管局、人力资源和移民部以及环境部。

印度尼西亚目前采纳 GHS 紫皮书(第 4 修订版),未采纳的 GHS 危险种类/类别为加压化学品(全部类别),易燃气体类别 1A(发火气体、化学性质不稳定气体)、类别 1B,气溶胶类别 3,易燃液体类别 4,退敏爆炸物(全部类别),急性毒性类别 5,皮肤腐蚀/刺激类别 3,吸入危害类别 2,危害水生环境的急性毒性类别 2 和类别 3。印度尼西亚要求化学品标签采用符合 GHS 的标签要素,语言使用印尼文,可以伴随其他联合国语言(即英文)。对于 SDS 要求符合 GHS 标准的 16 项格式内容,每 5 年必须审查修订一次。

8. 俄罗斯

2016 年 10 月俄罗斯颁布了联邦《化学产品安全技术条例(第 1019 号令)》,要求从 2021 年 7 月 1 日起,对所有化学物质和混合物强制性执行 GHS 标签有关规定。目前仅要求企业根据《化学品标签:总体要求(GOST 31340—2013)》国家标准,从 2014 年 8 月 1 日起自愿地实施 GHS。

根据《化学产品安全技术条例》,俄罗斯制定了一套关于实施 GHS 国家标准,包括《化学产品安全通行证:总体要求(GOST 30333—2007)》《化学品分类:总体要求(GOST 32419—2013)》《混合物分类(健康危害)(GOST 32423—2013)》《化学品环境危害性分类:总则(GOST 32424—2013)》《混合物分类(环境危害)(GOST 32425—2013)》《化学品标签:总体要求(GOST 31340—2013)》。

俄罗斯工业和贸易部根据《化学产品安全技术条例》负责对国家实施 GHS 进行监管。

目前俄罗斯执行 GHS 紫皮书(第 4 修订版),采纳了 GHS 全部的物理危险、健康和环境危害类别,但尚未采纳后续修订版本的易燃气体(发火气体类别 1A、类别 1B)、退敏爆炸物(全部类别)。根据《化学品标签:总体要求(GOST 31340—2013)》国家标准,化学品制造商也可以在其标签上增加一些补充危害信息,例如,"与水接触释放出有毒气体""与酸接触释放出有毒气体",但不得与 GHS 危险信息相抵触。这些要求对制造商都是自愿的,包括这些短语的措辞。

此外,《化学产品安全技术条例》的 GHS 相关规定在 2021 年 7 月 1 日起强制执行后,还将出现一些补充的与健康危害和环境危害相关的内容,如内分泌干扰物、蓄积性化学品以及土壤有毒物质等。

9. 中国台湾地区

中国台湾地区根据美国《有毒物质控制法》和《职业安全与健康法》,要求化学品供应商对有毒化学品或危险化学品的包装和容器贴附标签,并提供符合有关 GHS 法规和标准的 SDS。自 2008 年起,中国台湾地区已经对部分选定的化学品实施 GHS。从 2016 年起在工作场所对具有物理危险和健康危害的危险化学品全面实施 GHS 分类和标签。

2014 年中国台湾地区劳动部门修订发布了《危险化学品的标签和危险公

示规定》,并于 2014 年 7 月 3 日生效。该部门规章要求制造商、进口商或供应商从 2016 年 1 月 1 日起对其具有物理危险和健康危害的所有危险化学品提供标签和 SDS。对工作作业场所实施 GHS 分四个阶段进行。

劳动部门先后公布了 3 份强制性遵循 GHS 规定的危险化学品名单。第一阶段只包括 1 062 种危险化学品。第二阶段新增了 1 089 种危险化学品。第三阶段又增加了 1 020 种危险化学品。上述三个阶段的 GHS 相关要求自 2008 年起执行。最后第四阶段,列出所有具有物理危险和健康危害的危险化学品,并自 2016 年 1 月 1 日起全部执行 GHS 标准规定的标签和 SDS。

此外,中国台湾地区环境保护部门发布了《有毒化学品标签和安全数据表规定》,对具有环境危害的有毒化学物质和含有毒化学物质的混合物规定了标签和 SDS 要求,并从 2014 年 12 月 11 日施行。

由中国台湾地区经济事务主管部门的计量和检查部门发布的《化学品分类和标签标准(CNS 15030)》适用于整个中国台湾地区,所有与 GHS 相关的法规都参照该标准。该标准基于联合国 GHS 紫皮书(第 4 修订版),采纳了 GHS 的所有物理危险、健康和环境危害类别。

中国台湾地区职业安全卫生部门依据《危险化学品的标签和危险公示规定》以及环境保护部门依据《有毒化学品标签和安全数据表规定》分别负责监管工作场所和环境领域 GHS 的实施。

此外,2016 年 1 月 6 日职业安全卫生部门发布了"推荐的 GHS 分类参考名录",收录了大约 9 000 种危险物质的 GHS 分类结果。其中大多数化学品的危险性分类结果与欧盟《CLP 条例》附件六的分类结果一致,企业也可以使用其自我的分类结果,制作出标签和 SDS。

作为亚太经济合作组织(Asia-Pacific Economic Cooperation, APEC)成员经济体之一,中国台湾地区创建了 GHS 参考信息交换和工具网站(GREAT)平台,用来收集和散发各成员经济体标准化的 GHS 标签要素信息,包括:① 危险种类和类别;② 象形图(符号);③ 信号词;④ 危险说明;⑤ 防范说明等。

GREAT 界面显示以下信息项:主页(Home)、新闻(News)、查询(Search)、下载(Download)、链接(Links)和使用条款(Terms of Use),其中"新闻"项中报道 APEC 及其各成员经济体 GHS 实施的最新新闻;"查询"项中可查询浏览使用各成员经济体当地语言表述的 GHS 标签要素信息;"下载"项可以下载和打印 GHS 标签要素和象形图;"链接"项友情链接了各成员经济体各自的 GHS 网站信息。

查询该网站通常分为五个步骤:① 选择文本框中显示的成员经济体;② 选择需要显示的语言;③ 选择需要查询的标签要素内容(如危险说明);

④ 单击查询图标;⑤ 显示查询结果。

截至 2014 年 1 月,该网站上 GHS 分类和标签要素信息提供了 11 个 APEC 成员经济体,包括澳大利亚、智利、中国(中文简体)、印度尼西亚、日本、韩国、马来西亚、菲律宾、俄罗斯、泰国和中国台湾地区以及 23 个欧盟成员方总计 34 种语言翻译文本。该网站由台湾职业安全卫生部门的安全卫生技术中心负责日常维护与更新。

3.3　各国家和地区实施 GHS 策略和经验评估分析

3.3.1　发达国家和地区实施 GHS 策略评估

欧盟、美国、加拿大、日本、澳大利亚和新西兰都采纳实施了联合国 GHS 分类标准及其标签要素的要求,各国主要成功的做法有以下三点。

1. 制定和修订化学品管理相关法规及国家标准

各国都采取制定化学品分类专项法规或者修订化学品管理相关法规及化学品分类国家标准,将 GHS 分类和标签制度体系纳入本国化学品安全法规体系中,并适时进行更新。各国实施 GHS 法规主要涉及职业安全与健康管理法规、环境保护法规领域。各国危险货物的运输(包括危险化学品运输)仍然根据联合国《规章范本》的规定,实施危险货物分类、包装和标签要求。各国对危险化学品实施 GHS 分类和标签要素要求都针对化学物质和混合物,并分别给予 3~5 年的过渡期。

2. 根据 GHS"积木块方法"原则和国情,采纳 GHS 大部分危险类别

各国普遍根据 GHS 规定的"积木块方法"原则,结合本国国情采纳了 GHS 大部分危险类别,同时未采纳一部分危险类别。根据各国法规规定,如果一种化学品符合法律采纳 GHS 危险类别的判定标准时,就被认定为"危险化学品",生产或进口企业必须编制符合 GHS 要求的标签和 SDS,将其危险说明和防范说明等标签要素信息传递给该化学品供应链的下游用户。

目前欧盟、日本和加拿大已采纳执行 GHS 紫皮书(第 6 或第 7 修订版)的要求,其他国家仍在执行 GHS 紫皮书(第 4 修订版或第 3 修订版)的要求。

欧盟、日本和新西兰已经依据化学品分类和标签专项法规或者化学品安全相关法规,全面采纳实施 GHS 的物理危险、健康危害和环境危害性分类及其标签要素要求。而美国、加拿大和澳大利亚目前只根据本国工业卫生和安全领域法规,针对生产、加工和使用危险化学品的作业场所实施 GHS 物理危险和健康危害性分类标准及其标签要素要求,尚未颁布实施 GHS 环境危害性分类标准。

最近上述发达国家和地区都在进一步修订其化学品相关法规和标准,采纳接受联合国 GHS 紫皮书的最新版本。例如,2019 年 4 月欧盟发布了"为适应技术进步对《CLP 条例》第 12 次修正令",从而使该条例的危险性分类标准和标签要素与联合国 GHS 紫皮书(第 6 和第 7 修订版)保持一致。本次修订的主要变化包括:① 增加一个新危险种类,退敏爆炸物(这是指在爆炸性化学品中,通过添加物质如水等,来抑制其爆炸性);② 在易燃气体危险种类中,增加一个发火气体新危险子种类(这是指在与氧气短暂接触后,容易点燃的易燃气体);③ 做出部分澄清和更正,以确保与 GHS 相关术语保持一致;④ 对危险种类的定义进行了更新,以确保术语一致性;⑤ 更新了引用的测试方法(如 ISO 测试方法或 OECD TD),以反映测试方法的发展情况。

修订的《CLP 条例》从 2020 年 10 月 17 日起施行,但是从发布之日起就可以用于化学品的分类和标签。欧盟《REACH 条例》中对 SDS 的要求也正在修订之中。

2019 年 5 月 27 日日本经济产业省和厚生劳动省参照联合国 GHS 紫皮书(第 6 修订版),联合发布了修订的日本工业标准,并设置了三年过渡期,从 2022 年 5 月 24 日以后,企业必须完全遵循该新标准要求。

美国 OSHA 正计划对现行《危险性公示标准》进行修订更新,以便与 GHS 紫皮书(第 7 修订版)保持一致。加拿大已采纳执行 GHS 紫皮书(第 5 修订版),并正在修订《危险产品条例》以便采纳 GHS 紫皮书(第 7 修订版),预计这项工作将在两年内完成。澳大利亚已开始修订《模式工作健康和安全法》,以实施 GHS 紫皮书(第 6 修订版)。2019 年 7 月初澳大利亚安全工作局正在就如何采纳实施 GHS 紫皮书(第 7 修订版)相关事项征询各界利益相关者的意见。2017 年 12 月新西兰通过了新的法律文书("EPA 通告"),要求根据 GHS 紫皮书(第 5 修订版)提供标签和 SDS,并计划实施 GHS 紫皮书(第 6 和第 7 修订版)。

此外,OECD 理事会于 2018 年 5 月 25 日通过了一项《关于合作开展调查和降低化学品风险的决定》建议,修改并替代了 OECD 理事会 1991 年发布的决定建议。该项决定强调,应当坚持实施联合国 GHS,以便在产品供应链上进一步加强危险性信息沟通。实施 GHS 可以通过采用适合各自国家的 GHS 危险类别积木块来实现。各成员方应当坚持与其他国家交流并分享根据 GHS 标准判定出的化学品危险性分类结果。OECD 理事会的决定将进一步推动其成员方以及致力加入 OECD 或遵守其标准的国家实施 GHS。

3. 编制 GHS 分类相关指南导则,设立化学品 GHS 分类结果公示平台

各国主管当局编制实施 GHS 分类相关指南导则,并在政府部门网站设立危险化学品 GHS 分类结果查询和公示平台,供企业和公众查询使用。关于欧盟颁布《CLP 条例》,实施化学品危险性分类和公示的经验做法参见本书第 2章第 2.1 节。

3.3.2　各国实施 GHS 的关注点及面临的挑战

1. 各国实施 GHS 的进度及采纳的 GHS 版本不同

自 2003 年 7 月联合国正式审议通过 GHS 紫皮书(第 1 版),并在世界各国推行 GHS 以来,至今已经过去 18 年时间,许多国家已经全面或者在部分行业部门实施了 GHS,并取得显著进展。然而各国实施 GHS 计划的步调不一致,并采纳了不同的 GHS 紫皮书版本。

例如,根据 APEC 2017 年 4 月公布的《关于成员经济体 GHS 实施进展情况第七次报告》的调查结果,在反馈 GHS 实施情况调查的 12 个 APEC 成员经济体中,有 9 个国家(包括澳大利亚、新西兰、加拿大、美国、日本、印度尼西亚、马来西亚、越南和中国)已经对作业场所的工业化学品实施 GHS 分类和标签要求。

其余 3 个经济体中,菲律宾正在按照不同监管类型的化学品分阶段实施GHS。俄罗斯 2016 年 10 月刚颁布联邦《化学产品安全技术条例(第 1019 号令)》,要求从 2021 年 7 月 1 日起,对所有化学物质和混合物强制性执行 GHS标签有关规定。目前仅要求企业自愿地实施 GHS。而中国香港特别行政区计划对工业作业场所化学品实施 GHS,但尚未确定实施细则。

此外,联合国 GHS 紫皮书每两年修订一次,GHS(第 9 修订版)是目前的最新版本。目前除了欧盟、日本和加拿大已经执行了 GHS 紫皮书(第 5 或第 6修订版)之外,其他国家大多采纳执行 GHS 紫皮书(第 3 或第 4 修订版)。各国化学品管理法规标准根据 GHS 紫皮书修订版的更新步调均赶不上 GHS 紫皮书修订频率。

而且各国的 GHS 执行计划和时间表信息不清晰,普遍缺少正规更新机制。采用不同 GHS 紫皮书修订版本可能导致化学品分类结果和标签要素存在不一致,需要各国主管部门接受基于目前和之后联合国 GHS 紫皮书修订版本的 SDS 和标签。为了确保 GHS 修订版本持续趋同地实施,各国应当考虑建立更新机制,定期更新其采用的 GHS 紫皮书修订版本。

2. 采纳不同的危险类别"积木块",导致实施 GHS 的差异

按照联合国 GHS 紫皮书的规定,GHS 统一分类和标签要素可以看成是构成法规管理方法的一组"积木块"。各国可以自主决定将哪些危险类别积木块应用在本国化学品分类制度中。但是,当该国的分类制度中包含了 GHS 的某些内容并准备实施 GHS 时,所采用的内容应当与 GHS 规定保持一致。

各国均根据本国国情、管理能力和需求，从联合国 GHS 规定的危险种类/类别中，采用"积木块方法"原则，选取全部或者一部分危险类别及其分类标准来界定本国"危险化学品"的范围。由于各国采纳的 GHS 危险类别积木块不同，导致同一化学品在一个国家可能被认定为危险化学品，而在另一国家可能不属于危险化学品。

此外，有些国家还采用了一些非 GHS 规定的危险种类/类别。如美国、加拿大增加了物理危险的单纯窒息剂、可燃粉尘；新西兰增加了环境危害的土壤生态毒性、对陆生脊椎动物生态毒性和对陆生无脊椎动物生态毒性要求。由此也会引起同一化学品的标签和 SDS 中展示的标签要素不同。

3. 对农药和消费化学品如何实施 GHS 标签要求

联合国 GHS 规定，GHS 分类适用于化学物质和混合物。GHS 适用范围覆盖所有危险化学品。当工人暴露于这些化学品和运输中可能发生暴露时，GHS 就适用。而危险性标签要素的使用方式可以随产品类型或者其生命周期阶段而变化。但是，GHS 不适用于医药品、食品添加剂、化妆品或者食品中的农药残留物。

虽然 GHS 已被各国广泛用于工业作业场所的危险化学品，但是许多国家对 GHS 标签要素是否被用于洗涤剂、洗发香波、沐浴液、消毒剂、油漆、空气清新剂等消费化学品和农药等农用化学品尚不清楚，也没有作为实施的重点。

与作业场所的化学品不同，消费化学品直接出售给消费者群体，其标签成为沟通危险性信息的唯一途径。由于消费化学品通常以小包装供给，标签表面积小可能不足以展示所有 GHS 标签要素信息。

此外，GHS 标签通常是基于化学品危险（害）性分类确定的。然而，GHS 允许对消费化学品使用基于风险的标签，在这种情况下，如果根据化学品风险评估的结果，其风险可以被排除时，某些慢性健康危害可被排除在标签之外。

目前只有欧盟根据《CLP 条例》对消费化学品采纳执行 GHS 标签要求。该条例要求销售给公众的产品附有标签，还需要补充包装内的净数量以及"避免儿童触及"等信息。

日本对消费化学品采取自愿方式执行 GHS 标签要求。例如，在征询日本经济产业省意见之后，日本肥皂和洗涤剂协会考虑采用基于风险的标签，并编制了自愿的关于消费清洁产品的标签 GHS 指南文件。

澳大利亚主要针对作业场所危险化学品采用 GHS 标签要求。由于作业场所化学品和消费化学品之间的界限并不总是清晰明确的，主管部门告知工业行业可以根据其营销渠道和最终用途，自主选择作业场所的标签或者消费化学品的标签。

新西兰政府采取了灵活的方式，没有规定对消费化学品必须使用 GHS 标签,同时也接受符合澳大利亚、美国、加拿大或欧盟标签要求的消费化学品。

关于农药产品如何执行 GHS 分类标准和标签要素问题,许多国家依然遵照世界卫生组织《推荐的农药危害性分类及其分类导则》(*The WHO Recommended Classification of Pesticides by Hazard and Guidelines to Classification*)、联合国粮食及农业组织的《关于农药登记导则》(*The FAO Guidelines on Pesticide Registration*)和《关于农药良好标签实践导则》(*The FAO Guidelines on Good Labelling Practice for Pesticides*)来进行农药危害性分类和编制农药标签,而不是根据 GHS 紫皮书。

2015 年联合国粮食及农业组织修订并公布的《关于农药标签良好实践导则》(2015 年版)吸收结合了 GHS 的主要内容,并就如何将 GHS 规定应用于农药产品标签提供了建议。此外,世界卫生组织 2009 年修订了《推荐的农药危害性分类及其分类导则》,考虑采用了 GHS 关于急性毒性(经口)和急性毒性(经皮肤)分类标准等。

目前 GHS 的 29 个危险(害)种类中,涉及农药产品的危险(害)性通常有 6个,即易燃性、急性毒性、皮肤腐蚀/刺激、严重眼睛损伤/眼睛刺激、皮肤过敏以及环境危害的急性和慢性水生危害。上述危险(害)种类分类标准适用于农药产品,但是目前 GHS 尚未制定对陆生环境的陆生生物(如蜜蜂、哺乳动物)的危害性分类标准。当对农药产品采纳 GHS 分类标准时,各国主管当局可能需要考虑增加对陆生生物的危害性。

由于农药产品通常采用小包装供给,标签的表面积可能不足以包括所有 GHS 标签要素信息,有些国家对最终使用的农药产品可能采用基于风险的 GHS 标签,而不是基于固有危险(害)的常规 GHS 标签。

目前欧盟已经对农药产品采纳执行了 GHS 要求。根据《CLP 条例》对农作物保护产品和杀生物药剂从 2015 年 6 月 1 日起(对农药纯活性组分物质从 2010 年 12 月 1 日起)强制执行 GHS 分类和标签要求。对农药标签还要求增加一些附加信息,如每种活性组分物质的名称和数量、净含量、生产批号、产品功效类型、制剂类型、批准的用途、"使用前阅读的附带指示说明"以及"农药产品及包装安全处置指导"等。

土耳其根据本国《化学品分类、标签和包装条例》规定,对农药产品采纳执行 GHS 标签要求。从 2016 年 6 月 1 日起(对农药纯活性组分物质从 2015 年 6 月 1 日起)农药产品必须执行 GHS 分类和标签。

澳大利亚对农药产品要求在申请农药登记时,在申请材料中需提供符合 GHS 的危险性分类和 SDS 内容。新西兰采取如同消费化学品一样的灵活方式,没有明确规定对农药产品执行 GHS 标签要求。

日本已经明确表示,不打算对农药产品执行 GHS 要求。美国 EPA 仍在研究考虑如何依据《联邦杀虫剂、杀菌剂和杀鼠剂法》对监管的农药产品采纳GHS 分类标准体系,但至今尚未颁布符合 GHS 分类标准和标签要素的农药环境危害性公示标准。

有的国家表示他们已经或正在考虑在联合国粮食及农业组织导则等的基础上,实施 GHS 的要求。但澳大利亚农药行业认为,在符合世界卫生组织和联合国粮食及农业组织导则的基础上,再增加 GHS 的要求会对行业造成额外成本负担,行业从额外的监管要求中获得的效益为零。

4. 创建"全球统一 GHS 分类化学品名录"面临难题

随着 GHS 在全球范围内实施,有些国家主管当局已采用强制性或经批准的危险化学品分类目录名单,以促进危险化学品进行合规分类。然而人们注意到已公布的危险化学品分类目录名单上的化学品危险性分类结果并不一致,从而导致同一化学品所公示的危险性标签要素信息不同。

此外,还有许多国家/地区没有或者没有能力建立自己的危险化学品分类目录名单。这些因素促使联合国 GHS 专家小组委员会探讨创建"全球统一GHS 分类化学品名录"的可能性,对缺少分类名单的国家/地区提供指导,并帮助世界各国规范化学品 GHS 分类,避免重复开展分类工作,节省资源。

从大约十年前联合国训练研究所(United Nations Institute for Training and Research,UNITAR)酝酿提出创建该名录起,此后联合国 GHS 专家小组委员会开展了多项研究工作,以确定全球各地区现行分类名录之间的不同点、识别确定出现差异的主要原因,并探讨建立"全球统一 GHS 分类化学品名录"的可行性。经过长时间的辩论,联合国 GHS 专家小组委员会为该名录的编制提出了一系列指导原则,以便管理该名录的创建,确保以透明方式建立分类结果,使利益相关者能够参与,以可公开提供的电子版数据为依据,并且分类结果不具法律约束性。

为了探索创建"全球统一 GHS 分类化学品名录"可以采用的分类流程和可能需要的资源,联合国 GHS 专家小组委员会与 OECD 合作开展了一个试点分类项目。根据试点分类项目计划,由三个合作方(欧洲化学品管理局、俄罗斯和美国)各自牵头分别负责从三个化学物质,即二甲基二氯化锡(Dimethyltin Dichloride,CAS 号:753 - 73 - 1)、二环戊二烯(Dicyclopentadiene,CAS 号:77 - 73 - 6)和邻苯二甲酸二正丁酯(Di-n-butyl Phthalate,CAS 号:84 - 74 - 2)中,各选择一个化学品开展 GHS 分类工作。每个牵头方编制一份分类报告,内容包括该化学品拟定的危险性分类和标签要素。此外,还需编制一份报告附件,详尽说明关于该物质审定的分类研究结果依据的数据和判定依据等信息。

为了保证透明度并为利益相关者的投入提供一个平台,这项工作的文件被张贴在 OECD 网站上,允许所有利害相关方访问并提出评论意见。牵头方根据评论意见修改其分类文件,对评论意见做出答复,并通过电话会议讨论解决典型评论意见提出的问题。

牵头方和评论方还利用一个标准化格式的资源跟踪表,报告其编制、审查和修改危险性分类草案以及参加电话会议等所花费的时间等。最后,OECD 编制了一份工作报告,概要说明其工作过程、使用的资源、最终获得的分类结果和开展项目获得的经验。所有这些文件,包括支持该分类过程开发的模板都可以在 OECD 网站上公开获取。

该试点分类项目在对三种化学品达成了不具约束力的共识分类方面是成功的。然而,试点表明以这种方式创建一个"全球统一 GHS 分类化学品名录",联合国 GHS 专家小组委员会需要获得巨大的资源及其可持续性的承诺。

试点工作小组中许多专家对创建该名录表示支持,认为虽然已建立的统一分类的工作流程还需要大量的精力进行实践检验,但是随着经验的累积,该工作将变得更为高效。该名录将推动实现实施 GHS 的目标,对于缺乏资源开展本国化学品 GHS 分类的国家和中小企业尤其有用。主管当局可以利用国际资源,实现规模经济;而且在国际一级审查的 GHS 分类结果可以提高分类的准确性。

但是也有些专家表示,他们担心统一分类名录编制过程中需要耗费大量资源;在国际层面审查的分类结果可能会对某些国家已完成的分类工作造成不必要的重复,而且当名录中出现不一致的分类结果时,也可能对某些国家现行强制约束性分类产生相关法律问题。尤其是某些 OECD 成员方对创建"全球统一 GHS 分类化学品名录"事项感到兴趣不大。

试点工作小组最近提出,如果联合国 GHS 专家小组委员会决定继续开展这个项目,其需要对下列事项做出决定:① 如何选定优先审查并分类的化学物质;② 有些物质是否可以作为一类物质进行分类;③ 如何提交分类结果建议;④ 专家小组委员会应当如何同意、批准或认可分类结果;⑤ 对统一分类名录上现有的分类结果应当如何进行更新;⑥ 名录维护所需要的资源和资金。

目前联合国 GHS 专家小组委员会尚未就编制开发一个"全球统一 GHS 分类化学品名录"做出决定,也没有采纳通过 OECD 试点分类项目得出的分类结果。相反,联合国 GHS 专家小组委员会正在跟踪研究试点过程中发现的引人关注的问题,并考虑继续拓展创建"全球统一 GHS 分类化学品名录"应当采取的下一个步骤。

联合国关于创建一个"全球统一 GHS 分类化学品名录"项目正处于"十字路口"上。联合国 GHS 专家小组委员会在其以后会议上将就相关问题继续进行讨论,目前尚未做出决定。

5. GHS 实施相关技术性、数据资源和能力建设问题

化学品 GHS 分类涉及物理危险、健康危害和环境危害的分类标准,各种判定指标参数以及分类数据质量和证据权重等,专业性强、技术复杂。特别是 GHS 分类标准中对混合物危险性分类临界值的选取以及特殊类型化学品,例如,对所含成分物质未知或可变、复杂反应产物和生物材料(UVCB 类物质),如何采用 GHS 分类标准进行分类等。需要各国主管部门制定和公布 GHS 分类技术指南导则文件和培训材料,以指导和帮助企业理解法规要求和 GHS 分类标准、实施化学品自我分类和标签等。

欧盟、日本等发达国家/地区主管部门编制和公布了各种 GHS 分类技术指南导则文件,对实施 GHS 起到不可或缺的重要作用。而对于发展中国家而言,主管部门很少编制并公布 GHS 分类技术指南导则文书,而且实施 GHS 分类所需要的化学品理化性质、健康毒理和环境危害性相关数据信息资源严重不足,制约着这些国家 GHS 的实施。

1992 年在巴西里约热内卢召开联合国环境与发展大会通过的《21 世纪议程》第 19 章指出,"本议程识别出有毒化学品环境健全管理存在众多问题,其中两个问题是缺少开展风险评估所需的充足科学信息以及对掌握数据信息的化学品缺少进行风险评估的人力资源,尤其是在发展中国家"。因此,需要加强化学品 GHS 宣传和管理能力建设。

此外,发展中国家实施 GHS 分类面临的主要障碍之一是人们对实施化学品 GHS 危险性分类和信息公示、促进化学品安全、保护人体健康和环境的深远意义认识不足。化学品相关企业,尤其是中小企业缺少 GHS 分类专业知识、培训材料等。例如,需要电子版培训指南手册,包括化学品分类方法、数据要求和来源;GHS 标签要素及象形图识别与使用概要说明培训材料;各国对 GHS 实施的不同要求和提高公众意识宣传材料等。各国主管部门对此需要加以研究,寻求适合国情的解决方案。

3.4 中国 GHS 实施现状、存在问题及面临的挑战

3.4.1 中国 GHS 实施现状

1. 制定和修订化学品相关法律法规和国家标准

近年来,我国在制定和修订化学品相关法律法规和国家标准纳入 GHS 相关要求方面,取得了显著成效。在实施 GHS 以前,我国依据原《危险化学品安

全管理条例》(国务院第 344 号令)和相关国家标准,一直参照联合国《规章范本》的规定,将危险化学品划为 8 类,即爆炸品、压缩液化气体、易燃液体、易燃固体、氧化剂、有机过氧化物、有毒物质、腐蚀品等,并编制《危险化学品名录》(2002 版)。

从 2006 年开始,我国在化学品危险性分类和标签上全面采纳联合国 GHS 分类体系,并制定了化学品分类和标签系列国家标准。2006 年起根据 GHS 紫皮书(第 1 版),原国家质量监督检验检疫总局、国家标准化管理委员会先后发布了《化学品分类、警示标签和警示性说明安全规范(GB 20576—2006~GB 20599—2006、GB 20601—2006 和 GB 20602—2006)》和《化学品安全标签编写规定(GB 15258—2009)》《化学品分类和危险性公示通则(GB 13690—2009)》《化学品安全技术说明书内容和项目顺序(GB/T 16483—2008)》等国家标准,并从 2006 年 11 月起先后开始施行。

2011 年国务院发布修订的《危险化学品安全管理条例》(第 591 号令),将危险化学品定义修改调整为"危险化学品,是指具有毒害、腐蚀、爆炸、燃烧、助燃等性质,对人体、设施、环境具有危害的剧毒化学品和其他化学品"。危险化学品的危险(害)性涵盖了物理危险、健康危害和环境危害性。

根据国务院《危险化学品安全管理条例》第十五条规定,危险化学品生产企业应当提供与其生产的危险化学品相符的化学品安全技术说明书,并在危险化学品包装(包括外包装件)上粘贴或者拴挂与包装内危险化学品相符的化学品安全标签。化学品安全技术说明书和化学品安全标签所载明的内容应当符合国家标准的要求。

危险化学品生产企业发现其生产的危险化学品有新的危险特性时,应当立即公告,并及时修订其化学品安全技术说明书和化学品安全标签。该条例从 2011 年 12 月 1 日起施行。

根据国务院《危险化学品安全管理条例》,生态环境部(原环境保护部)、交通运输部、国家市场监督管理总局(原国家质量监督检验检疫总局)等主管部门分别发布了《新化学物质环境管理办法》(原环境保护部第 7 号令)、《道路危险货物运输管理规定》(交通运输部 2013 年第 2 号令)、《关于进出口危险化学品及其包装检验监管有关问题的公告》(原国家质量监督检验检疫总局 2012 年第 30 号)等部门规章,对化学品危险性分类、标签、SDS 提出明确要求,为 GHS 在中国的实施奠定了法律基础。

2013 年国家市场监督管理总局(原国家质量监督检验检疫总局)、国家标准化管理委员会根据联合国 GHS 紫皮书(第 4 修订版),修订发布了《化学品分类和标签规范》(GB 30000.X—2013)系列国家标准和《化学品安全技术说明书编写指南》(GB/T 17519—2013)等国家标准,并从 2014 年 11 月 1 日起施行。

新的《化学品分类和标签规范》等系列国家标准的发布,进一步促进了联合国GHS 化学品分类标准和标签要素在我国的实施。

此外,在职业安全与健康领域,根据《中华人民共和国职业病防治法》(2011年 12 月),对产生严重职业病危害的作业岗位,应当在其醒目位置,设置警示标识和中文警示说明。警示说明应当载明产生职业病危害的种类、后果、预防和应急救治措施等内容。

根据《使用有毒物品作业场所劳动保护条例》(国务院第 352 号令,2002年),有毒物品必须附具说明书,如实载明产品特性、主要成分、存在的职业中毒危害因素、可能产生的危害后果、安全使用注意事项、职业中毒危害防护和应急救治措施等内容。有毒物品的包装应当符合国家标准,并以易于劳动者理解的方式粘贴或者拴挂有毒物品安全标签。有毒物品的包装必须有醒目的警示标识和中文警示说明。

国家相关部门颁布了《工作场所职业病危害警示标识》(GBZ 158—2003)、《高毒物品作业岗位职业病危害告知规范》(GBZ/T 203—2007)国家标准。

2014 年 11 月 13 日应急管理部(原国家安全生产监督管理总局)办公厅发布《用人单位职业病危害告知与警示标识管理规范》(原安监总厅安健〔2014〕111 号),要求各单位通过多种方式组织用人单位学习《化学品分类和标签规范》,指导用人单位对职业病危害告知与警示标识管理工作进行一次全面自查,并按照《化学品分类和标签规范》要求完善职业病危害告知内容及档案材料,设置和维护好警示标识,保障劳动者的职业健康。

根据 2017 年 3 月 16 日国务院颁布的《农药管理条例》(第 677 号令)第 22条,农药包装应当符合国家有关规定,并印制或者贴有标签。国家鼓励农药生产企业使用可回收的农药包装材料。

农药标签应当按照国务院农业主管部门的规定,以中文标注农药的名称、剂型、有效成分及其含量、毒性及其标识、使用范围、使用方法和剂量、使用技术要求和注意事项、生产日期、可追溯电子信息码等内容。

对于剧毒、高毒农药和使用技术要求严格的其他农药等,其限制使用农药的标签还应当标注"限制使用"字样,并注明使用的特别限制和特殊要求。用于食用农产品的农药的标签还应当标注安全间隔期。

农业农村部(原农业部)颁布的《农药标签和说明书管理办法》(农业部2017 年第 7 号令)和《农药产品标签通则(NY 608—2002)》对农药产品的标签和说明书内容文字、符号、图案做出了具体规定。

2. 确立"危险化学品确定原则",发布《危险化学品目录》(2015 版)

2011—2014 年,应急管理部(原国家安全生产监督管理总局)组织召开多次《危险化学品目录》制定和修订工作会议及专题会议,经过反复研究、协商和征求意见,并书面征求国务院 10 个部门意见后,于 2015 年 2 月 27 日联合发布《危险化学品目录》(2015 版)。

《危险化学品目录》(2015 版)收录了危险化学品条目总计 2 828 种,于 2015 年 5 月 1 日实施。2015 年 8 月 19 日应急管理部还发布了《危险化学品目录(2015 版)实施指南(试行)》。该指南文件附件"危险化学品分类信息表",根据目前掌握的化学品危险(害)数据资源,列出了《危险化学品目录》(2015 版)中危险化学品已确定的 GHS 危险性分类信息,并对特殊情况进行了解释说明。

该指南文件明确要求危险化学品生产和进口企业要依据危险化学品分类信息表列出的各种危险化学品分类信息,按照《化学品分类和标签规范》系列标准(GB 30000.2—2013～GB 30000.29—2013)及《化学品安全标签编写规定》(GB 15258—2009)等国家标准规范要求,科学准确地确定本企业化学品的危险说明、警示词、象形图和防范说明,编制或更新化学品安全技术说明书、安全标签等危险化学品登记信息,做好化学品危害告知和信息传递工作。

按照联合国 GHS,各国可以根据本国国情、管理能力和需求,从联合国 GHS 化学品危险性分类规定的危险种类/类别中,采用"积木块方法"原则,选取全部或者一部分危险类别及其分类标准,作为本国"危险化学品确定原则"来界定危险化学品的范围,并不是必须将 GHS 规定的全部危险类别都作为危险化学品界定范围。

在制定和修订《危险化学品目录》(2015 版)的过程中,应急管理部等 10 个部门专家经过研究讨论和协商,最终达成一致意见,明确了我国"危险化学品确定原则",即根据我国颁布的化学品分类和标签系列国家标准,从联合国 GHS 紫皮书(第 4 修订版)化学品危险性分类规定的 28 个危险种类的 95 个危险类别中,选取了其中危险性较大的 81 个类别作为危险化学品的确定原则。符合上述 81 个危险(害)类别标准的化学品在我国作为危险化学品管理,其余 14 个危险(害)程度较低类别的化学品不作为危险化学品管理。

我国未采纳的 14 个 GHS 危险类别包括 3 种。① 物理危险:爆炸物 1.5 项、1.6 项;气溶胶类别 2、类别 3;易燃液体类别 4;自反应物质和混合物 F 型、G 型;有机过氧化物 G 型。② 健康危害:急性毒性类别 4、类别 5;皮肤腐蚀/刺激类别 3;吸入危害类别 2。③ 环境危害:危害水生环境急性毒性类别 3、慢性毒性类别 4。我国危险化学品危险性确定原则采纳的 GHS 危险类别如图 3 - 14 所示。

危险种类	物理危险类别						
爆炸物	不稳定爆炸物	1.1项	1.2项	1.3项	1.4项	1.5项	1.6项
易燃气体(包括化学性质不稳定气体)	1	2	A(化学性质不稳定气体)	B(化学性质不稳定气体)			
气溶胶	1	2	3				
氧化性气体	1						
加压气体	压缩气体	液化气体	冷冻液化气体	溶解气体			
易燃液体	1	2	3	4			
易燃固体	1	2					
自反应物质	A	B	C	D	E	F	G
自燃液体	1						
自燃固体	1						
自热物质	1	2					
遇水放出易燃气体物质	1	2	3				
氧化性固体	1	2	3				
氧化性液体	1	2	3				
有机过氧化物	A	B	C	D	E	F	G
金属腐蚀物	1						

危害种类	健康和环境危害类别				
急性毒性(经口、经皮和吸入)	1	2	3	4	5
皮肤腐蚀/刺激性	1A	1B	1C	2	3
严重眼睛损伤/眼睛刺激性	1	2A	2B		
呼吸或皮肤致敏物	1A(呼吸)	1B(呼吸)	1A(皮肤)	1B(皮肤)	
生殖细胞突变性	1A	1B	2		
致癌性	1A	1B	2		
生殖毒性	1A	1B	2	附加类别(哺乳效应)	

(续图)

危害种类	健康和环境危害类别			
特定靶器官毒性 （一次接触）	1	2	3	
特定靶器官毒性 （反复接触）	1	2		
吸入危害	1	2		
危害水生环境　急性毒性	1	2	3	
危害水生环境　慢性毒性	1	2	3	4
危害臭氧层	1			

注：标示为"空白"的危险类别为纳入《危险化学品目录》管理，作为危险化学品危险性确定原则的全部危险类别；"深色底纹"的危险类别为危险性较小，未纳入《危险化学品目录》管理，不作为危险化学品管理的危险类别。

图 3 - 14　我国危险化学品危险性确定原则采纳的 GHS 危险类别

需要强调说明以下三点。① 我国对危险化学品的管理实行目录管理制度。目前列入《危险化学品目录》(2015 版)中的 2 828 种(条目)危险化学品是指依据《危险化学品安全管理条例》实施各种安全行政许可管理的危险化学品。② 对于混合物和未列入《危险化学品目录》(2015 版)的危险化学品或者危险特性尚未确定的化学品，企业应该根据《化学品物理危险性鉴定与分类管理办法》(原国家安全生产监督管理总局第 60 号令)及其他相关规定进行鉴定分类，经鉴定分类属于符合危险化学品确定原则的，应该根据《危险化学品登记管理办法》(原国家安全生产监督管理总局第 53 号令)进行危险化学品登记，但不需要办理相关安全行政许可手续。③ 按照《危险化学品安全管理条例》第三条的有关规定，随着新化学品的不断出现、化学品危险性鉴别分类工作的深入开展，应急管理部等 10 部门将适时对《危险化学品目录》(2015 版)进行调整。

3. 新化学物质环境管理登记实施 GHS 分类情况

2010 年 10 月 15 日我国生态环境部(原环境保护部)施行了修订的《新化学物质环境管理办法》，首次明确提出根据化学品危害特性鉴别、分类标准，新化学物质分为一般类新化学物质、危险类新化学物质。危险类新化学物质中具有持久性、生物蓄积性、生态环境和人体健康危害特性的物质，列为重点环境管理危险类新化学物质。要求申报人按照国家有关标准提供分类、标签和化学品安全技术说明书，以及针对新化学物质的健康危害和环境危害提供风险评估报告等。

据统计，2016—2020 年，根据《新化学物质环境管理办法》，生态环境部已批准登记 784 种常规申报(生产或进口量大于或等于 1 t/a)新化学物质中,一般类(危害性较低,不符合我国"危险化学品确定原则")新化学物质总计 141 种,占获准登记新化学物质总数的 18.0%;危险类(符合我国"危险化学品确定原则")新化学物质总计有 643 种,占获准登记新化学物质总数的 82.0%。

在 643 种获准登记的危险类新化学物质中,进一步确认重点环境管理危险类新化学物质 330 种,其他危险类新化学物质 313 种,分别占获准登记新化学物质总数的 42.1% 和 39.9%。重点环境管理危险类新化学物质是指具有较高人类健康和生态环境危害的化学物质,包括致癌性、生殖细胞致突变性和生殖毒性类别 1 和类别 2;特定靶器官毒性(反复接触)类别 1;危害水生环境急性毒性类别 1 和慢性毒性类别 1 和类别 2;PBT 类和 vPvB 类化学物质。

生态环境部常规申报获准登记新化学物质危险性管理分类统计如表 3 - 22 所示。

表 3 - 22　生态环境部常规申报获准登记新化学物质危险性管理分类统计

管理类别	2016 年		2017 年		2018 年		2019 年		2020 年		合 计	
	新化学物质数量/种	占总数比例/%	新化学物质数量/种	占总数比例/%	新化学物质数量/种	占总数比例/%	新化学物质数量/种	占总数比例/%	新化学物质数量/种	占总数比例/%	新化学物质数量/种	占总数比例/%
一般类	27	20.5	27	20.1	28	18.4	27	18.2	32	14.8	141	39.9
危险类	48	36.3	45	33.6	55	36.2	61	40.9	104	47.9	313	39.9
重点环境管理危险类	57	43.2	62	46.3	69	45.4	61	40.9	81	37.3	330	42.1
获准登记物质总数	132	100	134	100	152	100	149	100	217	100	784	100

此外,对于根据 2003 年 9 月原国家环境保护总局发布《新化学物质环境管理办法》已经获准登记新化学物质,当其首次生产或进口活动满五年之日起,且符合管理要求拟列入《中国现有化学物质名录》时,由登记证持有人提交已登记新化学物质 GHS 分类结果,经专家评审后确认其 GHS 分类结果,并在生态环境部官网上进行公示。

我国新化学物质环境管理登记中实施 GHS 分类,对国内化学品全面实施 GHS 危险性识别判定起到了引领和推动作用。

4. 建立实施 GHS 的部际联席会议制度,组织开展 GHS 教育培训工作

为履行我国对联合国实施 GHS 做出的承诺,做好实施 GHS 的相关工作,加强部门间的协调配合,我国建立了实施 GHS 的部际联席会议制度。联席会议由工业和信息化部、外交部、发展和改革委员会、财政部、生态环境部、交通运输部、农业农村部、国家卫生健康委员会、海关总署、国家市场监督管理总局、应急管理部等部门组成。联席会议召集人由工业和信息化部部长担任。联席会议办公室设在工业和信息化部,承担联席会议日常工作。联席会议的主要职能包括:① 研究拟定我国实施 GHS 国家行动方案及有关政策;② 协调解决实施 GHS 工作中的重大问题;③ 研究提出实施 GHS 需制定和调整法律法规的意见,评估实施 GHS 年度进展情况;④ 审查实施 GHS 工作报告;⑤ 完成国务院交办的其他事项。

2012 年 5 月,为加强我国实施 GHS 重大问题研究,提高决策的科学性,推进 GHS 在我国的实施,经实施 GHS 的部际联席会议成员单位一致同意,成立了实施 GHS 专家咨询委员会。其主要职责是对制定和调整我国实施 GHS 的法律法规标准、化学品分类和标签目录、实施 GHS 国家行动方案及有关政策等重大事项提出咨询意见和建议。同时,实施 GHS 专家咨询委员会将在评估实施 GHS 年度进展情况、开展 GHS 宣传培训、跟踪国际 GHS 发展动态等方面提供技术支持。

2010 年 12 月 3 日,工业和信息化部与 UNITAR 签署中国实施 GHS 培训与能力建设协议备忘录,合作承担推进中国实施 GHS 的培训和能力建设项目活动。

2011 年 11 月工业和信息化部在北京举办了一期 GHS 高级培训班。培训对象来自政府决策管理部门和企业 GHS 实施管理部门的负责人,共 320 余人。本次培训班是我国开展的“GHS 培训师培训计划”的重要内容,学习结束后由 UNITAR 颁发了“GHS 高级培训班”结业证书。持有该证书的学员将成为“GHS 能力建设在中国”的骨干人员,负责本地区或本部门的 GHS 培训,共同推动 GHS 在我国的全面实施。

此外,2012 年 5 月工业和信息化部还在青岛、苏州、杭州连续举办了三期 GHS 培训班,参加培训的对象主要来自山东、江苏、浙江三省经济和信息化委员会及化学品生产企业的相关人员,共培训 527 人,其中企业 493 人。培训内容包括 GHS 关于物理危险、健康危害和环境危害的分类,GHS 安全标签、SDS 的编制等。培训班针对性进行了化学品危险性分类练习,对 GHS 安全标签、SDS 的制作进行现场指导,并解答了与 GHS 实施相关的国家政策和技术方面的问题。

2012 年 3 月工业和信息化部在官网上发布了国家实施 GHS 网页。除了公布我国危险化学品管理相关法规、标准和管理目录等之外,还链接公布了联合国 GHS 紫皮书新修订版本、联合国 TDG 桔皮书修订版本以及联合国 IPCS

编制的国际化学品安全卡(中文版),供社会公众查询使用。

2013 年 5 月 31 日工业和信息化部发布了《中国实施 GHS 手册》,系统介绍了联合国 GHS 紫皮书的相关内容,向政府部门、工人、应急救援人员和社会民众等宣讲介绍实施 GHS 的重要性以及我国如何实施 GHS 的步骤措施等。

3.4.2　中国实施 GHS 存在的问题及面临的挑战

1. 法规标准不健全,对企业化学品危险性识别分类与标签责任缺少清晰规定

联合国环境与发展大会通过的《21 世纪议程》中强调,对化学品危险性的广泛认识是实现化学品安全的先决条件之一。危险化学品的安全生产、使用、储存和运输很大程度上取决于国家是否建立健全的化学品危险性分类和危险性公示制度,以及人们是否了解化学品的危险性质、安全防护和环境保护措施等。

我国缺少一部全国人大颁布的"国家化学品管理法律"或者国务院颁布的行政条例,全面规范调整工业化学品的生命周期,包括生产、进口、加工使用、储存、运输直至废弃处理处置过程中的危险性鉴定分类和危险性公示要求并实施风险管理。

我国目前主要通过全国人大或国务院针对医药品、食品添加剂、危险化学品、农药、兽药、麻醉和精神药品、易制毒化学品等各类不同用途的化学品分别颁布专项法律或行政条例实施不同的管理要求。国家现行化学品法律、行政法规和部门规章中均未明确规定实施 GHS 的法律地位。

根据现行国务院《危险化学品安全管理条例》,危险化学品生产企业应当提供与其生产的危险化学品相符的化学品安全技术说明书,并在危险化学品包装上粘贴或者拴挂与包装内危险化学品相符的化学品安全标签。化学品安全技术说明书和化学品安全标签所载明的内容应当符合国家标准的要求。

我国对危险化学品的管理实行目录管理制度。目前列入《危险化学品目录》(2015 版)的危险化学品只有 2 828 种,对于未列入《危险化学品目录》(2015版)的危险化学品或者危险特性尚未确定的化学品,《危险化学品安全管理条例》并没有明确提出由生产或进口企业负责其化学品危险性识别分类,并对符合危险化学品确定原则的危险化学品履行编制和散发安全标签和 SDS 的责任义务。

我国是全球化学品生产和使用大国,目前除了应急管理部 2013 年 7 月颁发的《化学品物理危险性鉴定与分类管理办法》要求化学品生产和进口单位对其生产或进口化学品的物理危险性进行识别鉴定与分类,并将分类结果登记报送给应急管理部化学品登记中心之外,国家卫生健康委员会、生态环境部尚未颁布相关化学品健康危害和环境危害鉴别分类管理的规定。而且三个主管部门均没有要求生产和进口企业对其生产、进口一定量级以上的全部化学品(化学物质和混合物)在规定的一定时间期限内做出危险性鉴别分类。

加上我国实施 GHS 分类所需数据资源严重不足,我国目前生产和使用的4.5 万多种现有化学物质中,很大一部分(大约 3.69 万种)化学物质没有鉴别判定其危险性分类,对其中的危险化学品未能实施 GHS 危险性公示和有效监管,我国危险化学品安全管理存在巨大的监管空白。

鉴于我国化学品专项法律、法规未能有效规范解决化学品健全管理中存在的危险(害)性鉴定分类和危险性公示问题,迫切需要制定一部类似欧盟《CLP条例》的"关于化学物质和混合物实施 GHS 危险性分类和标签"的专项法律或国务院行政条例,以保障 GHS 顺利实施。

2. GHS 国家标准修订赶不上 GHS 紫皮书更新频率,部分标准要求与 GHS 不一致

中国主要依靠制定和修订国家标准与 GHS 的分类标准和标签要素保持一致,目前我国相关国家标准已经采纳 GHS 紫皮书(第 4 修订版)的相关分类标准。由于联合国 GHS 紫皮书每两年就修订发布一个新版本,目前为 GHS紫皮书(第 9 修订版)。我国国家标准制定和修订频率赶不上 GHS 紫皮书修订更新步伐,需要设法加以解决。

此外,欧盟、美国、日本、新西兰等发达国家和地区在化学品管理相关法规标准中都明确说明了本国采纳 GHS 危险类别"积木块"并规定符合这些危险类别的化学品属于"危险化学品"。在这些发达国家的法规条款或国家标准中,凡未被国家采纳的 GHS 危险类别均不列入法规和国家分类标准文本之中。

而我国国家市场监督管理总局、国家标准化管理委员会修订发布的《化学品分类和标签规范(GB 30000.X—2013)》等系列国家标准,采取等同采用方式将 GHS 紫皮书(第 4 修订版)涉及的全部 28 个危险种类和 95 个危险类别分类标准全部纳入《化学品分类和标签规范》等国家系列标准中,却没有明确说明符合哪些危险类别分类标准的化学品属于危险化学品。这也与依据《危险化学品安全管理条例》编制的《危险化学品目录》(2015 版)中规定的"危险化学品确定原则"存在矛盾和不一致,需要在今后标准的修订中加以调整。

此外,我国对作业场所颁布的《工作场所职业病危害警示标识(GBZ 158—2003)》《高毒物品作业岗位职业病危害告知规范(GBZ/T 203—2007)》国家标准中,并未完全采用 GHS 标签要素规定的象形图、危害说明和防范说明,需要修改完善与 GHS 要求取得一致性。

农业农村部颁发的《农药标签和说明书管理办法》和《农药产品标签通则(NY 608—2002)》对农药产品的标签和说明书内容文字、符号、图案做出具体规定,也未完全采用GHS标签要素规定的象形图、危害说明和防范说明,需要修改完善与GHS要求取得一致性。

生态环境部2011年公布的《新化学物质危害性鉴别导则(征求意见稿)》中危险类新化学物质管理类别的确定原则也与《危险化学品目录》(2015版)规定的"危险化学品确定原则"存在不一致之处,需要调整修改后尽快颁布施行。

3. 国家化学品GLP实验室检测能力显著不足,不能满足实施GHS需求

为了提高化学品(包括工业化学品、医药品、农药、兽药、化妆品、食品和饲料添加剂等)实验室产生的评价化学品对人体健康和环境危害与风险的试验数据的可靠性和充分可再现性,20世纪80年代以来,发达国家化学品管理普遍要求所有化学品安全测试数据应当来自通过GLP认可的实验室。

GLP是指确保试验研究按照高质量的标准试验程序进行,基于文件记录的试验结果具有充分可再现性,且试验在质量保证计划下完成的一套实验室管理制度。GLP规定了实验室研究的计划、试验、分析检测、记录、报告和归档的框架原则。实施GLP有助于确保向国家主管部门提交的化学品登记数据真实地反映试验研究的结果,并可以借以做出危害评估和风险评估。

GLP是一项化学品测试实验室质量管理和监控制度。各国主管部门对化学品实验室实施GLP合规情况进行检查、审核评估,对符合GLP的化学品测试实验室(即检查审核合格者),决定是否授予GLP资质并发给相应认证证书。因此,该制度检查审核结果决定着一个化学品测试实验室是否有资格从事化学品物理危险、健康和环境危害性参数指标的测试研究任务,而不是国内通常所述的对实验室水平的优秀、良好与及格考评检查,也不是国内在某一专业或学科领域设立的国家重点实验室的考评检查与验收。

为了提供化学品安全监管所需要的实验数据并保证安全、健康和环境数据的可靠性,美国、德国、日本等发达国家建有大量公共和私人GLP实验室。例如,美国为《有毒物质控制法》和《联邦杀虫剂、杀菌剂和杀鼠剂法》提供GLP测试数据的实验室有3000多家;德国拥有通过认证的化学品GLP实验室159家;日本拥有通过认证的化学品GLP实验室73家。

由于化学品测试所需人力物力大,且费用高,为了避免不必要的重复工作,1981年OECD理事会通过了《关于化学品评价数据相互可接受性的决定》,即数据互认制度(Mutual Acceptance of Data,MAD)。规定一个成员方根据《OECD化学品测试导则》和《良好实验室规范》获得的化学品测试数据应当被其他成员方接受,用于保护人类健康和环境的化学品风险评估目的。

1997年以后该数据互认制度开始向非OECD成员方开放。OECD理事会通过了《关于同意非OECD成员方遵守数据互认制度的决议》,明确规定非OECD成员方加入数据互认制度,同时享有与成员方一样的权利和责任义务的

过程和要求。

非成员方必须遵循《OECD 化学品测试导则》和《良好实验室规范》，设立 GLP 检查机构并根据参与数据互认制度成员方同样的标准开展实验室检查和考核工作。同时必须接受 OECD 成员方以及其他遵守数据互认制度国家在数据互认制度规定的条件下开展试验研究获得的数据用于本国法规管理目的。

数据互认制度的实施提高了各国政府和产业界实施化学品申报登记程序的有效性和效率，保证了测试数据质量，也有助于避免重复测试，节省政府和企业花费的资金，并减少用于安全测试的试验动物数量。2010 年 OECD 开展的一项调查表明，实施数据互认制度以后，OECD 各成员方政府和化工企业每年可以净节省资金 1.5 亿欧元以上。

目前 OECD 包括了欧洲、南北美洲、亚洲和大洋洲等 38 个成员方。截至 2020 年 9 月，已经与 OECD 签订全面遵守数据互认制度协议的非 OECD 成员方国家有新加坡、阿根廷、巴西、印度、马来西亚、南非和泰国等。

根据《中华人民共和国药品管理法》《危险化学品安全管理条例》《农药管理条例》《中华人民共和国认证认可条例》等法律法规以及《国务院关于机构设置的通知》(国发〔2018〕6 号)，我国涉及化学品安全监管以及 GLP 实验室考核检查的政府主管部门主要有 6 个。

国家市场监督管理总局负责产品质量安全、食品安全监督管理；负责统一管理标准化工作；建立并组织实施国家统一的认证认可和合格评定监督管理制度以及管理国家药品监督管理局工作。

国家药品监督管理局(原国家食品药品监督管理总局)负责药品和化妆品的安全监督管理，负责药品和化妆品的注册审评和注册管理以及药品 GLP 实验室的考核监管。

国家卫生健康委员会负责药品、食品添加剂、化妆品的安全风险监测评估、职业健康风险评估和管理。化学品毒性鉴定的管理工作明确由中国疾病预防控制中心承担，其负有化学品毒性鉴定质量考核及技术指导的职责，并向社会公布质量考核合格的鉴定机构名单，保证化学品毒性鉴定质量。

农业农村部负责农药、兽药和饲料添加剂的安全监管和农药 GLP 实验室的考核监管。

生态环境部负责组织化学品(新化学物质)环境危害性鉴定和环境风险评估，并负责化学品环境危害鉴定 GLP 实验室检查监管。

应急管理部负责安全生产综合监督管理和工矿商贸行业安全生产监督管理，指导安全生产类、自然灾害类应急救援，承担国家应对特别重大灾害指挥部工作；负责危险化学品安全生产登记，监管化学品物理危险性鉴定并考核评估化学品物理危险性鉴定机构实验室工作等。

此外，近年来，随着我国医药品、农药、新（工业）化学物质安全与环境管理工作的不断深入，我国化学品安全检测实验室的检测能力逐渐提升。国家市场监督管理总局和国家认证认可监督管理委员会、生态环境部、农业农村部等主管部门按照国际通行 GLP 要求，发展和建立各自的 GLP 实验室认可制度体系，并着手组织开展实验室考核认可工作。

2006 年国家药品监督管理局发布了《药物非临床研究质量管理规范》和《药物非临床研究质量管理规范认证管理办法》。农业农村部先后发布了《农药毒理学安全性评价良好实验室规范（NY/T718—2003）》和《农药良好实验室考核管理办法》（第 739 号）。生态环境部发布了《化学品测试合格实验室导则（HJ/T155—2004）》和《关于开展新化学物质登记测试机构检查的通知》（环办函〔2008〕22 号）。

国家市场监督管理总局（国家认证认可监督管理委员会）批准设立并授权中国合格评定国家认可委员会（CNAS），统一负责对认证机构、实验室和检查机构等相关机构的认可工作（包括我国化学品安全评价的 GLP 实验室的评价认可）。2008 年 6 月国家认证认可监督管理委员会公告发布了《良好实验室规范（GLP）原则》和《良好实验室规范（GLP）符合性评价程序（试行）》等化学品 GLP 评价体系文件。

目前我国化学品安全数据测试方法已经采用参照《OECD 化学品测试导则》等国际通用方法转化的《化学品测试方法》或者国家标准方法，各实验室也在遵循 OECD《良好实验室规范原则》要求和我国主管部门的相关要求完成测试工作。

近年来，国内相关主管部门相继审查通过了一批符合本部门 GLP 认可体系要求的化学品理化、健康和生态毒性鉴定实验室。截至 2019 年 12 月，中国合格评定国家认可委员会已批准认可 20 家符合《良好实验室规范（GLP）原则》的化学品安全评价 GLP 实验室；生态环境部已考核认可 18 家符合《良好实验室规范（GLP）原则》的化学品生态毒理 GLP 实验室；农业农村部批准认可了 173 家符合《农药毒理学安全性评价良好实验室规范（NY/Y718—2003）》的农药登记实验 GLP 实验室；国家市场监督管理总局考核通过了 100 多家符合《药品非临床研究质量管理规范》的药品 GLP 实验室。

据统计，截至 2019 年年底，我国已经审查通过了 200 多家符合各部门 GLP 认可体系要求的化学品理化、健康和生态毒性鉴定实验室，初步形成了中国化学品安全管理的重要技术支撑力量。

在这些 GLP 实验室中，目前有沈阳化工研究院安全评价中心等 26 家企业机构的实验室，分别通过了荷兰、比利时、德国、波兰和墨西哥主管部门的单边 GLP 资质授权认证。测试领域涉及理化、农药残留、环境行为和环境毒理、医药与农药的毒性试验、致突变实验等,其中认证领域以理化特性测试居多。其提供的化学品测试结果仅能在获得认证的国家单边接受使用,其他 OECD 成员方并不予以认可。

除了上述主管部门认可的 GLP 实验室之外,2016 年 4 月国家卫生健康委员会(原国家卫生计生委)中国疾病预防控制中心审核评估认可了 23 家符合《化学品毒性鉴定管理规范》、具有化学品毒性鉴定资质的实验室。

2016 年 8 月应急管理部化学品物理危险性鉴定与分类技术委员会经现场核查,审评通过了 11 家机构符合《化学品物理危险性鉴定与分类管理办法(原国家安全监管总局第 60 号令)》规定的"化学品物理危险性鉴定机构条件"的实验室。

但是,中国的化学品测试和合格实验室评定、审查认证与监管尚处于起步阶段,化学品 GLP 实验室,尤其是工业化学品 GLP 实验室测试能力和管理工作远不能满足国内化学品安全和环境管理的需要。

与发达国家相比,我国 GLP 实验室存在相当大的差距,主要表现为一部分被检查的 GLP 实验室尚存在实验条件不符合要求,标准操作规程(SOP)不齐全,试验室机构人员职责分工不清,仪器设备、样品标识和试验档案管理存在缺陷以及试验人员 GLP 培训不足等问题。

此外,一些国内 GLP 实验室提交的新化学物质测试报告质量参差不齐,在试验操作程序描述、报告格式、报告核心内容表述清晰程度、报告审核以及试验人员资质等方面,与国外 GLP 实验室提交的测试报告相比存在一定差距。我国化学品 GLP 实验室缺少定期随机的 GLP 合规性检查认证,使得提交的化学品测试数据的科学有效性尚不能得到有效保障。

面对目前我国数万种已大量生产和使用的化学品需要鉴定其物理危险、健康危害和环境危害,仅凭现有通过考核认证的 200 多家从事化学品测试的 GLP 实验室难以承担工业化学品测试的繁重任务,远远不能满足国内实际需求。

我国作为全球化学品生产和使用大国,至今尚未与 OECD 签署实验室数据互认制度协议,致使我国被排斥在化学品 GLP 数据国际互认体系之外,即使我国化学品登记管理中接受认可国外 GLP 实验室测试数据,但是中国化学品实验室提供的测试数据未获得其他国家认可接受,给我国化学品出口企业带来沉重的经济负担,亟待国家相关主管部门合力解决这一问题。

我国不是 OECD 成员方,要想加快实现我国加入 OECD 的 GLP 数据国际互认体系的步伐,需要以国家名义(而非由一两个主管部门)与 OECD 协商并签署 OECD/GLP 实验室数据国际互认制度协议,并提高我国 GLP 实验室合规性和监管水平,才能实现使我国 GLP 实验室测试数据获得 OECD 成员方等国家的国际认可。

国内相关主管部门对实施 GLP 数据国际互认制度的重要性和迫切性认识不足,且国家认证认可监督管理委员会及相关主管部门之间缺少沟通协调、交换经验和相互学习借鉴,因而短期内可能难于实现我国 GLP 实验室测试数据获得 OECD 成员方等国家的国际认可。

4. 国内化学品安全信息数据资源匮乏,缺少化学品危险性信息查询公示平台

长期以来,发达国家主管部门通过化学品安全立法,建立化学品危险性信息产生、收集、评估和公示制度和机制,开发并构建大批化学品安全信息数据库系统。这些数据库系统中存储着经审查批准的各类化学品的生产、使用、理化性质、健康和环境毒性等数据以及安全防护与环境保护措施信息,为各级政府主管部门实施化学品安全管理提供有效的信息支持,同时企业和社会公众通过访问政府主管机构的网站平台,可以免费查询使用这些数据信息。

据中国国家科学数字图书馆化学学科信息门户网站"环境化学数据库"中收录链接的国外 58 个化学品安全信息数据库资源统计(表 3 - 23),其中大部分数据库系统免费提供查询服务。

表 3‑23　"环境化学数据库"中收录链接的国外数据库名单

序号	数 据 库 名 称	备注
1	美国环境保护局化学物质登记数据库(EPA Chemical Registry System, CRS)	
2	美国环境保护局化学数据库统一检索接口(Envirofacts)	免费
3	美国可分结构查询毒性公共数据库网络(Distributed Structure-Searchable Toxicity Public Database Network, DSSTox)	
4	美国通过子结构检索 SRC 的系列数据库	免费
5	环境中化学品互联网资源数据库检索引擎(DAIN Metadatabase of Internet Resources for Environmental Chemicals)	
6	欧盟化学品法规与统计数据库(RISC)	免费
7	美国 TRI 化学品排放情况排名信息(Chemical Scorecard)	免费
8	美国 SRC 环境归趋数据库(Environmental Fate Data Base, EFDB)	免费
9	美国 EPA 理化与环境特性估算程序包(EPA EPI Suite)	免费
10	美国 EPA 人类健康效应综合风险信息系统(IRIS)	免费
11	欧洲现有商业化学物质名录(European Inventory of Existing Commercial Chemical Substances, EINECS)	

（续表）

序号	数据库名称	备注
12	欧洲高产量化学品安全及风险评估报告数据库（IUCLID CD - ROM 2000）	
13	地球科学、生态学科技文献摘要库（ChemWeb.com 检索 Geobase）	
14	美国有毒物质释放清单	免费
15	美国有毒物质和疾病登记署化学品毒性信息文件（ATSDR Toxicological Profile Information Sheet）	免费
16	美国国家农药信息检索系统（NPIRS）	
17	美国国家地球化学数据库	
18	美国环境保护局高产量化学品挑战计划名单	
19	美国加利福尼亚州空气资源委员会空气污染控制信息数据库	
20	西班牙化学品生物降解性预测（BDPServer）	
21	加拿大国家大气化学数据库和分析系统（Canadian National Atmospheric Chemistry Database and Analysis System，NAtChem）	
22	潜在有害化学品数据库集成（CHEM - BANK）	
23	欧洲化学品理化、毒理学信息检索门户（ChemAgora Portal）	免费
24	环境中化学品信息系统（Chemical Information System，CIS）	
25	欧盟已申报化学物质名录（European List of Notified Chemical Substances，ELINCS）	免费
26	欧洲海洋生物物种数据库（ERMS）	
27	美国农药毒性信息库（EXTOXNET）	免费
28	美国 ATSDR 危险化学品相关职业毒理学数据库（Haz - Map）	免费
29	美国危险物质排放/健康效应数据库（HazDat Database）	免费
30	IPCS 国际化学品安全卡（ICSCs）	免费
31	美国 ATSDR 环境关注化学品人类健康效应风险数据库（International Toxicity Estimates for Risk，ITER）	免费
32	应用零价金属修复污染文献书目数据库（IronRefs Database）	免费
33	3000 多种农药和其他环境污染物数据索引（Nanogen Index II）	
34	NIST 标准参考数据库——离子液体（IUPAC Ionic Liquids Database，ILThermo）	
35	美国 NIST 化学数据库产品及更新	
36	康奈尔大学农药活性组分信息数据库（Pesticide Active Ingredient Information at Cornell University）	免费

（续表）

序号	数 据 库 名 称	备注
37	英国农药产品事实文件数据库（Pesticide Fact File，PFF）	
38	美国污染物监测分析服务（Spectrum Laboratories Inc）	
39	美国田纳西大学风险评估信息系统（The Risk Assessment Information System）	免费
40	美国国家医学图书馆 TOXLINE（药物/化学品生化、生理、毒理学文献库）	免费
41	美国明尼苏达大学生物催化反应/生物降解途径信息数据库（UMBBD — PPS）	免费
42	日本国立环境研究所化学品环境相关数据（WebKis）	免费
43	世界气象组织世界温室气体数据中心（WDCGG）	免费
44	亚太经济与社会委员会农药对环境和健康影响数据库（ESCAP）	免费
45	美国反应性化学品安全处置与使用数据库（Bretherick's Reactive Chemical Hazards Database）	
46	地球化学数据在线数据库（地球参考模型）	
47	美国《有毒物质控制法》测试数据数据库（TSCATS）	免费
48	美国 MDI 实验室毒性与基因比较数据库（CTD）	免费
49	德国马普化学会亨利定律常数（水溶解度）查询（Henry's Law Constants, Solubilities）	免费
50	英国环境研究理事会海洋环境中大气化学研究信息（ACSOE）	免费
51	120 种挥发性有机化合物大气对流层降解化学机制模拟信息（Tropospheric Chemistry Modelling）	
52	美国 NIOSH 化学物质毒性效应数据库（RTECS）	
53	美国化学品持久性、生物蓄积性和毒性在线预测工具（PBT Profiler）	
54	英国皇家化学会化学安全数据库（Chemical Safety NewsBase）	
55	日本国立化学品评估研究所化学品生物降解性/生物蓄积性数据库	免费
56	化合物臭氧破坏系数和全球变暖潜力估计［Ozone Depletion Potentials （ODP） and Global Warming Potentials （GWP）］	免费
57	美国哥伦比亚环境研究中心急性毒性数据库（Acute Toxicity Database）	免费
58	英国曼彻斯特大都市大学可持续发展百科全书信息	

　　国外还建有众多由社会机构组织构建的化学品安全信息网站，为社会各界提供化学品安全信息查询服务。如美国 Velocity EHS 咨询公司创建了 MSDS 在线网站（MSDS online），提供 35 万多种化学品 SDS 信息的免费查询服务。截至 2020 年 9 月底，各国主管部门提供的化学品 GHS 分类和标签信息数据库网站平台如表 3-24 所示。

表 3-24   各国主管部门提供的化学品 GHS 分类和标签信息数据库网站平台

国家/地区/组织	承担机构	化学品数据库名称	内容说明	网址
欧盟	欧盟化学品管理局	公共化学品分类和标签名录[The Public Classification and Labelling (C&L) Inventory]	收录了 180 270 种危险化学物质的分类和标签要素数据,包括 4 287 种欧盟实施统一分类与标签的危险物质	https：//echa.europa.eu/web/guest/information-on-chemicals/cl-inventory-database
日本	NITE	NITE 化学品风险信息平台(NITE-Chemical Risk Information Platform)	收录了日本主管部门已完成的 3 108 种化学品 GHS 分类结果及其分类依据	http：//www.nite.go.jp/en/chem/chrip/chrip_search/intSrhSpcLst?_e_trans=&slScNm=CI_01_001
新西兰	环境保护局	化学品分类和信息数据库系统(Chemical Classification and Information Database, CCID)	收录了 5 443 种危险化学品物理危险、健康与环境危害性分类结果和分类依据	http：//www.epa.govt.nz/search-databases/Pages/HSNO-CCID.aspx
德国	德国社会事故保险职业安全与健康研究所(IFA)	危险物质数据库(GESTIS-database on hazardous substances)	收录了 8 800 种危险化学物质理化、健康和环境危害及其防护措施以及 GHS 分类结果	http：//gestis-database.dynv.de/
澳大利亚	澳大利亚安全工作局	危险物质信息系统(Hazardous Substances Information System, HCIS)	收录了 5 255 种危险化学品 GHS 分类结果和标签要素信息以及作业场所暴露限值标准信息	http：//hsis.safeworkaustralia.gov.au/
OECD	OECD 秘书处	全球化学物质信息门户网站(eChemPortal)	链接了全球 36 个化学品数据库资源,内容包括化学品理化性质、毒性和生态毒性、环境归趋和路径等 GHS 分类相关数据等	http：//www.echemportal.org/echemportal/page.action? pageID=9

（续表）

国家/地区/组织	承担机构	化学品数据库名称	内容说明	网　址
联合国 WHO/ILO	IPCS	国际化学品安全卡数据库（ICSC database）	收录了国际权威机构编制并经专家同业审查的 1 700 多种化学品的安全卡片，并定期进行更新。目前有 633 种化学品的包装与标签部分列出了 GHS 分类信息	http://www.ilo.org/safework/info/publications/WCMS_113134/lang--en/index.htm

我国化学品生产、使用用途、环境释放情况，以及化学品理化、健康毒理和环境危害性及其安全防范措施相关数据信息资源严重不足，国内可提供的化学品安全相关数据库查询资源非常有限。政府主管部门及其技术支持机构、科研与高等院校的专家学者只能依靠发达国家建立的各种化学品安全信息数据库系统，查阅解决我国化学品危险性判定和管理所需的化学品数据问题。国内大多数专业人士和社会公众，由于不甚了解国际权威性化学品安全数据库资源来源，或者存在专业技术能力和语言上的障碍，不知道在何处和如何获取所需要的化学品安全相关数据信息。

2000 年笔者曾借助联合国国际劳工组织项目的帮助支持，组织人员将联合国国际化学品安全规划机构编制的一套经过国际专家同行审查的"国际化学品安全卡"翻译成中文版，并建成"国际化学品安全卡（中文版）网络数据库查询系统"，免费开放供社会公众查询使用。目前该系统一直在维护和更新中。但十多年过去了，目前除了应急管理部化学品登记中心建立的中国化学品安全网的"危险化学品信息查询平台"，中国科学院上海有机化学研究所创建的"化学专业数据库综合信息系统"以及上海市化工职业病防治院创建的"化救通"网站等化学品安全信息查询平台，可以免费查询到数千种化学品理化、健康和环境危险性信息以及危险性分类和应急防护措施等信息之外，国内很少有单位提供化学品安全信息免费中文查询平台服务。

我国各级政府主管部门官方网站上发布的化学品信息大多是法规政令、标准及规范性文件及其解读说明，鲜有政府主管部门官网向其他部门和社会公众提供我国国内生产、使用的化学品危险特性、GHS 分类及其安全防控措施等数据查询服务。

虽然国内化学品安全监管相关主管部门通过危险化学品登记、化学品相关调查评估等手段,建有各自的化学品登记管理数据库系统,但所建立的数据库基本上仅限于本部门或本系统内部使用。不仅国家其他主管部门难以共享使用,更没有考虑如何形成全社会共享的化学品信息数据资源,向社会各界提供数据查询服务。

此外,近年来国家拨付大量研究经费开展高科技研究项目或环保公益性科研项目,也研发出一些化学品相关数据库系统或者 QSAR 化学品特性预测评估模型软件,但项目完成后,作为科研成果的化学品相关数据库系统或模型软件大多仅掌握在开发单位手中,并没有提供给社会各界资源共享、免费使用。

目前我国化学品危险(害)性及其安全风险防控信息公示与公众知情参与机制尚不健全,各级政府未能及时公开化学品登记管理中涉及的化学品危害性分类、风险防控措施信息,公众缺乏及时获取真实化学品安全信息的有效途径。因此,如何建立化学品危险性分类和标签信息申报制度,分批创建“化学品分类和标签目录”等数据库系统及其公示平台是中国全面实施 GHS 的战略目标,也是实现化学品健全管理面临的一项挑战。

5. 亟待提高各级管理人员、企业和社会公众对 GHS 和化学品安全的认识

化学品的安全使用、储存和运输很大程度上取决于一个国家是否有健全的化学品危险性分类、包装和标签管理法规,以及人们是否了解这些化学品的危险性质及其安全处置、防范措施。多年来,美国等发达国家通过标签、SDS 等实施化学品危险性公示沟通制度,积累了丰富经验。

我国化学品实施危险性分类和标签与 SDS 制度起步晚,公示制度不健全,依法检查监管和指导不力。当前国内推广实施 GHS 分类面临的主要障碍之一是人们对实施化学品 GHS 危险性分类和公示促进我国化学品安全、保护人体健康和环境的深远意义认识不足。

近年来国内相关部门开展的 GHS 培训研讨会和宣贯活动大多停留在专家层面和少数企业安全环保部门。大多数对象群体,包括各级政府主管部门管理人员;化学品生产和使用企业,特别是中小企业;科研单位专业技术人员等对 GHS 分类标准及其标签要素内容都缺少深入理解,更缺少对社会公众进行化学品危害和风险方面的知识普及与正确引导。社会各界对“危险化学品 (Hazardous Chemicals)”“有毒化学品(Toxic Chemicals)”“有害化学品 (Harmful Chemicals)”“风险(Risk)和危险(Hazard)”的概念模糊不清。

近年来国内危险化学品安全事故和污染事件频发,加上互联网和媒体上不时出现的各种不实舆论的引导,导致社会公众对当地危险化学品建设项目安全产生担忧,频繁发生类似厦门 PX 项目事件的“邻避效应”。所有这一切都说明深入宣传化学品安全知识和普及 GHS 标签要素知识还有很长的路要走。

此外,对同一化学品进行 GHS 分类识别判定时,由于所掌握数据资源不同以及从事分类人员的专业经验不足也可能出现不同分类结果，导致危险化学品的标签要素不一致。这通常需要设立国家级 GHS 分类专家评审咨询委员会，对有争议的分类结果进行评审和最终认定。

目前生态环境部实施新化学物质环境管理申报登记时，由生态环境部化学物质环境管理专家评审委员会专家对企业申报新化学物质的 GHS 分类结果进行审查认定。这不仅可以保证化学品分类所依据的试验数据和判定结果的可信性，而且在此过程中评审专家团队也积累了化学品 GHS 分类专业实践经验。此外，应急管理部成立的化学品物理危险性鉴定与分类技术委员会在审查认定登记的危险化学品物理危险性过程中也积累了一定经验。

近年来，随着我国新化学物质、危险化学品和农药等管理登记的实施，国内还涌现出一些承担化学品申报登记业务的中介咨询代理机构，如杭州瑞欧科技有限公司、北京博力康宁环保技术咨询有限公司、中国化工信息中心等，在化学品合规咨询代理实际运作中也锻炼培养出一批从事化学品 GHS 分类的专业人才。但是，中国作为化学品生产和使用大国，面对尚未实施 GHS 危险性分类判定和标签的数以万计化学品，仍然需要大量富有危险性分类和专业审查经验的分类专家队伍。

如前所述，欧盟、日本、新西兰、加拿大等发达国家和地区的主管当局在实施 GHS 法规标准过程中，都编制和发布了关于 GHS 分类的指导性指南、导则文件，并在政府部门网站设立危险化学品 GHS 分类结果查询和公示平台，为企业和社会各界正确理解和掌握法规要求、GHS 分类标准和实际操作提供指导服务和查询使用。

目前国内除了国家市场监督管理总局和中国检验检疫科学研究院化学品安全研究所组织翻译出版了欧盟 ECHA 发布的《CLP 条例指南》《欧盟 CLP 条例包装和标签指南》中文版本或者有学者个人编著出版《化学品 GHS 分类方法指导和范例》等书籍之外，国内相关政府主管部门没有发布过关于 GHS 分类的指导性指南、导则文件，为指导各级政府主管人员和化学品企业实施化学品分类和标签提供服务。

因此，除了继续组织各类 GHS 培训班培养分类专业人员之外，迫切需要主管部门组织国内专家组编制更新和公布《GHS 分类标准应用指南》《化学品标签和 SDS 编制指南》等指导文件，对 GHS 分类标准和规则的运用、分类数据质量评估和证据权重分析、分类结论表述、分类合理性分析给出指导，并针对各种类型的化学物质和混合物提供分类范例和标签、SDS 实例说明。

3.4.3　我国化学品健全管理和实施 GHS 的对策建议

我国在建立和进一步完善实施 GHS 国家法规标准体系，制定国家化学品健全管理宏观战略方面还有很多工作要做。针对上述我国实施化学品 GHS

的现状、存在的问题,结合我国化学品健全管理需求,现就当前我国实施 GHS 中需要优先考虑解决的主要问题,提出如下对策建议。

1. 深刻认识实施 GHS 的重要意义,履行各方应承担的责任义务

GHS 是化学品健全管理的重要组成部分,化学品安全建构在 GHS 分类、危险性公示(GHS 标签和 SDS)和风险管理制度(风险公示、暴露监测/控制)三者的基础之上。2012 年 10 月联合国 UNITAR 编制散发的《GHS 紫皮书配套指南》文件中,用一个等边三角形形象深刻地描述了在实现化学品健全管理的化学品安全使用目标中,GHS 分类、危险性公示(GHS 标签和 SDS)和风险管理制度(风险公示、暴露监测/控制)三者之间的关系(图 3 - 15)。

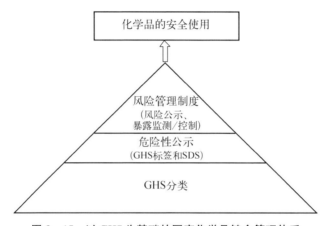

图 3 - 15　以 GHS 为基础的国家化学品健全管理体系

从图 3 - 15 可以看出,化学品 GHS 分类是化学品健全管理的重要基础。GHS 分类和危险性公示两者加起来所占图形的面积大约占三角形总面积的 75%(40%+35%=75%),而风险管理制度大约只占三角形总面积的 25%。这清楚表明了 GHS 分类在化学品健全管理中的重要性。如果没有化学品 GHS 分类及危险性公示,所谓"化学品风险管理"只能是空中楼阁。

总结归纳本书中所述发达国家实施化学品健全管理体系的实践经验可以看出,在实施 GHS 分类、危险性公示和风险管理制度三者中,政府主管部门、企业和社会公众各自应当承担如下相应的责任义务。

首先,实施化学品 GHS 分类。政府主管部门负责制定和颁布化学品鉴别、分类和标签等管理法规、标准,以及负责实施化学品登记注册制度,明确规定在化学品健全管理中主管部门的审查、监管与公示职责;化学品相关企业负责危险性分类与危险公示和申报等;社会公众要守法并承担知情参与监督的责任。

应当由化学品制造和进口厂商负责完成其生产或进口化学品的 GHS 危险性鉴别分类。企业可以通过实验或其他方式产生和收集其化学品危险性相关数据,并参照 GHS 危险性分类标准,识别判定其化学品危险(害)性类别,确定是否属于国家法定的危险化学品及其危险严重程度,并在化学品申报登记中将分类结果和相关数据依据等报告给政府相关主管部门。

其次,在化学品 GHS 分类基础上,实施化学品危险性公示。化学品生产和进口厂商按照 GHS 分类标准规定,选择与其生产或进口化学品危险性分类对应的标签要素(信号词、象形图、危险说明和防范说明),编制符合要求的标签和 SDS,将其化学品危险性分类类别及其相应安全防范措施说明等信息传递给产品供应链上的下游用户(包括下游贸易经营者、使用企业、职业人群和消费者)进行危险性公示。

政府主管部门在危险性公示中同样负有义不容辞的责任。主管部门应当像欧盟 ECHA 或其他国家主管当局那样,建立"公共分类和标签数据库"网站平台或"化学品 GHS 分类数据库查询系统"等公示平台,将通过化学品登记监管或者其他途径收集整理的化学品理化特性、健康危害和环境危害性数据信息以及化学品 GHS 分类结果等公示给社会公众,实现化学品危险信息及其安全防护措施的家喻户晓,借以帮助企业完成现有化学品的危险性分类和危险性公示,让社会公众对含有危险物质的日用消费产品等做出知情选择,并做好自身的安全防护。

最后,国家建立和实施化学品风险管理制度。政府主管部门和企业各自承担其相应的责任。政府主管部门的责任包括以下两方面。

(1) 通过申报登记和优先评估,筛选确定最危险的高关注化学物质实施许可限制管理。例如,欧盟《REACH 条例》和《CLP 条例》针对生产或进口量在 1 t/a 以上的所有化学物质实施注册登记和危险性分类和标签制度,并通过风险评估筛选甄别出 CMR 类、PBT 类和 vPvB 类等引起高关注的危险化学物质,经风险评估和社会经济影响分析并广泛征求利益相关者意见之后,列入"需授权许可危险化学品名单"或"受限制危险化学品名单"实行授权许可管理,只有获得欧盟委员会批准才能生产、进口、上市销售和使用。

美国、日本、加拿大、澳大利亚等发达国家实施"新化学物质申报登记制度"和"优先化学品筛选和风险评估制度",进行化学品危害鉴定与风险评估,筛选甄别出最危险的高关注化学物质,并对确定具有不合理风险的危险化学品实施禁止或严格限制措施。

(2) 通过重大危险源设施(Major Hazard Installation)监管和 TRI 报告制度,预防和监控化学品突发事故和环境污染释放及转移。例如,美国颁布《应急计划与公众知情权法》,要求各州成立应急计划委员会并制定危险化学品泄漏应急预案,对生产、加工或使用 800 多种极危险化学物质的设施实施 TRI 报告制度。欧盟颁布《关于防止危险物质重大事故危害指令(96/82/EC)》(以下简称《塞维索指令Ⅱ》),规定了重大化学危险源设施临界量标准,建立企业安全通报书和化学品安全报告、应急预案、土地使用规划和安全监察等管理制度。

发达国家主管当局通过实施上述化学品风险管理制度,收集、评估化学品危害、暴露和风险信息,并通过化学品安全信息公示平台,公布最危险的高关注化学品名单,将这些危险化学品的危险性和风险(危害暴露场景和风险防控措施)进行公示,让可能暴露接触危险化学品的所有使用者都知晓并理解该化学品的危险性、风险和安全防范措施等,并征询社会公众对管理名单及其防控措施对策的意见,共同实现化学品健全管理。

发达国家主管部门定期组织对重大化学危险源设施周围环境介质,如水体、土壤、空气或农作物中危险源涉及的危险化学物质的浓度进行监测,以掌握和监控企业严重危害健康和环境的化学物质排放情况及其环境浓度。主管部门还负责检查监督相关企业履行危险化学品分类、标签和 SDS 等合规性情况,对危险化学品可能产生的健康和环境风险进行实际监测并采取必要控制措施。

化学品健全管理需要政府主管部门、企业、利益相关者(包括公众、新闻媒体、专业人士和非政府组织等)共同参与并努力才能实现。化学品企业的责任主要包括危险化学品生产、储运、使用企业依法明确自身对化学品安全的社会主体责任,建立企业化学品风险防范管理制度,加强对从业人员的安全和环保教育与技术培训,完善风险防控和事故应急措施,并向社会公众公示其生产使用化学品的危险性和风险防控措施,积极防范突发性环境事件的发生等。

社会公众对化学品安全的责任包括学习了解化学品危害、暴露途径、健康与环境风险、防范措施等安全知识,积极参与对健康和环境有重要影响的化学品及其活动的监管决策过程,监督和向主管部门反映化学品相关企业违法违规的活动;自觉遵守化学品安全法规标准要求,审慎处理日常生活中可能接触到的危险化学品或者含有危险化学物质的产品和危险废物;培养和提升全社会对化学品安全的忧患意识,锻炼提高化学品突发环境事件的应对能力,切实维护自身生命财产安全。

2. 充分认识化学品健全管理的艰巨复杂性,突出管理重点,统筹兼顾治理

在制定国家化学品健全管理法规、政策和管理战略时,应当充分了解全球现有化学物质的品种总数、世界化工生产总体规模、行业发展趋势和国际管理规范实践,并考虑我国化学工业在全球所占地位及实施管理的复杂性。

据美国 CAS 最新统计,截至 2021 年 4 月底,在美国 CAS 登记数据库中收录的有机和无机化学物质总数达 1.82 亿种以上,而且每天大约还有 1.5 万种化学物质被分配新 CAS 号。目前已被列在美国、加拿大、墨西哥、欧盟、日本、澳大利亚、新西兰、中国、韩国、马来西亚、菲律宾、新加坡、越南、泰国等 20 多个国家和地区的 150 个法规监管名录(包括国际公约,各国现有化学物质名录,高产量化学品、优先化学品、运输管制危险化学品、化学污染物释放转移报告名单等)中的危险化学物质有 40.0 万种以上。

截至 2020 年 9 月底,各国政府网站公示的已确定 GHS 分类的危险化学物质数量大约有 20.3 万种,如表 3 - 25 所示。

表 3 - 25　各国政府网站公示的已确定 GHS 分类的危险化学物质数量

序号	国家/地区	目　录　名　单	危险化学物质数量/种
1	欧　　盟	"公共化学品分类和标签名录"危险化学物质名单	180 270
2	日　　本	NITE 化学品风险信息平台 GHS 分类物质	3 108
3	新西兰	化学品分类和信息数据库系统(CCID)	5 443
4	德　　国	GESTIS 危险物质数据库	8 800
5	澳大利亚	危险物质信息系统(HCIS)	5 255
小计			202 876

注:名单中所列化学品有重复。

石油和化学工业是我国国民经济的重要支柱产业之一。据统计,2018 年全国石油和化学工业主营业务收入 12.4 万亿元,其中化学工业主营业务收入 7.27 万亿元。截至 2018 年年末全国共有规模以上化工企业 248 213 家。2017 年年底,全国设有 601 家各级(类)化工园区,其中年产值 100 亿元以下园区有 404 家,化工园区主要分布在山东、湖北、江苏、江西、安徽、广东和浙江等省且靠近江河流域。

据 OECD 2012 年发表的《2050 年全球环境展望》报告,在过去十年中金砖六国化学品销售份额从 13% 增加到 28%。2010—2050 年,金砖六国将以最大 4.9% 的年增长率继续发展。预计到 2050 年中国所占份额将由目前占金砖六国化学品销售额的四分之三下降到占三分之二(图 3 - 16)。

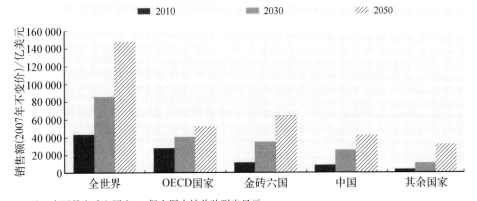

注:中国是金砖六国之一,但在图中被单独列出显示。

图 3 - 16　2010—2050 年世界各地区化学销售额预计

目前根据国家相关法规,我国主管部门执行的各类危险化学品管控名单中危险化学物质数目如表3-26所示。从表3-26可见,11项管理目录中已确定具有较高危险性的危险化学品有4 456种(类)。

表3-26 我国主管部门执行的各类危险化学品管控名单中危险化学物质数目

序号	主管部门和法规管制名单	危险化学物质数目
1	《危险化学品目录》(2015版)的危险化学品	2 828种(条目),其中剧毒化学品148种
2	原国家安全生产监督管理总局《重点监管化学品目录》(2013)	74种
3	根据《危险化学品重大危险源辨识标准(GB 18218—2018)》,作为重大危险源管理的危险化学品(2019)	85种
4	原卫生部《高毒物品目录》(2003年)	54种
5	原国家安全生产监督管理总局《易制爆危险化学品目录》(2017)	96种
6	公安部等《易制毒化学品的分类和品种目录》(2005)	38种
7	生态环境部《中国严格限制的有毒化学品名录》(2020)	29种+9小类
8	原环境保护部《化学品环境风险防控"十二五"规划》(2013)的环境风险重点防控化学品	58种
9	原环境保护部《环境保护综合目录》(2015年版)的"高污染、高环境风险"产品名录的化学产品	835种(项)
10	原环境保护部《企业突发环境事件风险评估指南(试行)》确定企业突发环境事件风险等级的"化学物质及临界量清单"中易燃、有毒有害化学物质	310种
11	生态环境部《优先控制化学品名录(第一批)》,2017年12月;《优先控制化学品名录(第二批)》,2020年11月	40种
小计		4 456种

注:名单所列化学品种类有交叉重复。

我国和其他国家一样,需要监管的危险化学品品种数量非常庞大,监管任务十分艰巨。完全依靠对危险化学品发放"许可证"的"行政许可"方式进行审批管理,从管理资源能力、管理成本和管理必要性上看,既不现实,也做不到。就算从上述危险化学品中筛选出数百种乃至几千种高关注危险化学品进行所谓"优先控制",实施禁止或严格限制措施,余下占总数90%以上的数万种其他危险化学品如无有效适当的风险管控措施,也难以实现化学品健全管理的目标。

因而在制定国家化学品健全管理宏观战略时,需要充分借鉴发达国家管理实践经验,从顶层设计入手,制定完整清晰的管理目标、策略和路线图计划,解决管理指导方针、管理对象物质、管理重点、管理手段、管理部门和如何进行管理等问题。

建议既要突出重点,将政府主管部门有限的管理资源和工作重点放在那些对人类生命、健康和环境威胁最大,引起最高关注的危险化学品上,也要统筹兼顾,通过推进化学品危险性鉴定分类和危险性公示及落实风险管理制度,依靠政府主管部门、企业和社会公众携手共同治理,来有效控制其他危险化学品的健康和环境风险。

3. 以实施 GHS 为契机,进一步推动化学品健全管理立法标准体系建设

为了保护人体健康和环境,全面实施 GHS,根据我国国情和化学品管理需求,建议尽快研究制定一部实施化学品 GHS 分类和标签的专项行政法规。该行政法规应当明确 GHS 实施与国家化学品安全管理战略的关系和定位,明确规定相关主管部门和各利益相关者在实施 GHS 的职责分工及其责任义务。主要建议包括以下 6 点。

(1) 明确界定危险化学品的定义和确定原则

专项法规中应对我国"危险化学品"术语做出进一步明确的法律定义,明确我国采纳的 GHS 危险类别(即"危险化学品确定原则")。一种化学品的危险性符合我国采纳 GHS 危险类别的,即属于法定的"危险化学品"。危险化学品名单范围应当包括列入《危险化学品目录》实施行政许可管理的危险化学品,以及那些未列入《危险化学品目录》,但其危险性符合危险化学品确定原则的其他危险化学品。所有危险化学品都需要按照 GHS 相关国家标准,实施危险性公示,提供符合 GHS 规定的标签和 SDS。

(2) 明确规定企业执行符合 GHS 规定的标签要素和 SDS 的时间期限

明确规定企业生产或进口超过一定量级(如 1 t/a)的化学品(包括化学物质和混合物)应当提供遵循 GHS 规定的标签和 SDS 的时间期限及其过渡期限。建议对于混合物能给予较长的宽限期(五年以上)。

(3) 明确化学品生产和进口企业对化学品危险性鉴定分类和标签的主体责任

在日本、美国等国家中,化学品危险性鉴定分类和标签都是化学品生产和进口企业的责任。政府主管部门只负有颁布法规、分类标准、审核和公示企业报告的分类结果以及提供其他危险性信息公示,并指导编制指南导则和实施监管检查的责任。

我国《危险化学品安全管理条例》第三条第二款规定:"危险化学品目录,由国务院安全生产监督管理部门会同国务院工业和信息化、公安、环境保护、卫生、质量监督检验检疫、交通运输、铁路、民用航空、农业主管部门,根据化学品危险特性的鉴别和分类标准确定、公布,并适时调整。"第一百条规定:"化学品的危险特性尚未确定的,由国务院安全生产监督管理部门、国务院环境保护主管部门、国务院卫生主管部门分别负责组织对该化学品的物理危险性、环境危害性、毒理特性进行鉴定。根据鉴定结果,需要调整危险化学品目录的,依照本条例第三条第二款的规定办理。"

按照《危险化学品安全管理条例》的规定,在我国似乎由国家主管部门负责鉴别确定化学品危险性分类,企业只需根据《危险化学品目录》中分类结果进行标签和 SDS。该规定大大超越了政府主管部门的实际能力,也不利于化学品危险性分类和公示制度的施行。而对未列入《危险化学品目录》管理的其他化学品的危险性鉴定分类与标签责任也没有明确规定。

(4) 及时做好 GHS 相关国家标准更新的转化工作

我国主要通过制定和修订化学品分类和危险性公示国家标准使其与联合国 GHS 紫皮书保持一致。我国应当建立正式更新机制,加快国家标准修订更新步伐,适时更新修订相关国家标准,与 GHS 紫皮书最新修订版本保持协调一致。

此外,我国化学品职业健康和安全领域的作业场所标签和危险公示标准以及农药产品标签要求与 GHS 相关标准要求存在一些不一致的地方,需要尽快研究修订。

(5) 适当调整《危险化学品目录》管理思路和方式

根据《危险化学品安全管理条例》编制的《危险化学品目录》(2015 版)列出了 2 828 种危险化学品名称,对没有列入《危险化学品目录》(2015 版)的大量危险化学品没有给出明确清晰的管理方式。建议对《危险化学品目录》(2015 版)进行修订时,适当调整管理思路和方式,即只将那些危险性最大的危险化学品品种和最需要实行许可管理的危险化学品纳入《危险化学品目录》(2015 版)管理。

"危险性最大的危险化学品"或"最高关注的危险化学品"是指具有极易燃烧、爆炸、氧化等物理危险性,容易引发重大化学事故的化学品;剧毒化学品(急性毒性类别 1);引起极高健康和环境关注的危险物质,如具有人类致癌、致突变和生殖毒性(类别 1)、水生急性毒性和/或慢性毒性类别 1 以及 PBT/vPvB 类化学品等;由于健康和环境原因被列入化学品国际公约管控名单,且需要对其生产或使用采取禁止或严格限制措施的危险化学品等。

对其他具有较高或中等危险(害)的危险化学品不纳入《危险化学品目录》管理,但仍然需要执行危险化学品登记、危险性公示等管理制度,通过其他手段依靠政府部门、企业和社会公众的全员积极参与,共同治理监控其安全风险。

(6) 立法设立"优先化学品筛选和风险评估制度"

据 OECD 调查统计,目前已上市销售的 10 多万种现有化学物质中,绝大部分化学品(即使是高产量化学品也有75％左右)没有进行过毒性测试和初步危险性评估,难以进行准确危险性分类和科学管理。我国《中国现有化学物质名录》所列4.5万种化学物质,其中很大一部分未鉴别认定其危险性分类,难以确定其是否属于危险化学品。

　　建议制定化学品分类和标签的专项立法时,明确设立"优先化学品筛选和风险评估制度",筛选评估确定需要实施许可管理的上述最危险化学品名单。可以借鉴发达国家实施"优先化学品筛选和风险评估制度"的成功做法,由有关主管部门机构分期分批地对列入《中国现有化学物质名录》中的化学物质进行危险性分类筛查和风险评估确定。

　　首先,可以参考发达国家公示的已经确定GHS分类的20.3万多种危险化学品名单(表3-25)以及我国已经安全登记过的危险化学品名单,对列入《中国现有化学物质名录》中的化学物质逐个进行危险性分类比对识别排查,确定其中那些符合我国危险化学品确定原则的危险化学品并公示其名单和分类结果,要求相关企业依规进行危险性公示。

　　其次,由政府主管部门从上述危险化学品名单中筛选提出并分批公布"优先评估化学物质名单",要求相关生产、进口企业报告提交其生产和进口数量、用途和生产使用过程中环境释放以及暴露情况等数据,由相关主管部门负责组织专家进行风险评估、社会经济影响分析并考虑替代品的可提供性,在广泛征求利益相关者意见的基础上,对筛选确定出极高关注危险的化学品做出是否纳入许可管理,采取禁止或限制使用措施的要求。

4. 加强化学品 GLP 实验室考核认证体系和化学品信息数据源建设

　　2006年欧盟在推行《REACH条例》要求化学品生产和进口厂商进行化学品注册登记时,明确提出"没有数据,就没有市场",告诫化学品生产和进口厂商产生和公示化学品安全数据的重要性。鉴别认定任何化学品危险性,实施化学品GHS分类和危险性公示最核心的问题是需要掌握化学品相关参数数据。没有化学品理化、毒性、生态毒性等相关数据,就无法判定其GHS物理危险、健康和环境危害性分类,并针对性提出安全和风险防控措施。换句话说"没有数据,就不能鉴定分类,也就不能实现化学品的健全管理"。

　　GHS紫皮书明确指出,GHS分类是基于目前掌握的数据进行分类的,不要求对化学品开展重新测试。在根据GHS进行分类时,应当接受根据现行化学品分类制度已经产生的化学品测试数据,以避免重复测试和不必要使用试验动物。

　　GHS确定的健康和环境危害性分类标准对测试方法持中立态度。做出化学品分类需要的数据可以通过实验、文献查询和实际经验获得。由于GHS物理危险性分类标准与特定的测试方法相关,因此,物理危险性应当通过其测试结果进行分类。对于健康和环境危害性,只要根据国际公认的科学实验导则和原则进行测试提供的数据,就可以用于分类。GHS 明确承认使用所有适当和相关危险性信息或者可能有害效应信息的有效性。除了动物数据和有效的体外试验之外,人类经验、流行病学数据和临床试验数据都应当加以考虑。

获取化学品危险性分类所需数据通常有以下三个途径。

其一,通过化学品 GLP 实验室开展测试并提交相关检测数据。化学品危险性鉴定依靠传统实验测试方法的一个重要制约因素是检测试验耗时长,且费用昂贵。除了物理危险性参数测试耗时较短之外,完成化学品健康和环境危害性参数试验测定所需时间较长。由于化学品测试所需人力物力大,且费用高,所以数据互认制度的实施可以提高各国政府和产业界实施化学品申报登记程序的有效性和效率,保证测试数据质量,避免重复测试,节省政府和企业花费的资金,并保护动物福利,减少用于安全测试的试验动物数量。因此,需要建立健全国家 GLP 实验室及其管理体系,实现 GLP 实验室数据国际互认。

其二,搜集、利用国际社会已完成的化学品危害性测试报告、科技文献、公开发表研究论文,以及各国主管部门与权威研究机构公示的化学品相关数据信息资源,并整理、编辑建立本国化学品安全信息数据库系统公示平台。

其三,利用国际公认的计算毒理学软件或 QSAR 模型软件预测估算化学品分类相关参数。发达国家主管当局已开发研制了各种 QSAR 模型,用于预测化学品物理危险性参数、健康毒性和生态毒性等数据以及化学品危险性分类和登记管理。

我国在 GLP 实验室能力、化学品信息数据基础数据库公示平台等方面基础工作较薄弱,远不能满足国家化学品健全管理需求。为此提出以下两点建议。

(1) 加强我国化学品 GLP 实验室能力建设,加快实施 GLP 数据国际互认

建议国家认证认可监督管理委员会及相关主管部门加强各自系统 GLP 实验室的信息沟通协调、经验交换和相互学习借鉴,严格按照《OECD 化学品测试导则》和《GLP 实验室规范原则》相关要求,考核检查和提高我国 GLP 实验室合规性和监管水平。

目前我国工业化学品 GLP 实验室数量和监测数据质量都需要有较大提高,尤其是已被国家相关主管部门认可具有化学品物理危险性和毒性鉴定资质,但尚未取得 GLP 资质认证的实验室,需要按照 GLP 管理体系进行 GLP 资质认定和考核。

此外,建议国内负责 GLP 实验室监管的相关主管部门协调推选出一个主管部门(如国家认证认可监督管理委员会)代表中国政府尽快启动与 OECD 秘书处就签署 GLP 实验室数据互认制度协议的实质性谈判工作,以加快我国

GLP 实验室实现数据国际互认的步伐,全面提升我国 GLP 实验室检测和管理水平。

(2) 创建国家化学品安全信息数据库系统网络公示平台

2015 年 4 月 2 日国务院办公厅印发的《国务院办公厅关于加强安全生产监管执法的通知》(国办发〔2015〕20 号)提出,要大力提升安全生产"大数据"利用能力,加强安全生产周期性、关联性等特征分析,做到检索查询即时便捷、管理分析系统科学,实现来源可查、去向可追、责任可究、规律可循。

2015 年 9 月 5 日国务院发布的《促进大数据发展行动纲要》中明确指出,"加强顶层设计和统筹协调,大力推动政府信息系统和公共数据互联开放共享,加快政府信息平台整合,消除信息孤岛,推进数据资源向社会开放,增强政府公信力,引导社会发展,服务公众企业"。

建议在"十三五"至"十四五"期间,相关主管部门将建立和整合国内化学品安全数据信息大数据公示平台为重点,切实加强我国化学品基础信息数据库资源建设。具体建议可参见第 2 章 2.3.6 节。

5. 大力普及化学品安全知识,促进企业和社会公众参与

联合国 SAICM 和其他正式文书中提出的化学品健全管理的范围包括职业健康与安全、公众健康安全和环境安全。化学品安全管理不能单靠政府监管和相关企业履行社会责任来解决。政府、企业与利益相关者(包括公众、新闻媒体、专业人士和非政府组织等)共同参与合作非常重要。

政府主管部门应当履行其化学品危险性公示的责任,指导和帮助企业提高对合规性和履行社会责任义务的认识,提高公众化学品安全意识。主管部门应当提供免费及容易检索的化学品安全信息资料,利用"安全生产月""六五世界环境日"等时机,通过电视、电台和宣传小册子等开展公众教育及宣传,普及化学品危害、暴露途径、健康与环境风险、安全防范措施等安全知识。

保持和提高全社会对化学品的安全忧患意识,锻炼提高政府和市民的紧急应变能力。加强全民化学品安全意识教育,健全公共安全体系,提高对化学品突发环境事件的应对能力,切实维护人民生命财产安全。

考虑到我国化学工业较发达,生产和使用的化学品品种繁多,生产使用企业数量众多,且大多数为中小型企业的国情特点,我国各行各业都缺少熟悉 GHS 分类的专家队伍和 GHS 分类信息数据库资源,迫切需要加强政府相关主管部门对实施 GHS 的指导帮助和监督。为此,建议优先开展以下 3 项工作。

(1) 组织编制和发布"化学品 GHS 分类标准应用指南"等官方文书

实施 GHS 和宣传普及化学品危害性和风险防范知识等工作是一项专业性技术性强、长远的艰巨任务。GHS 分类制度涉及物理、化学、健康毒理学、生态毒理学、安全和环境科学等多个专业领域,需要丰富的专业技术知识和更多相关领域专家的积极参与和指导。

鉴于 GHS 分类制度的技术复杂性,既包括化学物质又包括混合物的分类;既有定量标准,也有需要专家做出专业判断的定性分类标准,建议主管部门组织相关专家组编制和发布"化学品 GHS 分类标准应用指南"和"标签和 SDS 编制指南"等指南文件,为企业和专业人员从事化学品危险性分类提供技术指导。

(2)开发建立国家 GHS 分类数据库系统平台

借鉴欧盟等发达国家和地区的经验,相关主管部门通过联合颁布相关部门规章,建立我国化学品危险性分类和标签申报制度。明确化学品生产企业和进口供应商负责参照国家相关标准,根据其掌握的现有可提供数据自主进行鉴定分类,并向主管部门报告其生产和上市销售化学品的危险性分类结果和分类依据。

受理报告的主管部门将企业上报数据核实汇总后,在国家实施 GHS 的网站上以分类数据库的形式予以公布,并定期进行更新,以收集和指导国内化学品生产、进口企业编制化学品标签和 SDS。

在我国自己的"化学品 GHS 分类数据库系统公示平台"建成以前,建议主管部门可将欧盟、日本、澳大利亚和新西兰等发达国家和地区已经确定的化学品 GHS 分类和标签信息数据库网站平台(表 3 - 24),链接在工业和信息化部和其他主管部门化学品管理相关网站上,为国内企业和社会公众提供化学品 GHS 分类相关信息资源和参考借鉴。

(3)加强政府主管部门对实施 GHS 的指导和监督

加强相关主管部门对企业产品供应链上标签和 SDS 信息公示情况的合规检查监督,并向相关企业提供指导和信息服务。建议在工业和信息化部国家实施 GHS 的网站上设立政府指导平台,解释 GHS 相关法规标准,回答企业和社会公众关注的问题。

应当进一步充分发挥行业协会、工会、环保团体和社会中介机构等社团机构在宣传、推介实施 GHS 中的作用。大力通过广播、电视、新闻媒体和各种宣传画册向政府部门、企业、运输人员、研究机构、消费者、初等和高等院校在校学生及社会公众开展 GHS 危险性分类、象形图、标签要素等知识普及培训活动。编制面向社会公众的 GHS 宣传教育画册等,宣传普及化学品危害和风险防范基础知识。

参考文献

[1] UNECE. Globally Harmonized System of Classification and Labelling of Chemicals (GHS): fourth revised edition[EB/OL]. [2019 - 7 - 31]. http://www.unece.org/trans/danger/publi/ghs/ghs_rev04/04files_e.html.

［2］UNECE. Globally Harmonized System of Classification and Labelling of Chemicals (GHS)：fifth revised edition［EB/OL］.［2019－7－31］. https：//unece. org/ghs-rev5-2013.

［3］UNECE. Globally Harmonized System of Classification and Labelling of Chemicals (GHS)：sixth revised edition［EB/OL］.［2019－7－31］. https：//unece. org/ghs-rev6-2015.

［4］UNECE. Globally Harmonized System of Classification and Labelling of Chemicals (GHS)：seventh revised edition［EB/OL］.［2019－7－31］. https：//unece. org/ghs-rev7-2017.

［5］UNECE. Globally Harmonized System of Classification and Labelling of Chemicals (GHS)：eighth revised edition［EB/OL］.［2019－7－31］. https：//unece. org/ghs-rev8-2019.

［6］EPA. Chemical Hazard Classification and Labeling：comparison of OPP requirements and the GHS［EB/OL］.［2019－7－31］. https：//www. epa. gov/sites/production/files/2015-09/documents/ghscriteria-summary. pdf.

［7］US EPA Office of Pesticide Programs. Pesticide Registration Notice 2012－1 Material Safety Data Sheets as Pesticide Labeling［R］. Washington：EPA，2012.

［8］Health Canada. Phase 1 of the Technical Guidance on the Requirements of the Hazardous Products Act and the Hazardous Products Regulations-WHMIS 2015 Supplier Requirements［R］. Ontario：Health Canada，2016.

［9］Safe Work Australia. Classifying hazardous chemicals-national guide［EB/OL］.［2021－1－12］. https：//www. safeworkaustralia. gov. au/doc/classifying-hazardous-chemicals-national-guide.

［10］Environmental Protection Authority. User guide for thresholds and classifications under the Hazardous Substances and New Organisms Act 1996［EB/OL］.［2019－7－31］. https：//www. epa. govt. nz/assets/Uploads/Documents/Hazardous-Substances/Guidance/83fc330b67/thresholds-classification-guidance. pdf.

［11］Environmental Protection Authority. Chemical Classification and Information Database (CCID)［EB/OL］.［2019－12－30］. https：//www. epa. govt. nz/database-search/chemical-classification-and-information-database-ccid/.

［12］Little Pro. GHS implementation in Korea［EB/OL］.［2017－09－01］. http：//www. chemsafetypro. com/Topics/Korea/GHS_in_Korea_SDS_label. html.

［13］Little Pro. GHS in Singapore［EB/OL］.［2017－9－1］. http：//www. chemsafetypro. com/Topics/GHS/GHS_in_Singapore. html.

［14］Ministry of Industry of Republic of Indonesia. Country report on GHS implementation in Indonesia：regional GHS review conference for South East Asian countries［C］. Kuala Lumpur：Ministry of International Trade and Industry (MITI) Malaysia，2013.

［15］Little Pro. GHS implementation in Malaysia［EB/OL］.［2017－9－1］. http：//

www. chemsafetypro. com/Topics/Malaysia/GHS_in_Malaysia_SDS_label. html.

[16] Engr Nelia Granadillos. Status of GHS implementation in the Philippines，occupational safety and health center，philippines，regional GHS review conference of South East Asian countries［C］. Kuala Lumpur：Ministry of International Trade and Industry (MITI) Malaysia，2013.

[17] Thailand. Status of GHS implementation and capacity building，regional GHS review conference for South East Asian countries［C］. Kuala Lumpur：Ministry of International Trade and Industry (MITI) Malaysia，2013.

[18] Little Pro. GHS implementation in Thailand［EB/OL］.［2017-9-1］. http：// www. chemsafetypro. com/Topics/Thailand/GHS_in_Thailand_SDS_label. html.

[19] Vietnam Chemicals Agency. GHS implementation in Vietnam，regional GHS review conference for South East Asian countries［C］. Kuala Lumpur：Ministry of International Trade and Industry (MITI) Malaysia，2013.

[20] The Virtual Working Group. GHS implementation convergence questionnaire 2019 progress report［R］. APEC Chemical-Dialogue，2019.

[21] DHI. GHS implementation［EB/OL］.［2019-12-30］. http：//ghs. dhigroup. com/ GHSImplementatationCompare. aspx.

[22] 中华人民共和国生态环境部. 新化学物质［EB/OL］.［2021-1-12］. http：// www. mee. gov. cn/ywgz/gtfwyhxpgl/hxphjgl/xhxwz/.

[23] 于丽娜,聂晶磊,霍立彬,等. 我国化学品测试合格实验室规范体系现状及与美国体系比对［J］. 环境工程技术学报,2015,5(1)：79-84.

[24] 中国科学院过程工程研究所. 化学学科信息门户［EB/OL］.［2016-08-15］. http：// chemport. ipe. ac. cn/ListPageC/L66. shtml.

[25] NRCC. 国家危险化学品安全公共服务互联网平台［EB/OL］.［2021-1-12］. http：// hxp. nrcc. com. cn/hc_safe_info_search. html.

[26] 中科院上海有机化学研究所. 化学专业数据库［DB/OL］.［2016-08-15］. http：// www. organchem. csdb. cn.

[27] 上海化工职业病防治院. 化救通［EB/OL］.［2016-08-15］. http：// www. chemaid. com/.

[28] 陈会明. 欧盟《物质和混合物分类、标签和包装法规》(CLP)标签和包装指南［M］. 北京：中国标准出版社,中国质检出版社,2012.

[29] 李政禹. 化学品GHS分类方法指导和范例［M］. 北京：化学工业出版社,2010.

[30] UNITAR. A companion guide to the GHS Purple Book (October 2012 Edition)［EB/ OL］.［2021-1-12］. https：//cwm. unitar. org/publications/publications/cw/ghs/ GHS_Companion_Guide_final_June2012_EN. pdf.

[31] CAS. CAS Registry — The gold standard for chemical substance information［EB/ OL］.［2019-12-30］. http：//www. cas. org/content/chemical-substances.

[32] UNEP. Global Environment Outlook (GEO-5)［EB/OL］.［2019-7-31］. https：//

www. unsystem. org/content/unep-global-environment-outlook-geo-5.

［33］中国石油和化学工业联合会信息市场部. 2018 年中国石油和化学工业经济运行报告 ［R/OL］.［2019 - 7 - 31］. http：//www. cpcia. org. cn/uploads/85e54b0e-1662-4bcf-940b-c4352be7f627. pdf.

［34］OECD. OECD environmental outlook to 2050［EB/OL］.［2019 - 7 - 31］. https：// www. oecd-ilibrary. org/environment/oecd-environmental-outlook-to-2050 _ 978926412 2246-en.

［35］日本経済産業省，厚生労働省. - GHS 対応-化管法・安衛法・毒劇法におけるラベル 表示・SDS 提供制度，「化学品の分類および表示に関する 世界調和システム (GHS)」に基づく 化学品の危険有害性情報の伝達［EB/OL］.［2019 - 8 - 31］. https：//www. meti. go. jp/policy/chemical _ management/files/GHSpamphlet2017. pdf.

［36］Committee of Experts on the Transport of Dangerous Goods and on the Globally Harmonized System of Classification and Labelling of Chemicals. Annex III： Amendments to the eighth revised edition of the GHS（ST/SG/AC. 10/30/Rev. 8） ［EB/OL］.［2021 - 4 - 6］. https：//unece. org/sites/default/files/2021-03/ST-SG-AC10-48a3e_1. pdf.

第4章

发达国家和地区化学品安全与
环境污染事故预防与应对策略

本章回顾了全球重大化学品安全和环境污染事故典型案例,重点评述分析了美国、欧盟等发达国家和地区重大化学事故预防与应对策略以及重大危险源设施监管的做法经验,介绍了 OECD 关于化学事故预防与应对的"黄金规则"(Golden Rules)以及国际化学事故应急救援相关指南文件;对加强我国危险化学品重大危险源设施管理,推进全国危险化学品和突发环境污染事故预警和应急管理体系建设提出了具体建议。

4.1 全球重大化学品安全和
环境污染事故案例回顾

长期以来,全世界化学品安全和突发环境污染事故时有发生,对受污染地区的公众生命和健康造成了严重威胁,并对生态环境造成难以估量的破坏。据统计,近几十年来全世界发生过 60 多起严重化学品安全和环境污染事故,公害病患者为 40 万~50 万人,死亡 10 多万人。危险化学品安全管理已成为世界各国关注的重大环境问题。

有毒化学品对人类健康造成了极大威胁,癌症已成为严重威胁人类健康和生命的疾病之一。据世界卫生组织估计,全世界每年有癌症患者 600 万人,每年因癌症死亡约 500 万人,占死亡总人数的十分之一。我国每年的癌症新发病人有 150 万人,死亡 110 万人,而造成人类癌症的原因中 80%~85% 与化学因素有关。

此外,全世界每年至少有 100 万人因为农药中毒。化学农药在喷洒过程中,约有一半进入大气,或者附着在土壤表面,随后进入地表水或地下水。农药污染水体,对鱼类和野生动物造成严重威胁。

OECD 2013 年发布的《OECD 国家预防化学事故的 25 年:历史与展望》报告概要介绍了 1974—2013 年,在 OECD 成员方境内发生的一系列重大化学品事故,以及其造成的严重人员伤亡、环境污染和财产损失。

1974—2013 年 OECD 成员方典型重大化学事故案例如表 4-1 所示。

表 4 - 1　1974—2013 年 OECD 成员方典型重大化学事故案例

日　期	地　点	事故情况说明	事　故　后　果
1974 年 6 月 1 日	英国弗利克斯伯勒(Flixborough)	由于设计不当和对工艺变动管理不善,一家化工厂发生爆炸事故,大约 30 t 环己基化合物蒸气释放进入环境。爆炸摧毁了生产设施,并对数千米以外建筑物造成破坏	死亡 28 人,89 人受到伤害
1976 年 7 月 10 日	意大利塞维索	一家小型化工厂由于放热化学反应失控,导致三氯苯酚反应器的法兰盘和减压系统爆裂,反应器中物料冲出,形成有毒和腐蚀性化学品烟云,其中含有大约 2 kg 二噁英。 事故原因是该企业采用一种比其他公司更危险的工艺反应来生产三氯苯酚,且在当日早晨交接班时,存在置未充分冷却的反应器于不顾的危险操作方法。 事故发生后,公司管理层和地方当局缺乏责任心,启动防止人群暴露和净化污染区域的应急措施极其缓慢	大约 410 人化学烧伤,撤离疏散 5 700 多人。周围乡村受到二噁英广泛污染,导致大量氯痤疮病例发生。作为预防性措施,大量牲畜家禽被屠宰
1984 年 11 月 19 日	墨西哥墨西哥城	一个贮罐和球罐之间的 200 mm 管道发生破裂,液化石油气持续释放 5～10 min,导致巨大蒸气烟云被引燃爆炸,许多地面构筑物着火。地面的火灾导致液化石油气码头发生一连串的大火。 造成事故的主要原因是气体泄漏探测系统失效,且缺乏紧急隔离措施。由于该工厂靠近居民区,死亡人数居高不下。设施完全损毁的原因是整个防护系统(包括布局、紧急隔离和水喷雾系统)出现故障。 在最初发生爆炸时,终端的消防水系统不能使用。该厂没有设置气体检测系统,因而,当启动紧急隔离时,可能为时已晚	650 人死亡,6 400 人受到伤害

（续表）

日　期	地　点	事故情况说明	事 故 后 果
1984 年 12 月 3 日	印度博帕尔	由于操作失误,该企业操作工人向异氰酸甲酯贮罐中加入水,引发失控的化学反应,导致贮罐压力和温度迅速升高,最终生成的有毒气体从贮罐中释放出来进入环境,扩散至企业周边地区,并在博帕尔市上空漂移了 8 km。异氰酸甲酯剧毒烟云释放造成了人类历史上最致命的一次化学品灾难事件。 该工厂位于人口稠密的社区附近,且工厂紧急警报器已经关闭,没有发出警报信号。有毒气体的释放导致企业附近社区许多居民死亡。 大量储存有毒化学中间体(不安全的工艺设计)、缺乏有效的安全措施和控制、场地管理不善以及企业距离居民社区太近等被确定为造成这次灾难性事故及其后果的主要原因	430 t 剧毒异氰甲酯泄漏于外环境,毒气笼罩厂区周围 25 km² 区域,50 多万人接触过泄漏气体,造成 3 800 人死亡,17 万当地居民受到伤害
1986 年 11 月 1 日	瑞士巴塞尔的施维泽尔哈勒（Schweizerhalle）	巴塞尔山道士公司储存大量农用化学品的仓库发生火灾。试图采用泡沫灭火无效后,使用大量水灭火。10 000 m³ 污染的消防废水中含有 30 t 化学品,包括 6～22 t 农药,约 150 kg 汞化合物,由于现场无法收容而直接排泄进入莱茵河	造成德国和荷兰莱茵河沿岸的自来水厂关闭停止供水,事故现场沿岸 50 000 m³ 的土壤被严重污染。莱茵河下游 400 km 河段鱼类和水生生物灭绝,大量鸟类和昆虫死亡
1989 年 10 月 23 日	澳大利亚朗福德（Longford）	事故企业的一台热交换器发生断裂,泄漏释放出大约 10 t 的碳氢有机化合物,扩散在 170 m 的距离内被点燃。这次爆炸燃烧的大火持续了 2 天才被扑灭。 负责调查事故的皇家委员会发现,该起事故的主要原因包括:工艺设计缺陷,未能将危险物料进行隔离;对操作人员进行正常操作程序培训不足;过度报警和频发警告信号致使工人对危险情况反应迟钝;沟通交流不畅;对热交换器缺乏危险与可操作性分析,未能识别其风险;公司的安全文化不足以保护工人和防止工艺过程事故	2 人死亡,8 人受伤。维多利亚州天然气供应中断 20 天

（续表）

日　期	地　点	事故情况说明	事　故　后　果
2000 年 5 月 13 日	荷兰恩舍德（Enschede）	储存大约 100 t 炸药的化学仓库被小火星引爆，导致巨大的爆炸和火球，摧毁了现场周边大片地区的建筑物和财产。 事故的主要原因是对炸药的储存管理不善和储存设施的选址不适当	21 人死亡，900 多人受到伤害
2001 年 9 月 21 日	法国图卢兹（Toulouse）	一家生产硝酸铵的化肥厂发生爆炸，摧毁了生产设施，并对周边地区造成广泛破坏。土地使用规划编制审核不当是导致此次事故破坏程度严重和受伤人数多的原因	29 人死亡，大约 2 500 人受到伤害
2005 年 3 月 23 日	美国得克萨斯州得克萨斯城	得克萨斯州一家炼油厂的异构化生产装置发生重大爆炸事故。由于精制分路器的液体溢流和升温过热，导致烃类液体从排污槽和烟囱泄漏排放出来。释放的蒸气烟云被引燃爆炸后，导致该设施遭到严重破坏，许多滞留在设施附近临时建筑物内人员伤亡。 该企业的设备故障、风险管理、操作人员管理、企业文化、检查与维护以及健康和安全整体评估存在问题被确认为这次事故发生的主要原因	15 人死亡，170 人受到伤害
2005 年 12 月 11 日	英国邦斯菲尔德（Buncefield）	英国邦斯菲尔德石油库燃油贮槽经管道大量过度注油，导致发生数次爆炸，大火吞没了 22 个石油贮罐。对石油加注和罐体计量以及矫正保护系统的管控不善是造成此次事故的主要原因。办公楼和住宅建筑物与储油设施的距离太近导致其受到严重破坏。由于该事故发生在星期天的清晨，才没有造成重大人员伤亡	距离事故设施半径 400 m 范围内的建筑财产遭受严重破坏。数千米外建筑物的玻璃全部损毁。 燃料油供应分配网络中断，特别是向希思罗机场供应的航空燃油中断
2012 年 9 月 27 日	韩国庆尚北道谷米市（Gumi）	一份报告说，该货轮泄漏了约 12 t 99% 的氢氟酸。另一份报告说，泄漏了 8 t 高毒的氟化氢（HF）气体	5 人死亡，18 人受到伤害，对 3 000 多人有不良健康影响（皮疹、头痛和呼吸道疾病），200 多公顷的农田受灾，大约 3 200 头牲畜出现恶心、呕吐症状

（续表）

日　期	地　点	事故情况说明	事　故　后　果
2013 年 4 月 17 日	美国得克萨斯州西部	该城镇的一个储存和销售硝酸铵设施发生火灾爆炸,应急救援人员当即对该设施的火灾采取应急措施。据调查人员指出,该事故涉及两起由火灾同时引发的爆炸。强烈的爆炸冲击波使该城镇部分地区的许多房屋,一所养老院和中学的建筑物破坏受损。事故原因尚未最终确定	15 人死亡,200 人受到伤害。150 多座建筑物损毁

　　危险化学品安全和突发环境污染事故的环境污染严重性与其所涉及化学品固有危害性(毒性、持久性、生物蓄积性、水中溶解度等)、泄漏排放量、污染途径、设施类型以及管理法规标准等因素相关,需要采取多方面安全措施才能加以防范。

　　多年来,联合国相关机构、OECD、发达国家主管当局一直围绕发生的历次重大化学品事故的经过、后果及其原因,研究总结其经验教训,并致力于改善重大化学事故的预防、准备和应对工作。

　　近年来,美国、欧盟等发达国家和地区主管当局颁布了《应急计划与公众知情权法》和《关于防止危险物质重大事故危害指令(2012/18/EU)》(以下简称《塞维索指令Ⅲ》)法律法规,建立了重大危险源设施报告和应急预案等管理制度,包括:① 重大危险源设施辨识标准;② 土地使用规划;③ 化学品安全报告制度;④ 重大危险源设施安全监察制度;⑤ 有毒物质释放转移报告制度等。并普遍建立各种化学品安全和事故应急救援数据库系统,提供 24 小时在线查询服务和决策支持。

　　此外,联合国相关机构等国际组织和各国主管部门编制了大量化学品应急救援指南,以指导各国的化学事故预防、准备和应急反应工作。例如:国际劳工组织发布的《预防重大工业事故指南》(1991 年版);联合国环境规划署发布的《化学事故预防和准备灵活框架指南》(2010 年版);经济合作与发展组织发布的《OECD 化学事故预防、准备和响应指导原则》(第 2 版,2003 年);美国、加拿大和墨西哥三国运输部联合发布的《应急响应指南》(2020 年版)等。

　　因此,应当研究分析国内外典型危险化学品安全和突发环境污染事故案例及其应对措施的经验教训,借鉴发达国家应对处理危险化学品安全和突发环境污染事故的法规监管措施,针对我国危险化学品安全和环境污染事故的特点、事故原因及其教训,加强对严重危害人体健康和环境的危险化学品的生产、储存、使用和运输的环境监管,预防危险化学品重大事故和突发环境污染事件发生,建立危险化学品重大危险源设施报告、监管和预警体系。

4.2　国外重大危险源设施定义及其管控的危险化学品

危险化学品安全和突发环境污染事故对人体健康和环境危害的严重程度与化学事故的泄漏排放量、涉及化学品的固有危害性直接相关。生产、储存设施的规模越大,发生事故时危险物质的泄漏排放量越大。而危险源设施中存储的化学品对人体健康和环境的固有危害性越高,发生泄漏排放时其对人体健康和环境的潜在威胁也越大。

近年来,随着全球化学工业的发展和技术进步,化学品生产(储存)装置正在向集约化、大型化方向发展。例如,美国乙烯生产装置平均能力为 450 000 t/a,最大单套系列能力为 1 160 000 t/a;我国乙烯装置的平均生产能力为 250 000 t/a,最大单套装置能力为 480 000 t/a。

美国聚氯乙烯装置最大规模为 630 000 t/a,我国最大为 300 000 t/a。国内外大型合成氨装置生产规模大多为 300 000 t/a 以上。

此外,随着我国对新建、扩建、改建化工生产装置实行规模经济,力求大型化生产,各类危险源设施的事故风险明显增加,尤其是超过一定临界数量生产和储存具有爆炸、极易燃和氧化性以及严重危害健康与环境的危险化学品的设施环境安全问题将日显突出。

1993 年 6 月,国际劳工组织召开的第 80 届国际劳工大会上通过了《预防重大工业事故公约》及其建议书(第 181 号)。该公约规定,各国应当根据本国的立法条件和规范,制定、执行和定期审查保护工人、公众和环境,防止重大事故风险的国家政策。该项政策应当对重大危险源设施采取预防和防护措施,在可行的情况下应当促进最佳可用安全技术的使用。

在该公约中,重大危险源设施被定义为长期或临时生产、加工、处理、使用、处置或储存超过临界量的一种或多种危险物质(或物质类别)的设施。重大事故被定义为重大危险源设施内一项活动过程中发生的涉及一种或多种危险物质,且对工人、公众或环境造成即时或延续的重大泄漏排放、火灾或爆炸等突发事件。

由于重大危险源设施生产或储存危险物质的性质和数量,一旦发生爆炸、燃烧或泄漏事故时,会造成千克级甚至吨级的剧毒或有毒有害物质释放到环境中,导致工厂内外大批人员伤亡或者严重的财产损失和环境污染。

为了防止灾难性重大化学事故发生,或者减轻事故对人类生命、健康和生态环境造成的危害和风险,多年来美国、欧盟等发达国家和地区制定并不断强化对重大危险源设施的安全监管法规制度。

按照国外管理的经验,重大危险源设施涉及的化学品危险类别主要为易燃物质(包括液体、气体和固体);爆炸性物质;氧化性或反应性物质(与水反应或者与水反应生成有毒气体);有毒物质(含剧毒物质、有毒物质);致癌物质以及生态毒性物质(对水生生物剧毒或有毒,且可能造成长期影响的物质)。

美国和欧盟选择重大危险源设施所涉及的危险化学品主要考虑其固有的危险性或物理形态、以往发生事故案例、管理和技术经济因素,再经过严格的筛选程序确定。例如,美国《应急计划与公众知情权法》重大危险源设施名单列出了 364 种极危险化学物质;欧盟《塞维索指令Ⅲ》列出了重大危险源设施涉及化学物质和混合物的全部危险类别以及 48 种(类)特定危险化学物质临界量上下限值。

4.3 美国重大危险源设施监管及预防应对重大化学事故策略

4.3.1 颁布实施化学事故预防与应对专项法律规定

1986 年 10 月美国国会通过了《应急计划与公众知情权法》,建立了重大危险源设施报告和应急救援制度,并颁布了极危险化学物质临界量标准。该法要求各州成立州和地方应急计划委员会并制定危险化学品泄漏应急计划和应急报告制度。其要求超过临界量生产、加工或使用极危险化学物质设施的所有者或经营者必须向州应急计划委员会做出应急计划报告,并填报生产、加工、使用危险物质情况,向环境中排放危险物质情况以及废物处理情况的报表。

根据该法,主管部门美国 EPA 公布了 364 种极危险化学物质名单,并规定名单上每种物质的临界计划量(Threshold Planning Quantity, TPQ)。美国 EPA 可以根据一种化学物质的毒性(短时间接触该物质可能产生的短期或长期健康效应)、反应性、挥发性、可扩散性、可燃性或易燃性,修订极危险化学物质名单及其临界计划量。

如果一个设施中使用或储存了上述名单中的一种极危险物质,而且其数量超过临界计划量,则该设施就被认为是重大危险源设施。该设施的经营者则必须根据法律规定,向主管部门做出应急计划通报。当该设施发生危险物质泄漏排放事件,且达到应报告释放量时,必须立即向主管当局做出突发事件释放报告。

所谓临界计划量是指根据《应急计划与公众知情权法》第 302 节,当某一设施中极危险化学物质生产、使用或储存量达到该临界量时,应当作为重大危险源设施向主管当局做出应急计划通报的数量。

应报告释放量是指根据《应急计划与公众知情权法》第 304 节，当重大危险源设施发生的极危险化学物质泄漏和排放，且数量达到该临界量时，应当根据《综合环境反应、赔偿和责任法》向主管当局做出突发事件释放报告的数量。

美国颁布的《应急计划与公众知情权法》等法规对重大危险源判定、应急救援机构、应急计划编制以及有毒物质泄漏和排放报告等做出了一系列明确规定。

1. 建立各级应急救援机构

根据 1980 年《综合环境反应、赔偿和责任法》的规定，美国建立了国家应急反应中心，负责接受和受理全国危险物质泄漏和排放突发事件的报告，并将报告的信息立即转送给所有相关的政府当局，包括可能受到事故影响的相关州的州长。

此外，根据 1986 年《应急计划与公众知情权法》，美国各州州长任命了州应急计划委员会，并指派具有应急救援经验的人员担任委员会主席。州应急计划委员会负责任命地方应急计划委员会，并监督和协调地方应急计划委员会的工作。为了便于制订和执行应急计划，州应急计划委员会也可以根据实际情况，将几个地方应急计划委员会组合成一个应急计划管区，并通过协议规定管区中每个地方应急计划委员会的职责、管辖的重大危险源设施范围。应急计划管区可以跨州和/或城市成立，并建立管区应急计划委员会。

地方应急计划委员会成员由州和地方政府的官员，执法部门、民防部门、消防部门、急救中心和医院、卫生部门、环保部门、运输部门、新闻广播、公众团体以及重大危险源设施单位的经营者组成。该委员会的工作任务包括：规定和公告委员会的活动安排、召集会议讨论应急计划、征求和答复公众的评论意见以及散发应急计划等。

2. 应急计划的编制

地方应急计划委员会负责评估辖区内重大危险源设施信息，编制和定期更新地方应急计划。应急计划包括（但不限于）以下 9 项内容：

（1）说明应急计划管区内的重大危险源设施情况、运输极危险化学物质的道路情况以及重大危险源设施附近可能会增加事故风险的其他设施，如医院或天然气设施情况；

（2）说明在发生极危险化学物质的泄漏和排放时，重大危险源设施经营者以及医疗救援人员应当遵循应急救援方法和程序；

（3）任命社区应急协调员和设施应急协调员，负责确定启动应急计划所需要的危险物质泄漏和排放情况；

（4）说明社区应急协调员和设施应急协调员如何及时、有效地报告危险物质泄漏和排放情况的程序；

（5）说明判定极危险化学物质泄漏及可能受到影响区域或人群的方法；

（6）说明社区内及重大危险源设施单位可提供的应急装备以及掌控这些装备人员的姓名和所在位置；

（7）撤离疏散计划，包括预防性撤离通道及可供选择的道路；

（8）培训计划，包括对地方应急救援人员和医务人员的培训日程安排；

（9）应急计划的演练方法和日程安排。

地方应急计划委员会还负责评估制订、执行和演练事故应急计划所需要的资源，并对需要补充的资源提出建议。重大危险源设施的应急计划一般应当包括以下 18 项内容：

（1）紧急情况的撤离程序和撤离疏散通道；

（2）出现紧急情况时，留守在关键岗位的操作人员在撤离以前应当遵循的程序步骤；

（3）应急撤离完成之后，清点全体员工人数的程序；

（4）说明参与抢救和医护工作的职工的职责；

（5）火灾和其他紧急情况的报警方法；

（6）说明负责解答并提供进一步信息人员（或部门负责人）的姓名和职务；

（7）与外部单位进行突发事故前的计划和协调安排；

（8）确定相关人员的职责、权限、培训以及通讯联络方式；

（9）讨论对突发事故的认识和预防；

（10）确定安全距离和避难场所；

（11）讨论场地安保和控制；

（12）确定撤离路径和程序；

（13）确定消除化学污染的程序；

（14）讨论应急医疗处理和急救措施；

（15）确定突发事件的报警和救援程序；

（16）实施应急救援及应急演练以后进行总结评论；

（17）说明对应急救援人员的要求（包括培训），救援人员最低限度应在参加实际救援之前接受过培训，并且每年必须接受事故后的各项培训，重大危险源设施单位应当保存培训方法的记录；

（18）应急计划还应当要求应急救援人员接受一项彻底的体检以及随后的医疗健康监护。

此外，应急计划还可以包括对消防机构和个人防护用具的说明。例如，消防队伍的基本组织机构，配备的消防设施类型、数量，消防人员接受训练的频率，预计的消防人员人数以及在作业场所消防队伍的职责等。

个人防护用具说明包括：根据场地的具体危害选定的个人防护用具；个人

防护用具的使用条件和限制；每项工作任务的上岗工作时间；个人防护用具使用后的污染去除和处置方法；个人防护用具使用前后的检查程序；评估个人防护用具有效性的程序；在高温、热压力和其他医疗条件下对个人防护用具的使用限制。

重大危险源设施所有者或经营者应当向地方应急计划委员会报告代表本单位参与地方应急计划过程的应急协调员的姓名。应地方应急计划委员会的请求，该设施经营者还应当立即提供编制和实行地方应急计划所需要的其他信息。

地方应急计划委员会在完成应急计划编制后，应当报送一份副本给州应急计划委员会。州应急计划委员会负责审查并对该计划提出修改意见，以保证该应急计划与其他地区应急计划的合理协调。

4.3.2　施行重大危险源设施通报和突发事件泄漏排放报告制度

1. 重大危险源设施通报制度

根据《应急计划与公众知情权法》，重大危险源设施的所有者或经营者应当在规定的期限内向其所在的州应急计划委员会和地方应急计划委员会做出重大危险源设施情况通报。州应急计划委员会应当将本州重大危险源设施情况报告给美国 EPA 局长。

此外，应州应急计划委员会、地方应急计划委员会以及当地消防部门的要求，重大危险源设施的所有者或经营者还应填报其设施内生产或储存的"危险化学品清单"，说明在前一年度任一时刻设施中存有的危险化学品的最大数量、平均日存储量、储存方式和储存地点等。

当生产、使用或储存极危险物质的重大危险源设施发生泄漏和排放，并达到规定的应报告的释放量水平时，该设施的所有者或经营者应当立即通过电话、广播或派人向地方应急计划委员会的社区应急协调员、可能受泄漏和排放影响的管区应急协调员以及州应急计划委员会做出突发事件释放报告。报告内容应当包括以下 8 项：

（1）泄漏和排放的化学品名称；

（2）该物质是否为规定名单中的极危险物质；

（3）估计向环境中的泄漏和排放数量；

（4）泄漏和排放的时间和持续时间；

（5）受危险物质影响的环境介质；

（6）已知或预计释放可能带来的急性或慢性健康风险，以及对暴露人员需采取的医疗救治措施建议；

（7）需采取的防护措施，包括撤离转移措施；

（8）可以提供的进一步信息，如设施联系人姓名和电话等。

在上述突发事件释放报告以后,设施的经营者随后应当向上述受理报告的应急机构提供书面应急报告,补充报告以下 3 项信息:

(1) 为应对和控制危险物质的泄漏和排放,已经采取的行动和措施;

(2) 任何已知或预计的释放带来的急性或慢性健康风险;

(3) 对暴露人员需采取的医疗救治措施的补充建议。

2. TRI 报告制度

对于年生产、加工量在 2.5 万磅(约为 11 t)以上或者年使用量在 1 万磅(约为 4.5 t)以上有毒化学品的危险源设施,美国还建立了 TRI 报告制度。

列入报告名单中的有毒化学品具有以下危险特性:

(1) 由于连续或频繁发生泄漏和排放,导致装置场地界区外的该化学品浓度达到已知的或可合理预计的对人类健康有明显有害影响的水平;

(2) 已知或可合理预计该化学品会引起人类致癌或致畸效应,或者造成严重的或不可逆的生殖功能障碍、神经紊乱、可遗传的基因突变或者其他慢性健康效应;

(3) 由于其毒性、环境持久性和生物蓄积性,已知或可合理预计该化学品会对环境造成严重有害影响。

TRI 报告中应当包括以下信息:

(1) 重大危险源设施名称、地点以及主要经营活动范围;

(2) 企业高级管理人员签署的关于报告内容准确性及完整性声明;

(3) 设施中储存的每种 TRI 报告上有毒化学品的生产、加工和使用情况,前一年度任一时刻的估计的最大数量,产生的每种废物的处理处置方法、处理效率以及向环境中的排放数量。

根据全国所有重大危险源设施报告的 TRI 数据,美国 EPA 建立和维护着全国有毒化学品排放清单数据库系统,并向联邦、各州和地方政府以及公众,包括重大危险源设施周围的社区居民提供有关 TRI 信息,使政府部门、研究机构和其他利益相关者能够获取有毒化学品环境释放情况信息,以利于相关部门制定适当法规、导则和标准,做好事故防范措施等。

4.4　欧盟重大危险源设施监管及预防 应对重大化学事故策略

4.4.1　颁布防止化学事故塞维索指令和重大危险源设施判定标准

在欧盟国家,鉴于 1976 年塞维索二噁英污染事件的经验教训,欧共体理事会于 1982 年通过了《关于防止化学事故的塞维索指令(82/501/EEC)》,提出了重大危险源设施判定标准和管理办法。

1996 年 12 月,欧盟理事会颁布了《塞维索指令Ⅱ》,进一步完善了重大危险源设施识别及其临界量标准,通过企业安全通报书、预防重大事故方针和安全报告、应急预案,实施土地使用规划、公共信息发布与沟通以及事故报告与检查等制度。其要求各成员方根据该指令,颁布本国的法律、法规和行政规定。

2012 年 7 月,根据欧盟各成员方预防重大事故情况和管理需求,并为了与联合国 GHS 化学品危险性分类标准保持一致,欧盟理事会颁布了《塞维索指令Ⅲ》。

修订后的重大危险源设施识别标准涉及的化学品危险类别包括:物理危险的爆炸性物质;易燃气体;易燃气溶胶;易燃液体;氧化性气体;氧化性液体和固体;自反应性物质和有机过氧化物;发火液体和固体;健康危害的急性毒性;特定靶器官毒性(一次接触);致癌物质;环境危害的水生环境危害(对水生生物剧毒或有毒,且可能造成长期持续影响的物质)。此外,还包括欧盟指令原来已管控的遇水释放出易燃气体物质和混合物等。

《塞维索指令Ⅲ》根据重大危险源设施生产和储存的危险化学品的物理危险、健康和环境危害性,确定了 48 种(类)特定危险物质以及其他各类危险性化学品的临界量,并将其作为重大危险源设施的判定标准(表 4-2 和表 4-3)。

表 4-2　欧盟重大危险源设施特定危险物质名单及其临界量限值

序号	危险物质名称	CAS登记号	临界量/t 下限值设施	上限值设施
1	硝酸铵①	—	5 000	10 000
2	硝酸铵②	—	1 250	5 000
3	硝酸铵③	—	350	2 500
4	硝酸铵④	—	10	50
5	硝酸钾⑤	—	5 000	10 000
6	硝酸钾⑥	—	1 250	5 000
7	五氧化二砷、砷酸(V)和或砷酸盐	1303-28-2	1	2
8	三氧化二砷、亚砷酸(Ⅲ)和/或亚砷酸盐	1327-53-3		0.1
9	溴	7726-95-6	20	100
10	氯	7782-50-5	10	25

（续表）

序号	危险物质名称	CAS 登记号	临界量/t	
			下限值设施	上限值设施
11	镍化合物（可吸入粉末）：一氧化镍、二氧化镍、硫化镍、二硫化三镍、三氧化二镍	—		1
12	吖丙啶	151 - 56 - 4	10	20
13	氟	7782 - 41 - 4	10	20
14	甲醛（浓度≥90%）	50 - 00 - 0	5	50
15	氢	1333 - 74 - 0	5	50
16	氯化氢（液化气体）	7647 - 01 - 0	25	250
17	烷基铅	—	5	50
18	易燃液化气体，GHS 类别 1 或类别 2（包括液化石油气）和天然气⑦	—	50	200
19	乙炔	74 - 86 - 2	5	50
20	环氧乙烷	75 - 21 - 8	5	50
21	环氧丙烷	75 - 56 - 9	5	50
22	甲醇	67 - 56 - 1	500	5 000
23	4,4 -亚甲基双（2 -氯苯胺）及其盐类，粉末	101 - 14 - 4		0.01
24	异氰酸甲酯	624 - 83 - 9		0.15
25	氧	7782 - 44 - 7	200	2 000
26	2,4 -甲苯二异氰酸酯 2,6 -甲苯二异氰酸酯	584 - 84 - 9 91 - 08 - 7	10	100
27	光气	75 - 44 - 5	0.3	0.75
28	胂（砷化三氢）	7784 - 42 - 1	0.2	1
29	膦（磷化三氢）	7803 - 51 - 2	0.2	1
30	二氯化硫	10545 - 99 - 0		1
31	三氧化硫	7446 - 11 - 9	15	75
32	多氯二苯并呋喃和多氯二苯并二噁英（包括 TCDD①），（以 TCDD 当量计）	—		0.001

---

① TCDD 即四氯二苯并对二噁英。

（续表）

序号	危险物质名称	CAS登记号	临界量/t	
			下限值设施	上限值设施
33	下列致癌物质或含有该致癌物质浓度在5%（质量）以上的混合物：4-氨基联苯及其盐、三氯甲苯、联苯胺及其盐、双（氯甲基）醚、氯甲基甲醚、1,2-二溴乙烷、硫酸二乙酯、硫酸二甲酯、二甲基氨基甲酰基氯、1,2-二溴-3-氯丙烷、1,2-二甲基肼、二甲基亚硝胺、六甲基磷酸三酰胺、肼、二萘胺及其盐、4-硝基二苯基和1,3-丙磺酸内酯	—	0.5	2
34	石油产品（a）汽油和石脑油；（b）煤油（包括航空燃油）；（c）气态燃油（包括柴油机燃料、家庭加热用燃油以及气态燃油混合物）；（d）重燃料油。（a）和（d）所指产品中具有类似易燃性和环境危害性用于同样目的替代燃料	—	2 500	25 000
35	无水氨	7664-41-7	50	200
36	三氟化硼	7637-07-2	5	20
37	硫化氢	7783-06-4	5	20
38	哌啶	110-89-4	5	200
39	双(2-甲基氨基乙基)(甲基)胺	3030-47-5	50	200
40	3-(2-乙基己基氧)丙胺	5307-31-9	50	200
41	次氯酸钠(分类为水生急性毒性类别1[H400]，且含有<5%活性氯)与任何未分类为附件I第1部分其他危险类别的化学物质的混合物。（不含次氯酸钠的混合物不分类为水生急性毒性类别1)	—	200	500
42	丙胺[8]	107-10-8	500	2 000
43	叔丁基丙烯酸酯[8]	1663-39-4	200	500
44	2-甲基-3-丁烯腈[8]	16529-56-9	500	2 000
45	四氢-3,5-二甲基-1,3,5-噻二嗪-2-硫酮(棉隆)[8]	533-74-4	100	200

（续表）

序号	危险物质名称	CAS登记号	临界量/t	
			下限值设施	上限值设施
46	丙烯酸甲酯⑧	96-33-3	500	2 000
47	3-甲基吡啶⑧	108-99-6	500	2 000
48	1-溴-3-氯丙烷⑧	109-7-6	500	2 000

注：临界量下限值设施(Lower-Tier Establishment)是指存有的危险物质和混合物数量大于或等于表中所列临界量下限值,但小于上限值的设施;临界量上限值设施(Upper-Tier Establishment)是指存有的危险物质和混合物数量大于或等于表中所列临界量上限值的设施。

① 硝酸铵(临界量值5 000/10 000)是能够自我维持分解的肥料。适用于硝酸铵化合物/复合肥料,其符合联合国《关于危险货物运输的建议书:试验和标准手册》第三部分第38.2节的凹槽实验能自我维持分解的标准,其中硝酸铵的氮含量:在15.75%(质量)和24.5%(质量)之间,可燃有机物总量不超过0.4%,或者符合欧洲议会和欧盟理事会颁布的关于肥料的条例(EC)No 2003/2003附件三第2节的要求;15.75%(质量)或更少和可燃物不受限制。

② 硝酸铵(临界量值1 250/5 000)是化肥级,适用于硝酸铵化肥和硝酸铵基复合肥料,其符合欧洲议会和欧盟理事会颁布的关于肥料的条例(EC)No 2003/2003的附件三第2节的要求,其中硝酸铵的氮含量:含量24.5%(质量)以上,但硝酸铵与白云石、石灰石和/或碳酸钙的混合肥料除外,其纯度至少为90%;硝酸铵和硫酸铵混合肥料,其含量在15.75%(质量)以上;硝酸铵与白云石、石灰石和/或碳酸钙的混合肥料,含量在28%(质量)以上,其纯度至少为90%。

③ 硝酸铵(临界量值350/2 500)为工业等级,适用于硝酸铵和硝酸铵的混合物,其中硝酸铵的氮含量:在24.5%(质量)至28%(质量)之间,且含有不超过0.4%的可燃物质;超过28%(质量),且含有不超过0.2%的可燃物质;还适用于硝酸铵水溶液,其中硝酸铵浓度超过80%(质量)。

④ 硝酸铵(临界量值10/50)为"不合规格"原材料以及不符合爆震测试的肥料。适用于在生产过程中被拒绝使用的原材料以及硝酸铵和硝酸铵混合物、直接硝酸铵肥料、硝酸铵化合物/复合肥料。这些化肥由于不符合规定的规格,而被最终用户退回生产厂家、临时储存或再加工厂,进行返工、回收或处理,以便安全使用。

⑤ 硝酸钾(临界量值5 000/10 000),适用于复合硝酸钾肥料(粒状),其危险特性与纯硝酸钾相同。

⑥ 硝酸钾(临界量值1 250/5 000),适用于复合硝酸钾肥料(晶体状),其危险特性与纯硝酸钾相同。

⑦ 升级后的沼气:为了执行本指令,升级后的沼气可根据附件I第2部分第18项进行分类,其已经按照净化和升级沼气适用的标准进行过处理,以确保其质量相当于天然气,其中的甲烷含量以及最大含氧量为1%。

⑧ 如果该危险物质属于P5a易燃液体类别或者P5b易燃液体类别,则应适用临界量下限值。

表4-3 欧盟重大危险源设施涉及危险物质危险类别及其临界量限值

危险物质/混合物的危险类别	临界量/t	
	下限值设施	上限值设施
物理危险(P)　P1a 爆炸物① ——不稳定爆炸物 ——爆炸物第1.1项、第1.2项、第1.3项、第1.5项或第1.6项 ——根据欧盟条例(EC)No 440/2008的方法A.14确定具有爆炸性,且不属于有机过氧化物或者自反应物质和混合物危险种类的物质或混合物	10	50

（续表）

危险物质/混合物的危险类别	临界量/t	
	下限值设施	上限值设施
P1b 爆炸物① 爆炸物第 1.4 项②	50	200
P2 易燃气体 易燃气体类别 1 或类别 2	10	50
P3a 易燃气溶胶③ "易燃"气溶胶类别 1 或类别 2,包括易燃气体类别 1 或类别 2 或者易燃液体类别 1	150	500
P3b 易燃气溶胶③ "易燃"气溶胶类别 1 或类别 2,不包括易燃气体类别 1 或类别 2 或者易燃液体类别 1①	5 000	50 000
P4 氧化性气体 氧化性气体类别 1	50	200
P5a 易燃液体 ——易燃液体类别 1 ——易燃液体类别 2 或类别 3,且维持在其沸点温度 以上 ——其他闪点≤60℃的液体,且维持在其沸点温度 以上⑤	10	50
P5b 易燃液体 ——易燃液体类别 2 或类别 3,在特殊加工条件下,如 高压或高温下可能产生重大事故危险 ——其他闪点≤60℃的液体,在特殊加工条件下,如高 压或高温下可能产生重大事故危险⑤	50	200
P5c 易燃液体 其他属于易燃液体类别 2 或者类别 3,但未被列入 P5a 项和 P5b 项的	5 000	50 000
P6a 自反应物质和混合物以及有机过氧化物 自反应物质和混合物 A 型或 B 型,或者有机过氧化物 A 型或 B 型	10	50
P6b 自反应物质和混合物以及有机过氧化物 自反应物质和混合物 C 型、D 型、E 型或 F 型或者有机 过氧化物 C 型、D 型、E 型或 F 型	50	200
P7 发火液体和固体 发火液体类别 1 发火固体类别 1	50	200
P8 氧化性液体和氧化性固体 氧化性液体类别 1、类别 2 或类别 3,或者 氧化性固体类别 1、类别 2 或类别 3	50	200

物理危险（P）

（续表）

危险物质/混合物的危险类别		临界量/t	
		下限值设施	上限值设施
健康危害（H）	H1 急性毒性 类别 1,全部暴露途径	5	20
	H2 急性毒性 ——类别 2,全部暴露途径 ——类别 3,经皮肤和吸入途径⑥	50	200
	H3 特定靶器官毒性(一次接触)类别 1	50	200
环境危害（E）	E1 危害水生环境 急性毒性类别 1 或者慢性毒性类别 1	100	200
	E2 危害水生环境 慢性毒性 类别 2	200	500
其他危险（O）	O1 具有危险说明(EUH014)的物质或混合物	100	500
	O2 遇水释放出易燃气体的物质和混合物类别 1	100	500
	O3 具有危险说明(EUH029)的物质或混合物	50	200

注：临界量下限值设施(Lower-Tier Establishment)是指存有的危险物质和混合物数量大于或等于表中所列临界量下限值,但小于上限值的设施;临界量上限值设施(Upper-Tier establishment)是指存有的危险物质和混合物数量大于或等于表中所列临界量上限值的设施。

① 爆炸物危险种类包括爆炸性物品(参见欧盟《CLP 条例》附件 1 的第 2.1 节)。如果爆炸性物品中爆炸性物质或混合物的数量已知,应当考虑该数量。如果爆炸性物品中爆炸性物质或混合物的数量未知,那么,该整个爆炸性物品应当视为爆炸物。

② 如果第 1.4 项的爆炸物被拆开或者重新包装,则应考虑将其按 P1a 项处理,除非根据欧盟《CLP 条例》证明其危险性仍属于第 1.4 项。

③ 易燃气溶胶是根据欧盟《气溶胶喷雾器指令(75/324/EEC)》进行分类的。根据该指令分类的"极易燃"气溶胶和"易燃"气溶胶分别与欧盟《CLP 条例》分类的易燃气溶胶类别 1 或类别 2 相对应。

④ 要采用此项的临界值,必须有记录表明,该气溶胶喷雾器不含有易燃气体类别 1 或类别 2,也不含有易燃液体类别 1。

⑤ 根据欧盟《CLP 条例》附件 1 第 2.6.4.5 节规定,如果基于联合国《关于危险货物运输的建议书:试验和标准手册》第 32 节第三部分的持续燃烧试验获得否定结果,闪点高于 35℃的液体则不需将其分为类别 3。但是在高温或者高压下,上述规定无效。因而,高温或高压下闪点高于 35℃的液体就适用本条的规定。

⑥ 当物质和混合物符合 H2 急性毒性类别 3 经皮肤和吸入途径的范围时,如果不能提供这两种暴露途径的数据,可以根据欧盟《CLP 条例》附件 1 的 3.1.3.6.2.1.(a)和表 3.1.2 以及《REACH 条例》附录 I 第 5.2 节(暴露估计)所述方法以及相关指南进行外推。

　　由于突发环境污染事件引发的健康和环境风险依重大危险源设施中储存危险物质数量以及固有危害性大小而异,《塞维索指令Ⅲ》根据设施中储存危险化学品的数量及其固有危害性的差异,划定两个临界量等级,即下限值设施和上限值设施并规定了不同的管理控制要求。

4.4.2　对重大危险源设施的管理要求

　　欧盟《塞维索指令Ⅲ》对重大危险源设施的各项管理要求主要为以下 5 项。

1. 安全通报书

所有重大危险源设施的经营者应当向主管当局呈送安全通报书,其内容包括:① 经营者的姓名或企业名称;② 经营者登记的经营地点;③ 危险物质或危险物质类别的名称等标识信息;④ 危险物质的数量和物理形态;⑤ 装置或储存设施从事的活动;⑥ 企业引发重大事故的危险因素或严重后果。

当企业危险物质的存储数量明显增加或者物质的性质或物理形态发生明显变化或者生产工艺、装置发生变化或关闭时,设施的经营者应当立即向主管当局报告。

2. 预防重大事故的方针与安全管理制度

所有重大危险源设施经营者应当制定书面的"预防重大事故的方针(the Major-Accident Prevention Policy,MAPP)",陈述其预防重大事故的总体目标和行动原则并承诺适当加以实施。

储存超过临界量上限值的重大危险源设施企业还必须制定"安全管理制度(A Safety Management System)"。安全管理制度应基于风险评估的结果,并与设施单位中危险物质的危险特性、工业活动及其复杂性相对应。

安全管理制度应当明确规定,制定和执行预防重大事故方针的组织机构、职责、规范做法、程序、工艺过程和资源。

安全管理制度的制定应当针对下列 7 项问题。

(1) 组织机构和人员。组织机构中参与重大危险源管理的各级人员的角色和责任,为了提高对持续改进安全必要性的认识而采取的措施。查明对这些人员的培训需求,并针对性提供培训。从安全的角度来看,在设施中工作的员工和分包人员的参与非常重要。

(2) 识别和评估重大危害。采用并实施适用程序,系统识别异常操作(如分包活动)产生的重大危害,并评估发生重大危害的可能性和严重性。

(3) 操作控制。采用和实施安全操作程序和指令(包括工厂的维护、工艺过程与设备、报警管理和临时性终止作业);考虑监测与控制最佳规范做法的可提供信息,以期降低系统故障的风险;管理和控制设施中已安装设备的老化程度及其腐蚀情况的相关风险;设施中设备的库存、监控设备状况的策略和方法;采取适当后续行动和任何必要的对策。

(4) 变更的管理——采用和实施计划变更程序,或者设计新装置、工艺过程或存储设施。

(5) 应急计划。采用和执行应急程序,系统分析识别并确定可预见的紧急情况,编制、测试和审查应对紧急情况的应急计划,并对相关人员提供培训。应急培训应当提供给设施内工作的所有人员,包括相关的分包人员。

(6) 监控绩效。采用并实施程序,持续评估符合经营者预防重大事故的方针和安全管理制度所设定目标情况,并在不合规时,采取调查程序和补救行动。该程序应当包括经营者的报告重大事故或"险情"制度,特别是那些涉及防护措施失效以及吸取以往教训开展的调查和后续行动。还可以包括绩效指标,如安全绩效指标(Safety Performance Indicators,SPIs)和/或其他相关指标。

(7)审计和评审。采用和实施程序,定期系统评估预防重大事故方针以及安全管理制度的有效性和适用性;对安全方针和安全管理制度的绩效进行评审和记录,并由高级管理层进行更新,包括考虑和采纳审计和评审指出的必要变动。

3. 安全报告

存储量超过临界量上限值的重大危险源设施经营者必须向主管当局提交"安全报告"。其内容包括以下5项。

(1)关于安全管理制度和预防重大事故设施单位组织的信息。

(2)设施的环境情况。

① 说明设施及其所处环境,包括地理位置、气象、地质、水文条件,必要时提供其历史情况。

② 识别可能构成重大事故危险的装置和其他设施活动。

③ 根据现有资料,识别邻近场所以及不在本指令适用范围,但可能构成重大事故发生源或增加重大事故风险或后果以及多米诺效应的场地、区域和事态发展。

④ 可能发生重大事故的区域的描述。

(3)装置说明。

① 从安全角度,说明设施各部门的主要活动和产品,重大事故风险的来源和可能发生重大事故的条件以及建议的预防措施。

② 工艺过程描述,特别是操作方法;适用时,提供最佳规范做法的信息。

③ 危险物质说明。

(a)涉及危险物质的清单,包括:危险物质的标识,如化学名称、CAS登记号、根据IUPAC命名法命名的名称;存有或可能存有的危险物质的最大数量。

(b)物理、化学、毒理学特性以及危害说明,对人类健康和环境的直接影响和延迟影响。

(c)在正常使用条件下或在可预见的事故情况下的物理和化学行为。

(4)识别事故风险分析与预防方法。

① 详细说明可能发生重大事故的情景及其发生可能性或发生条件,包括可能触发每种情景的事件摘要,其装置内部或外部原因,特别包括以下三种。

(a)操作原因。

(b)外部原因,例如,与多米诺效应相关原因、不在本指令适用范围的场所、可能成为重大事故根源或增加重大事故风险或后果的区域及其发展。

（c）自然原因，如地震或洪水。

② 评估已查明的重大事故严重程度和后果，包括地图、图像或酌情给出描述，说明设施的重大事故可能影响的区域。

③ 审评过去发生的使用相同物质和工艺过程的事故和事件，考虑这些事故中可吸取的经验教训，并明确提出防止此类事故应采取的具体措施。

④ 用于保障装置安全的技术参数和设备。

（5）限制重大事故后果的防护与干预性措施。

① 说明工厂内安装的用来限制重大事故对人体健康和环境影响的设备，包括检测/防护系统、限制事故环境释放量的技术装置，如喷水雾、蒸汽屏幕、应急收容罐或收集容器；停车制动阀、惰性系统以及消防水截流池等。

② 报警和进行干预的组织机构。

③ 可调动的资源说明，包括内部资源或外部资源。

④ 说明减少重大事故影响的任何技术和非技术措施。

安全报告还应当说明参与起草该安全报告的相关组织名称。

重大危险源设施的经营者应当至少每 5 年主动或应主管当局要求对安全报告进行审查和更新。

4. 内部应急计划和外部应急计划

临界量上限值重大危险源设施的经营者必须向主管当局提交企业内部应急计划（An Internal Emergency Plan）。其内容包括：

（1）授权启动应急程序及负责协调现场救援行动人员的姓名及职务；

（2）负责与外部应急计划（An External Emergency Plan）主管当局联络人员的姓名或职务；

（3）可能引起重大事故的重要可预见的条件或事件，说明控制这些条件或事件并限制其后果应当采取的行动，包括安全设备和可提供的资源说明；

（4）为限制事故对现场人员造成危害做出的安排，包括发出警报以及人员收到警报后预期应当采取的行动；

（5）向负责启动外部应急计划的主管当局提供事故早期报警做出的安排、早期报警应当包含的信息种类以及可提供更详细信息的相关安排；

（6）必要时，安排经培训的员工履行执勤职责，并酌情与场外应急救援服务机构进行协调；

（7）对场外应急救援机构的救援行动提供帮助做出的安排。

重大危险源设施企业还有义务向社区公众提供安全防护措施信息，说明企业从事的活动，可能引发重大事故的危险物质名称、危险类别及主要危险特性；发生重大事故的危险性，对人群和环境的潜在影响以及应当采取的行动及行为表现等。

在发生重大事故后,经营者应当立即通报主管当局,提供事故情况、涉及的危险物质、评价事故对人类和环境影响的数据以及已经采取的应急措施等。

5. 主管当局的监察与管理

各成员方主管当局对重大危险源设施采取的监管措施主要有 4 项。

（1）土地使用规划

对危险化学品生产（储存）设施的选址实行许可管理。控制新企业的选址、控制交通干线、现有企业进行技术改造以及在企业与周围社区之间设置安全防护距离,可以预防和限制重大事故及其后果。

对允许建设生产（储存）装置的区域或运输道路路线以及禁止从事这些活动的高风险区域做出明确规定。要求化学品生产和储存设施选址远离环境敏感地区和人口稠密区域,如饮用水源保护区、学校、居民区等并设置有效适当的安全防护距离。

此外,土地使用规划中还可以规定化学品储存设施之间的安全间距,以避免工厂内某一设施发生火灾爆炸时引起邻近其他设施的连锁反应（多米诺效应）。

（2）审查企业提交的安全通报书和安全报告

发现重大危险源设施企业未能提交规定的安全通报书、安全报告或者重大危险源企业的预防重大事故措施存在严重缺陷时,主管当局应当禁止该企业的装置或储存设施投入使用。

（3）组织执法检查活动

审查企业在用的工艺技术、组织机构或管理制度,确保企业采取了适当措施,防止重大事故产生和减轻重大事故带来的后果。

为了实施法律规定的安全标准,政府主管部门应当定期对重大危险源设施场地和危险物品的运输（含装卸作业）进行检查。检查的重点应当放在危险化学品作业管理制度上,以确保所有安全相关事项都建立了适当的防范措施。

应当对企业安全报告的每个环节进行检查,特别是在首次检查时。检查机构应当按照事先制定的安全核查表与核查程序,进行诸项核查,以防止应当检查的内容被忽视、遗漏。

（4）制订和完善外部应急计划

地方主管当局应当根据许可阶段和现场检查获得的信息以及重大危险源设施企业提交的应急计划,制订和完善外部应急计划。

外部应急计划应当包括以下内容：① 授权启动紧急程序人员的姓名或职务,以及授权负责和协调场外行动人员的姓名或职务；② 接收事故初期报警,以及启动警报与呼叫程序做出的安排；③ 协调必要的资源来执行外部应急计划做出的安排；④ 进行现场救援、抑制行动所做出的安排；⑤ 进行场外救援、抑制行动所做出的安排,包括对安全报告提及的重大事故场景情况的反应,需考虑可能的多米诺效应,包括对环境的影响;⑥ 根据《塞维索指令Ⅲ》第 9 条向公众和任何非本指令适用范围内的邻近设施或场所,提供事故信息和应采取行为信息所做出的安排;⑦ 当发生重大事故可能造成跨界后果时,向其他成员方应急部门提供信息做出的安排。

4.5　OECD 化学事故预防与应对的"黄金规则"

　　2003 年 OECD 公布的《OECD 化学事故预防、准备和响应指导原则》(第 2 版,2003 年),为化学品危险源设施的安全规划、建设、管理、运行和安全绩效审查工作,以及如何通过有效的土地使用规划与应急准备和应对来减轻事故的有害影响提供了通用性指南。该指南文件适用于生产、加工、使用、处理、储存或处置危险物质,且有发生事故风险的固定工厂或场所的所有危险源设施。其包括以下主要内容:① 预防危险物质的事故发生;② 通过制定应急预案、土地利用规划和与公众沟通,为事故发生做好准备,并减轻事故的不利影响;③ 对确已发生的事故采取应对措施,以尽量减少其对健康、环境和财产的不良后果;④ 事故发生后的行动,包括初步清理活动以及编制事故报告和事故调查。

　　随着科学技术进步和化学事故预防与应对知识的更新,OECD 通过增补文件方式对该指南文件内容进行了修订和更新。例如,2011 年 OECD 出版的第一个增补文件考虑了 2007—2010 年在 OECD 化学品事故工作组(WGCA)主持下举行的五次研讨会的产出结果。

　　2015 年出版的第二个增补文件针对自然灾害引发的技术性事故的风险管理,对该指南文件进行了若干修正,并增加了一章对技术性事故的预防、准备和应对提供详细指导建议。其还考虑了 2012 年在德国德累斯顿举行的由 OECD 化学品事故工作组主持的关于自然灾害引发技术性事故风险管理研讨会的产出结果。

　　该指南文件中高度概括地提出了预防和应对化学事故的"黄金规则",简明扼要地强调各主要利益相关方在预防、准备和应对化学事故方面的主要作用和责任。该"黄金规则"的要点代表了国际上预防和应对化学事故的最佳实践做法。

　　现将 OECD 的"黄金规则"内容说明进行介绍。

4.5.1　所有利益相关方的作用

　　(1) 做好降低化学品风险和事故预防工作,切实做好应急准备和应对工作,优先保护健康、环境和财产。

虽然危险源设施所在社区存在发生事故的风险,需要当地各利益相关方作出努力,但是地区、国家和国际方面各利益相关方也负有责任。

(2)就事故预防、准备和应对的各个方面与其他利益相关者进行沟通与合作。

沟通与合作应当基于开放的政策,并分享减少事故发生可能性和减轻任何事故不利影响的共同目标。一个重要方面是,可能受影响的公众应当能够获得需要的信息,以支持预防事故发生,并且适当时,公众应当有机会参与与危险源设施相关的决策。

4.5.2　行业企业的作用(包括管理层和员工)

1. 管理层

(1)知晓了解存有危险物质的装置设施的危险和风险

所有生产、使用、储存或以其他方式处理危险物质的企业应当与其他利益相关方进行合作,为全面了解发生事故时,其员工、公众、环境和财产可能面临的风险,需要开展危险识别和风险评估工作。

危险识别和风险评估工作应当从设施的设计和施工的最初阶段开始,直至整个操作和维护过程,并且应当针对人为失误或技术故障可能性以及由于自然灾害产生或蓄意行为(如恐怖主义、蓄意破坏或盗窃行为)造成的环境泄漏排放。此类危险的识别和风险评估应当定期重复以及每当装置进行重大维修改造时进行。

(2)促进整个企业广泛认知和接受的"安全文化"

在企业安全方针中反映出的安全文化,既包括安全是优先事项(例如,事故是可以预防的),也包括适当的内部基础架构(例如,方针政策和程序)。要想行之有效,安全文化需要企业管理高层对安全做出可见的承诺,需要所有员工及其代表的支持和参与。

(3)建立安全管理制度并监控/评审其实施情况

危险源设施的安全管理制度包括采用适当的技术和工艺过程,以及建立有效的组织结构(例如,操作程序和规范做法、有效的教育和培训计划、适当培训有素的员工以及必要的资源配置)。这些都有助于降低危险和风险。为了确保安全管理制度的充分性,必须制订适当和有效的评审计划,以监控这些制度的执行(包括方针政策、程序和规范做法)。

(4)采用"本质更安全的技术(Inherently Safer Technology)"原则

在设计和操作危险装置时,采用"本质更安全的技术"原则有助于减少发生事故的可能性,并将事故的后果降至最低程度。例如,设施应当考虑到以下能降低风险的措施:在可行情况下,尽量减少使用危险物质的数量;用危险性较低的物质替代危险物质;降低操作压力和/或温度;改进库存管理以及采用更简单的工艺流程,这可以通过使用备份系统来实现。

(5)特别要勤于在管理上做出变革

任何重大的变动(包括工艺技术、组织、人员配备和操作程序的变化)以及维护/维修、开停车操作都会增加发生事故的风险。因此,意识到这一点特别重要,并且在计划进行重大变动以前,要采取适当的安全措施,然后再实施变革。

(6)为可能发生的任何事故做好准备

重要的是要认识到,不可能完全消除事故的风险。因此,必须制订适当的预案准备计划,以尽量减少事故对健康、环境或财产造成任何不利影响的可能性及其程度。这包括现场准备计划和促进场外计划(包括向可能受影响的公众提供信息)。

(7)协助他人履行各自的职责和责任

为此,管理层应当与所有员工及其代表、公共主管部门、当地社区和其他公众成员进行合作。此外,管理层应努力协助其他企业(包括供应商和客户)达到适当的安全标准。例如,危险物质的生产者应实施有效的产品管理计划。

(8)寻求持续改进

虽然不可能消除危险源设施的所有事故风险,但目标应当是找出改进技术、管理制度和员工技能的方法,以便更接近实现零事故的最终目标。在这方面,管理层应当努力汲取无论是在本企业内部,还是在其他企业过去发生事故和失控事件的经验教训。

2. 员工

(1)按照企业的安全文化、安全操作程序和培训要求行事

在履行职责时,员工应当根据其受聘企业提供的培训要求和指令,遵守与事故预防、准备和应对相关的所有程序和规范做法。所有员工(包括承包商)都应当向其主管人员报告他们认为可能构成重大风险的任何情况。

(2)尽一切努力了解情况并向管理层提供信息和反馈

对于所有员工(包括承包商)来说,重要的是了解他们工作的企业所存在的风险并知晓如何避免造成风险或增大风险水平。员工应尽可能向管理层反馈安全相关事项。在这方面,劳工及其代表应当与管理层进行合作,制定和执行安全管理制度,包括确保对员工进行适当教育和培训/再培训的程序。员工及其代表还应当有机会参与企业或主管当局旨在预防、准备和应对化学品事故相关措施的监测和调查。

(3)积极主动地帮助通知和教育所在社区的公众

在危险源设施企业工作的全面知情与参与的员工可以在其所在社区发挥

安全大使的重要作用。

4.5.3 公共主管当局的作用

（1）制定、执行并持续改进政策、法规和规范做法

对公共主管当局来说，重要的是制定政策、法规和规范做法，并建立适当机制，确保其执行。公共主管当局还应当酌情定期评审和更新政策、法规和规范做法。

在这方面，公共主管当局应当随时了解情况并考虑到相关事态的发展。其中包括工艺技术、商业惯例和社区中风险水平的变化，以及执行现行法律和事故历史案例的经验。公共主管当局应当让其他利益相关方参与审查和更新过程。

（2）提供领导力，激励所有利益相关者履行其角色和责任

在其各自的责任和影响范围内，所有相关公共主管当局应当设法激励其他利益相关方认识到事故预防、准备和应对的重要性，并采取适当步骤将事故的风险降至最低程度，并减轻发生的任何事故的影响。

在这方面，主管当局应当建立和执行适当的管理制度，促进自愿性倡议，并建立机制以促进教育和信息的交流。

（3）检查监控行业企业，帮助其确保适当地应对事故风险

考虑到危险源设施风险的性质（包括故意释放的可能性），公共主管当局应当建立检查监测危险源设施的机制，帮助企业遵守所有相关法律和法规，并确保安全管理体系的各项要素执行到位和正常运行。公共主管当局也可以利用这些机会与危险源设施的相关员工分享经验。

（4）帮助确保利益相关者之间建立有效的沟通与合作

信息是安全计划的重要组成部分。公共主管当局在确保向所有相关利益相关方提供和接收适当信息方面发挥着重要作用。

公共主管当局在促进公众所在社区化学品风险教育方面发挥着特别重要的作用，让公众成员再次确信已采取的安全措施是有效的，他们知晓发生事故时应当做什么以及他们可以有效参与相关决策过程。公共主管当局还可以促进（境内和跨境）经验的分享。

（5）促进机构间协调

化学事故的预防、准备和应对从本质上说是一种跨学科的活动，涉及不同部门和各级的主管当局。为了帮助确保有效预防、准备和应对化学事故以及有效利用资源，重要的是所有相关机构协调其活动。

（6）了解职责范围内的风险，并做出适当计划

公共主管当局负责场地外部的应急计划，同时考虑到相关的场地应急计

划。这项工作应与其他利益相关方进行协调。此外,公共主管当局应当确保应对化学事故所需的资源的可提供性(如专门知识、信息、装备、医疗设施和资金)。

(7) 通过采取适当的应对措施,减轻事故的影响

公共主管当局(通常是地方一级)对确保造成场地外后果的事故做出应对反应、帮助减少伤亡、保护环境和财产负有主要责任。

(8) 制定适当和连贯一致的土地使用规划政策和安排

土地使用规划(即建立和实施总体规划分区以及危险源设施与其他发展项目的具体选址)有助于保护健康、环境和财产,并且进行危险源设施的适当选址。

土地使用规划政策和安排还可以防止在危险源设施附近不适当地放置新开发项目(例如,在危险源设施一定安全间距内,避免建造新的居民住宅、商业设施或公共建筑物)。

土地使用规划政策和安排还应当控制对现有设施的不适当改造(如在设施范围内建设新装置或新工艺过程)。它们还应当允许对现有设施和建筑物进行改造,以符合现行安全标准。

4.5.4　其他利益相关者(如社区/公众)的作用

(1) 了解自己所在社区存在的风险,并知晓发生事故时应该做些什么

危险源设施附近的社区成员,以及发生事故时可能受到影响的其他人应当确信他们了解所面临的风险和发生事故时应该怎么做,以便减轻对健康、环境和财产可能产生的不利影响(如了解报警信号以及需采取的适当行动)。这些包括阅读和保留他们收到的任何相关信息,与家庭中的其他人分享信息,并酌情寻求其他补充信息。

(2) 参与危险源设施相关的决策

许多关于社区的法律为公众成员提供了参与危险源设施相关决策的机会,例如,对拟订的法规草案或分区规划决定发表评论意见,或者对特定危险源设施许可或选址程序提出意见。

公民应当利用这些机会发表社会人士的见解。他们应当努力确保存在这种适当的机会,以及公众获得有效参与所需要的信息。

(3) 与地方主管当局和行业合作,展开应急计划和应对

社区代表应当利用这些机会,就现场和场地外应急计划进程提供投入。此外,公众还应当遵照指令,配合应急计划的任何测试或演练,并酌情提供反馈意见。

4.6 关于化学事故预防与应对指南导则以及相关数据库

近年来,联合国机构等国际组织和各国主管部门编制了大量化学品应急救援导则规范,以指导各国的化学事故预防、准备和应急反应工作。

4.6.1 化学事故预防与应对指南导则

1. UNEP《化学事故预防和准备灵活框架指南》(2010 年版)

《化学事故预防和准备灵活框架指南》(2010 年版)文件是 UNEP 为各国政府制定、审查或加强其国家化学事故预防和准备计划而编制的指南文件(图 4-1)。

图 4-1 《化学事故预防和准备灵活框架指南》(2010 年版)

全球每个国家几乎每年都有化学事故发生。这些事故一般发生在小型设施,如农药仓库,或者大型设施,如炼油厂、公共设施(包括使用氯气的水处理厂或私人的化学品制造设施、医药品和消费产品行业）、城市设施以及工业园区或可能有采矿作业或制冷设施的农村地区。

因此，UNEP 组织实施了一项关于促进全球化学事故预防和准备的国际倡议。该倡议的重点是制定和实施一个灵活的化学事故预防框架，为各国政府制定、审查或加强其国家化学事故预防和准备计划提供指导意见。

该指南的重点放在固定设施的事故预防和准备，旨在帮助各国制定适合本国国情的具体计划，包括评估风险的水平和性质、可提供的资源以及法律和文化背景。指南之所以称为"灵活框架指南"，是为了让任何国家，不论其所在地区、国家大小或者工业化程度如何，都可以使用该指南文件，并期望各国能够自行设计其计划方案。

2.《OECD 化学事故预防、准备和响应指导原则》（第 2 版，2003 年）

OECD 公布的《OECD 化学事故预防、准备和响应指导原则》（2003 年，第 2 版）（图 4 - 2），为化学品危险源设施的安全规划、建设、管理、运行和安全绩效审查工作，以及如何通过有效的土地使用规划和应急准备和应对来减轻事故的

图 4 - 2 《OECD 化学事故预防、准备和响应指导原则》（第 2 版，2003 年）

有害影响提供了通用性指南。

该指南文件适用于生产、加工、使用、处理、储存或处置危险物质,且有发生事故风险的固定工厂或场所的所有危险源设施。其包括以下主要内容:

① 预防危险物质的事故发生;

② 通过制定应急预案、土地利用规划和与公众沟通,为事故发生做好准备和减轻事故的不利影响;

③ 对确已发生的事故采取应对措施,以尽量减少其对健康、环境和财产的不良后果;

④ 事故后的后续行动,包括初步清理活动,以及编制事故报告和事故调查。

3. 美国、加拿大、墨西哥《应急响应指南》(2020 年版)

《应急响应指南》(2020 年版)(图 4 - 3)是在阿根廷化学品应急信息中心

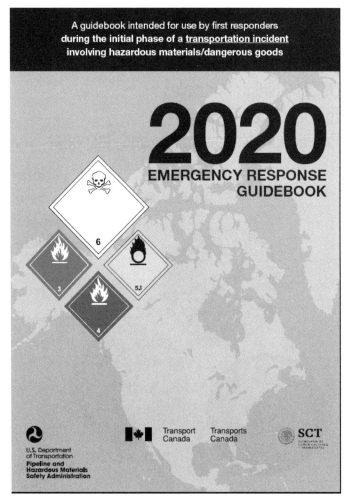

图 4 - 3 《应急响应指南》(2020 年版)

(CIQUIME)的协助下，由加拿大运输部、美国运输部、墨西哥通信与运输秘书处合作编制，供可能首批抵达危险货物运输事故现场的消防人员、警察和其他应急服务机构人员使用。该指南的目的是指导帮助应急救援人员快速识别事故相关危险化学品的特定危害或一般危害，并在事故的"初始响应阶段"能保护自己和公众。

所谓"初始响应阶段"是指应急救援人员抵达事故现场后，确认存在和/或识别危险货物，并采取防护行动和划定安全区域以及要求合规人员给予协助的一段时间。

该指南中汇集了 3 500 多种危险货物（危险化学品）的应急响应所需基本数据，包括三个方面。① 危险物质潜在的危险：火灾或爆炸；健康危害。② 公共安全事项：应急电话；直接安全措施；防护服；撤离方法。③ 应急响应措施：应对火灾；泄漏处置；急救措施等。该指南可以帮助应急救援人员在抵达危险品事故现场时做出初步决定。

该指南并不针对危险品事故可能发生的所有情况。主要设计用于在公路或铁路运输中发生的危险品事故。指南中包括了联合国《规章范本》的危险货物一览表（最新版本）以及其他国际和国家法规中的危险货物名单。其也可供固定设施危险化学品事故应急时参考。

在美国，根据美国职业安全与健康管理局和美国环境保护局的相关法规要求，首批抵达事故现场的应急救援人员必须接受过该指南使用方法的培训。在其采取应急救援行动以前，应当熟悉该指南内容及其查询方法。

此外，发达国家化学事故应急主管机构普遍建立了可为国家和地方各级应急机构提供 24 小时在线查询化学品安全和应急响应信息数据库系统。该化学品安全和应急响应信息数据库内容包括 6 个方面。

① 化学品理化特性，包括爆炸性、易燃性、氧化性、遇水反应性、与其他化学品的反应性（禁配物）以及水中溶解度等数据。

② 化学品健康和环境危害性数据，包括化学品对人体健康急性毒性（经口、经皮接触或者吸入）和慢性毒性；对水生生物急性和慢性毒性、生物蓄积性、持久性等数据。

③ 各类化学品泄漏或火灾时使用的消防灭火剂和防护措施。

④ 大气、水体和土壤化学污染物的环境监测方法和仪器设备信息。

⑤ 泄漏物安全收集和处置方法、脱除污染的程序（包括应急救援人员穿戴的化学防护服以及应急装备）信息。

⑥ 医疗救治信息，包括接触化学品人员可能出现的征兆和症状以及医疗救治措施，包括解毒药剂、后期医学处置信息等。

4.6.2 国际权威性化学品安全及应急响应数据库

目前可通过因特网查询的部分国际权威性化学品安全和应急响应数据库如表 4-4 所示。

表 4-4 部分国际权威性化学品安全和应急响应数据库

数据库名称	研发机构和网址	数 据 库 内 容
国际化学品安全卡网络查询系统(中文版)	联合国 IPCS/中国石化北京化工研究院 http：//icsc.brici.ac.cn/	提供了 IPCS 编制的 1 700 多种国际化学品安全卡片,包括化学品理化、健康、环境数据以及分类标签与泄漏处置等数据
全球化学物质信息门户网站(eChemPortal)	经济合作与发展组织 https：// www.echemportal.org/	目前链接了 36 个国际组织和国家的化学品管理数据库,提供了化学品理化性质、环境归趋和行为、生态毒性和毒性等数据
欧盟 ECHA 的《REACH 条例》注册物质数据库	欧盟化学品管理局 https：//echa.europa.eu/information-on-chemicals/registered-substances	目前收录了 22 000 多种注册化学物质危害性、GHS 危害性分类、毒性、生态毒性以及环境归趋等数据
德国 GESTIS 危险物质数据库	德国职业安全与卫生研究所(BGIA) http：//gestis-en.itrust.de/nxt/gateway.dll? f = templates&fn=default.htm&vid=gestiseng：sdbeng	提供了 8 800 种化学物质燃烧和爆炸性、反应危险性(热分解、分解产物、危险化学反应)、职业健康和急救措施、事故泄漏和消防措施等数据
美国国家医学图书馆危险物质数据库(HSDB)	美国国家医学图书馆 http：//toxnet.nlm.nih.gov/newtoxnet/hsdb.htm	提供了 5 000 多种危险化学品的理化特性、安全处置、毒性和人类健康效应、应急医疗处理以及法规管理信息等
美国环保局生态毒性数据库(USEPA. Ecotox database)	美国环境保护局 http：//www.epa.gov/	提供大约 8 400 种化学品的水生毒性和陆生毒性信息。数据库数据来自经过同业审查的原始文献、美国政府机构和国际机构提供研究报告数据
美国应急响应人员无线信息系统（Wireless Information System for Emergency Responders, WISER)	美国国家医学图书馆 http：//webwiser.nlm.nih.gov/getHomeData.do;jsessionid=D9B4B4C89CC0B05A51BB352446D068F9	该数据库系统提供了各种危险物质信息,内容包括物质标识、物理特性、人类健康信息、污染和抑制措施建议等

（续表）

数据库名称	研发机构和网址	数据库内容
应急响应指南 2020 年（Emergency Response Guidebook 2020）	美国、加拿大和墨西哥运输部 https：//www.phmsa.dot.gov/hazmat/erg/erg2016-english	提供了 3 500 多种危险货物（危险化学品）的火灾/爆炸危险性、潜在健康危害性、应急救援和急救、泄漏处置、消防措施等数据

4.7　对我国危险化学品安全事故预警和应急管理体系建设的建议

我国已颁布《中华人民共和国安全生产法》《中华人民共和国突发事件应对法》《生产安全事故应急条例》《危险化学品安全管理条例》《突发事件应急预案管理办法》《突发环境事件应急管理办法》等涉及危险化学品生产安全事故预防和应急管理的法律法规，但是我国化学品事故应急及监管的管理制度有待建立和完善，现行《危险化学品重大危险源辨识（GB 18218—2018）》国家标准也存在一定缺陷。迫切需要研究借鉴发达国家预防和应对化学事故的经验做法，并参照 OECD 发布的化学事故预防和应急"黄金规则"，全面界定和履行化学事故各利益相关方（企业、主管部门和公众）的责任义务。同时进一步规范各级化学事故应急预案内容，加强化学事故预警和应急管理体系建设。

针对美国和欧盟在预防和应对化学事故方面值得研究借鉴的典型经验，现对我国危险化学品事故和突发环境污染事件预警和应急管理体系建设提出以下建议。

4.7.1　制定、修订和完善化学事故应急管理相关法规标准

化学事故和突发环境污染事件对人体健康和环境危害的严重程度与化学事故的泄漏排放量、涉及化学品的固有危害性直接相关。而化学品的泄漏排放量与危险源设施生产、使用和储存量密切相关。

因此，化学品安全事故和突发环境污染事件预警和应急管理工作的重点应当放在具有极易燃、爆炸和氧化等物理危险，以及对人体健康和环境危害性最大的具有一定规模的危险化学品的生产和储存设施上。

2018 年 11 月 19 日，国家市场监督管理总局和国家标准化管理委员会发布《危险化学品重大危险源辨识（GB 18218—2018）》，代替了原标准 GB 18218—2009，新标准自 2019 年 3 月 1 日起实施。

我国根据 GHS 紫皮书 4 修订版制定的《化学品分类和标签规范（GB 30000.X）》系列标准是新标准的依据。新标准参照 GHS 分类国家系列标准对危险化学品定义及其涉及的危险化学品物理危险和急性毒性分类进行了重大危险源的识别确定，规定了 85 种特定危险化学品以及未列名的其他危险化学品重大危险源设施的临界量及其计算方法等。新重大危险源辨识标准的施行将进一步规范我国危险化学品重大危险源的识别和监管。

但是和原标准 GB 18218—2009 一样，该标准在考虑重大危险源设施化学品危险性范围上，仅考虑了所涉及危险化学品的物理危险和急性毒性。该标准仅涉及 85 种特定危险物质以及具有物理危险（爆炸、易燃、氧化、自反应、有机过氧化物等 11 类）和急性毒性的未列举特定物质名称的其他危险物质。对于具有严重健康危害（如致癌性）和严重环境危害（如对水生生物剧毒和/或有毒，且具有长期持续影响）的其他危险化学品，未加以考虑和一并列入重大危险源辨识标准之中。

这与发达国家重大危险源设施识别标准存在较大差异，也难以满足国内化学事故应急管理和生态环境部门预防化学品安全事故引发突发环境污染事件并实施应急管理的需要。

为了防止危险化学品重大安全事故造成严重的健康和环境污染危害，建议在《危险化学品重大危险源辨识（GB 18218—2018）》修订时，将严重危害健康和环境的危险物质补充纳入其管控名单或者单独制定和颁布《化学品重大环境危险源辨识标准》。

在确定上述重大环境危险源设施辨识标准时，建议根据联合国 GHS 对危害水生环境物质（急性毒性类别 1、慢性毒性类别 1 与类别 2）以及致癌物质等规定的分类标准，并参考欧盟《塞维索指令Ⅲ》确定相关临界量值。

在制定该标准时，建议组织有关单位首先筛查确定一批对水生生物剧毒和/或有毒，且对水生环境具有长期持续影响的严重危害环境化学品，并确定其临界量基准（上下限值）。

此外，我国现行《中华人民共和国突发事件应对法》《生产安全事故应急条例》《突发事件应急预案管理办法》《突发环境事件应急管理办法》等，对重大危险源设施安全通报书或安全报告的内容、企业应急预案、各级应急主管部门的应急预案与协调配合等的规定，缺少明确细致的规范性要求。

建议国家相关主管部门参照美国和欧盟的典型经验做法，通过发布化学事故预防和应急管理指南和导则规范，进一步提出细化和规范性要求，从而保证国家和地方化学品事故应急救援和监管工作更实战化，能取得更大的成效。

4.7.2 宣传贯彻预防和应对化学事故的"黄金规则"

《OECD 化学事故预防、准备和响应指导原则》中提出的预防和应对化学事故的"黄金规则",简明扼要地强调各主要利益相关方在预防、准备和应对化学事故方面的主要作用和责任,代表了国际上预防和应对化学事故的最佳实践做法。建议广泛宣传该"黄金规则",并参照其提出的原则和要求,在国内预防和应对化学事故上加以贯彻执行。这些原则和要求包括但不限于以下两个方面。

1. 行业企业的作用(包括管理层和员工)

按照"黄金规则"中对行业、企业管理层应当承担的责任和发挥作用的 8 点要求,强化危险源企业主管人员对预防和应对化学事故应承担的主体责任意识,并且按照"黄金规则"对企业员工提出的 3 点基本要求,提高危险源企业员工遵章守纪责任意识,并承担各自在预防和应对化学事故中应尽的义务。

2. 公共主管部门的作用

按照"黄金规则"中对公共主管当局应当承担的责任和发挥作用的 8 点要求,落实国内应急管理和生态环境等主管部门职责,建立和执行适当的管理制度,加强对危险源所在行业企业的检查监管,采取适当的应对措施,减轻事故的影响。

同时,确保在化学事故利益相关者之间建立有效的沟通与合作,保证社会公众能够知情参与特定危险源设施许可或选址、对拟定的安全监管法规草案或区域选址规划决定提出评论意见。

4.7.3 进一步完善重大危险源设施监管制度

1. 建立健全重大危险源设施登记和报告制度

建立健全危险化学品重大危险源设施报告制度,推进全国化学事故和突发环境污染事件预警和应急管理体系建设是我国应急管理和环境保护面临的迫切任务。

在建立我国化学事故和突发环境事件预警和应急管理体系时,应当首先考虑建立健全化学品重大危险源设施登记和报告制度。将超过规定临界量生产、储存和使用符合《危险化学品重大危险源辨识(GB 18218—2018)》标准,以及需要特别管控的特定严重危害人体健康和环境化学品的危险源设施作为重大危险源设施加以管理。

让各级应急管理和生态环境部门能够事先掌握在自己管辖的行政区内,这些重大危险源设施中生产或存储的危险物质种类、数量及其分布,以及化学事故和突发环境污染事件可能出现的污染场景、企业拟采取的安全和环境应急预案、安全和环境风险防范措施等信息。从而可以制定和完善本辖区安全和环境的应急预案和预警管理机制,配齐相应的环境应急监测手段并做好应急救援物资的储备等工作。

在制定及修订关于危险化学品安全事故与突发环境污染事件应急管理办法等部门规章时,建议参考美国和欧盟做出建立重大危险源设施登记和报告制度的规定。要求化学品重大危险源设施企业向所在地县级以上应急管理和生态环境等主管部门申请登记,并报告其生产、使用、储存的危险化学品情况、危险源设施的安全和环境风险防控措施以及企业安全和环境应急预案等情况。

根据重大危险源设施生产和存储危险物质的数量,建议实施不同的管理要求。例如,对于达到规定的临界量下限值的重大危险源设施,提出其制定安全和环境应急预案以及向地方应急管理和生态环境主管部门做出安全通报等一般性要求。

对于达到临界量上限值的重大危险源设施,除了要遵守对重大危险源的一般要求之外,还必须编制和向地方应急管理和生态环境主管部门提交规定的安全风险评价报告或环境风险评估报告等。

2. 建立国家重大危险源设施和化学品应急救援信息数据库系统

应建立国家重大危险源设施数据库管理系统,对全国各省区市的化学品重大危险源设施实行计算机动态管理。

该数据库系统中应当存储下列信息:

① 重大危险源设施企业名称和地点;

② 危险场地生产和存储化学品(含中间体和废弃产品)的名称和实际数量;

③ 化学品危险特性(燃爆危险性、反应性、挥发性、毒性和持久性等),包括其可能引发事故的反应方式;

④ 危险源设施企业应急机构管理人员的联络信息;

⑤ 危险场地应急预案,包括化学品泄漏排放场景估计、场地内主要运输途径和道路、可能影响区域的大小和地点位置、人员撤离疏散计划、可提供的应急物资和救援力量、医疗救治措施(包括解毒药剂情况)以及消除污染装备情况等。

在建立国家重大危险源设施数据库管理系统之后,国家应急管理机构在地方应急管理部门等的协助下,可以对全部重大危险源设施场地进行危险性排序,以确定最危险的设施场地,从而对其进行优先和重点监控管理。

国家应急管理相关部门应当利用国内外化学品安全信息资源,建立可以为国家和地方各级应急机构提供 24 小时在线查询危险化学品安全和应急救援信息的数据库系统。该化学品信息数据库内容应当包括:

① 化学品理化特性,包括爆炸性、易燃性、氧化性、遇水反应性、与其他化

学品的反应性(禁配物)以及水中溶解度等数据；

② 化学品健康和环境危害性数据,包括化学品对人体健康急性毒性(经口、经皮接触或者吸入)和慢性毒性,对水生生物急性和慢性毒性、生物蓄积性、持久性等数据；

③ 各类化学品泄漏或火灾时使用的消防灭火剂和防护措施；

④ 大气、水体和土壤化学污染物的环境监测方法和仪器设备信息；

⑤ 泄漏物安全收集和处置方法、脱除污染的程序(包括应急救援人员穿戴的化学防护服以及应急装备)信息；

⑥ 医疗救治信息,包括接触化学品人员可能出现的征兆和症状以及医疗救治措施,包括解毒药剂、后期医学处置信息等。

3. 建立健全各级安全和环境应急管理机构,实施重大危险源设施日常环境监测计划

应当建立健全各级安全和环境应急管理机构,按照应急管理全过程管理的要求,在事前预防、应急准备、应急响应、事后管理等各个环节配备专职管理人员。同时要加强安全应急和环境应急管理人员培训,提高应急管理人员的科学决策水平、事故应急综合应对能力和自我防护能力。

建议进一步完善国家应急管理和环境应急专家库建设,发挥应急专家库的决策建议、理论指导和技术支持功能。强化应急管理和环境应急技术支持中心、环境风险管理与损害鉴定评估中心等机构在预案评估、应急演练、风险评估、应急处置、损害评估等环节的政策制定和工作实践上的技术支撑作用。

应当进一步加强对化学品重大危险源设施的排查和安全监察工作。强化危险化学品生产企业的安全责任,要求企业主动增加安全和环保投入,加强对从业人员的安全和环保教育与技术培训,建立和完善其预防事故和应急措施,积极防范突发性环境污染事件的发生。

国家和地方应急管理和环境应急机构应当针对重大危险源设施所涉及危险化学品种类,建立特定化学品的环境应急监测分析方法和技术,配置仪器设备,以便发生化学品泄漏排放事件时,即时进行事故现场的应急监测。

对于重大危险源设施所在高风险区域,应当建立和实施日常环境监测计划。首先,监测确定在正常情况下重大危险源设施周围环境介质中危险源所涉及特定化学品的环境背景浓度值。其次,通过监测该浓度值发生的变化或增加,可以判定出事故发生后污染的程度,并为事故处理后实现环境复原时确定环境恢复的程度提供科学依据。根据当地环境中特定化学污染物预计变化,每隔一定时间应当定期更新环境背景值样品数据。

此外,还应当定期组织对重大危险源设施周围环境介质,如水体、土壤、空气或农作物中危险源涉及的化学品的浓度进行监测,以掌握重大危险源设施企业生产、使用或储存的严重危害环境化学品排放情况及其环境浓度,及时发现可能的泄漏事故或者"偷排"化学污染物或发生事故不报告情况。

4. 严格安全和环境应急预案管理,组织开展应急演练

目前企业编制的事故应急预案数量与质量以及满足安全生产和环境应急管理实际需要还存在较大差距。有些企业对安全和环境应急预案编制不够重视,把环境应急预案混同于安全生产应急预案,往往侧重生产安全事故的防范和处置,而对如何有效防范企业生产安全事故引发的环境污染事件缺少必要的应对处置措施。

有些部门和单位的安全和环境应急预案流于形式,"企业抄部门,部门抄政府,下级抄上级",造成企业的安全和环境应急预案缺少针对性和可操作性。

有的地区对安全和环境应急预案管理的要求仅仅停留在预案编制层面,对安全和环境应急预案实用性和可操作性缺少评估。加上各相关部门间缺乏沟通和协调,导致企业与地方应急管理和生态环境部门的应急预案之间以及与上级主管部门的应急预案之间,在监测预警、应急响应、应急保障等环节缺乏有机衔接,甚至有相互矛盾的地方。

应当加强对各级安全和环境应急预案的管理。企业安全和环境应急预案应建立在对自身危险化学品危险性、安全与环境风险隐患详细排查,分析周边环境敏感点,并提升应急处置能力以及充分储备应急物资的基础上,侧重于针对企业所生产、使用的危险化学品如何消除安全和环境隐患的问题,以降低环境风险。

当发生生产安全事故时,企业应明白如何采取措施控制事态发展,阻断化学污染物质与环境受体的接触,避免突发性环境污染事故的发生,并明确如何在第一时间向当地政府主管部门做出报告。

此外,大中型企业和重大危险源设施企业的安全和环境应急预案应当针对企业自身安全和环境风险环节、防范措施和周边环境敏感点,按照生产过程将应急预案规定的具体职责分解对应到企业的各个车间、各个环节,直至各个工作岗位,实现"卡片式管理",加强预案的针对性和可操作性。

应急管理和生态环境部门的应急预案应侧重于对危险化学品安全事故及突发环境污染事件应对中应急启动、信息报告、分级响应、指挥与协调、应急终止建议等各程序的划分以及明确各个程序应如何开展工作。

地方政府的应急预案应当建立在对辖区内重大危险源设施、环境敏感点、应急处置能力和保障措施进行分析的基础上,侧重于如何统一指挥,组织相关部门进行应急处置,最大程度消除事故影响,适时发布信息等方面。

安全和环境应急预案的评估应当重点关注其实用性、基本要素的完整性、内容格式的规范性、应急保障措施的可行性以及与其他相关预案的衔接性等内容。通过开展评估，及时发现预案的缺陷和不足并立即加以改正。

　　企业应当定期开展安全和环境应急预案的演练，以发现问题，修订和完善应急预案。应急管理和生态环境部门也可以组织危险化学品事故和突发环境污染事件的应急监测、应对程序的演练或者桌面推演，以帮助应急管理人员熟悉预案程序，明确工作内容，提升应对水平。

　　地方政府可以根据属地管理的原则，组织相关部门开展综合性实战或桌面演练，使各部门明确各自在处置化学事故和突发环境污染事件过程中的职责，并增强部门间的联动协作，提升相关部门对化学品安全和突发环境污染事件的处置能力。

参考文献

［1］李政禹.国际化学品安全管理战略［M］.北京：化学工业出版社，2006.

［2］OECD. 25 Years of Chemical Accident Prevention at OECD History and Outlook［R/OL］.［2019 - 11 - 27］. http：//www. oecd. org/env/ehs/chemical-accidents/Chemical-Accidents-25years. pdf.

［3］EPA. Summary of the Emergency Planning & Community Right-to-Know Act［EB/OL］.［2019 - 10 - 22］. https：//www. epa. gov/laws-regulations/summary-emergency-planning-community-right-know-act.

［4］EPA. TRI Laws and Regulatory Activities［EB/OL］.［2019 - 10 - 22］. https：//www. epa. gov/toxics-release-inventory-tri-program/toxics-release-inventory-laws-and-regulatory-activities.

［5］European Commission. Directive 2012/18/EU of the European Parliament and of the Council［EB/OL］.［2019 - 10 - 13］. https：//eur-lex. europa. eu/legal-content/EN/TXT/PDF/? uri=CELEX：32012L0018&qid=1571019845127 &from=EN.

［6］OECD. OECD Guiding Principles for Chemical Accident Prevention，Preparedness and Response［EB/OL］.［2019 - 9 - 27］. http：//www. oecd. org/env/ehs/chemical-accidents/Guiding-principles-chemical-accident. pdf.

［7］UNEP. Flexible Framework：chemical accidents prevention and preparedness programme［EB/OL］.［2019 - 10 - 16］. https：//www. eecentre. org/resources/unep-flexible-framework-developing-a-chemical-accidents-prevention-and-preparedness-programme/.

［8］US Department of Transportation. Emergency Response Guidebook 2020［EB/OL］.［2021 - 01 - 16］. https：//www. phmsa. dot. gov/hazmat/erg/erg2016-english.

附录：
化学品健全管理相关术语解释

对化学品立法管理的术语定义反映了一个国家化学品主管部门对国际化学品健全管理理论、战略方针的理解和认知程度，也是世界各国之间沟通和交流化学品管理经验和做法并达成共识的基础。

由于化学品安全涉及生产、加工、储存、销售、运输、使用和废弃后的处理等多重环节，这就决定着化学品管理的复杂性。同时，化学品是一种商品，化学品贸易是各国经济发展的支柱，化学品贸易需要遵循世界贸易规则。在经济全球化的今天，一个国家化学品环境管理法规和政策将受到国际大环境的制约，其也会对其他国家和地区产生重要影响。化学品管理的国际性特点要求各国主管部门必须采取与国际化学品管理体系相接轨的管理政策、技术规范和标准以及风险管理措施，避免对国际贸易造成不必要的技术壁垒和障碍、引起国际争端和对社会经济发展带来不利影响。

在广泛查阅了联合国相关机构以及美国、欧盟、日本、加拿大、新西兰、澳大利亚等发布的大量化学品法律、法规和化学品管理指南导则文件基础上，笔者从中筛选出化学品健全管理相关术语 112 条。其中表述化学品固有危险性及其 GHS 分类标签要素的术语为 55 条；表述化学品健全管理法规和风险评估相关的术语为 57 条。参考国际化学品管理立法和导则官方文件做出的定义解释，笔者从法律和化学品管理专业角度对上述 112 条术语做出了如下解释说明。希望能对读者全面理解这些术语的专业含义有所帮助，并供从事化学品健全管理工作的人员研究参考。

1. 表述化学固有危险性及其 GHS 分类标签要素的术语

（1）【爆炸性物质或混合物（Explosive substance or mixture）】是指一种本身能够通过化学反应产生气体，而产生气体的温度、压力和速度能对周围环境造成破坏的固态或液态物质（或物质的混合物），也包括那些不释放出气体的发火物质。

（2）【易燃气体（Flammable gas）】是指在 20℃和 101.3 kPa 压力（表压）下与空气混合具有易燃范围的气体。

（3）【气溶胶（Aerosols）】是指气溶胶喷罐，即任何不可重新罐装的容器，该容器由金属、玻璃或塑料制成,内装压缩、加压液化或溶解气体,包含或不包含液体、膏剂或粉末,配有释放装置,可使所盛装的物质喷射出来,形成在气体中悬浮的固态或液态微粒,或者形成泡沫、膏剂或粉末,或者处于液态或气态。

(4)【加压化学品(Chemicals under pressure)】是指在 20℃和大于或等于 200 kPa 压力(表压)下,用气体加压储存在压力容器内(非气溶胶喷射罐),且未被分类为加压气体的液体或固体(如糊状物或粉末)。

(5)【氧化性气体(Oxidizing gas)】是指一般通过提供氧气比空气更能引起或有助于引起其他物质燃烧的任何气体。

(6)【加压气体(Gases under pressure)】是指在 200 kPa 或以上压力(表压)下储存在容器中的气体,或者为液化气体或冷冻液化气体。加压液体包括压缩气体、液化气体、溶解气体和冷冻液化气体。

(7)【压缩气体(Compressed gas)】是指一种在 50℃时加压包装下完全是气态的气体,包括临界温度小于或等于 50℃的所有气体。

(8)【液化气体(Liquefied gas)】是指在-50℃以上温度时,加压包装下部分是液态的气体。包括以下两种情况:① 液化气体,即临界温度在-50℃至 65℃的气体;② 低压液化气体,即临界温度在 65℃以上的气体。

(9)【溶解气体(Dissolved gas)】是指加压包装下溶解在液相溶剂中的气体。

(10)【冷冻液化气体(Refrigerated liquefied gas)】是指包装时由于温度低而部分呈液态的气体。

(11)【易燃液体(Flammable liquid)】是指闪点不超过 93℃的液体。

(12)【易燃固体(Flammable solid)】是指易于燃烧或通过摩擦可以起火或有助于起火的固体。

(13)【自反应物质或混合物(Self-reactive substance or mixture)】是指即使在无氧气(空气)参与下,也能进行强烈放热分解的热不稳定的液态或固态物质或混合物。自反应物质不包括根据 GHS 中被分类为爆炸物、有机过氧化物或氧化性物质的物质或混合物。

(14)【发火液体(Pyrophoric liquid)】是指即使数量小也能在与空气接触后五分钟之内引燃的液体。

(15)【发火固体(Pyrophoric solid)】是指即使数量小也能在与空气接触后五分钟之内引燃的固体。

(16)【自热物质或混合物(Self-heating substance or mixture)】是指能通过与空气反应并在不提供能量的情况下自加热的固态或液态物质。这种物质或混合物与发火液体或固体的不同点在于,只有在数量大(以千克计)时和经过较长时间(数小时或数天)之后才会被引燃。

(17)【遇水放出易燃气体的物质或混合物（Substances or mixtures which，in contact with water，emits flammable gases）】是指通过与水相互作用可能变成自燃性或释放出危险数量的易燃气体的物质或混合物。

(18)【氧化性液体（Oxidizing liquid）】是指本身未必可燃，但一般通过产生氧气可能造成或有助于引起其他物质燃烧的液体。

(19)【氧化性固体（Oxidizing solid）】是指本身未必可燃，但一般通过产生氧气可造成或有助于造成其他物质燃烧的固体。

(20)【有机过氧化物（Organic peroxide）】是指一种含有二价—O—O—结构并可能被视为过氧化氢的衍生物，其中一个或两个氢原子己被有机基团取代的液态或固态有机物质。其包括有机过氧化物制剂（混合物）。

(21)【金属腐蚀物（Corrosive to metals）】是指一种通过化学反应严重损害或甚至毁坏金属的物质或混合物。

(22)【退敏爆炸物（Desensitized explosives）】是指经过退敏处理以抑制其爆炸性，使之不会整体爆炸，也不会迅速燃烧的固态或者液态爆炸性物质或混合物。

固态退敏爆炸物是指经水或酒精或用其他物质稀释，形成均质固态混合物，使其爆炸性得到抑制的爆炸性物质。液态退敏爆炸物是指溶解或悬浮于水或其他液态物质中，形成均质液态混合物，使其爆炸性得到抑制的爆炸性物质。

(23)【急性毒性（Acute toxicity）】是指在一次或短期经口、经皮肤或者吸入暴露接触一种物质或混合物之后发生的严重不利健康效应（即致死性）。

(24)【皮肤腐蚀（Skin corrosion）】是指对皮肤产生不可逆的损害，即在暴露于一种物质或混合物之后，通过表皮并进入真皮的可见的坏死。

(25)【皮肤刺激（Skin irritation）】是指在暴露于一种物质或混合物之后对皮肤产生的可逆的损害。

(26)【严重眼睛损伤（Serious eye damage）】是指眼睛暴露于一种物质或混合物之后，产生的眼睛组织损伤或者非完全可逆的严重生理视觉衰退。

(27)【眼睛刺激（Eye irritation）】是指眼睛暴露于一种物质或混合物之后，眼睛产生的完全可逆的变化。

(28)【呼吸过敏（Respiratory sensitization）】是指吸入一种物质或混合物之后呼吸气道的超敏反应。

(29)【皮肤过敏（Skin sensitization）】是指皮肤接触一种物质或混合物后的过敏反应。

(30)【生殖细胞致突变性（Germ cell mutagenicity）】是指可遗传的基因突变，包括暴露于一种物质或混合物之后，发生的生殖细胞可遗传的染色体结构和数目的畸变。

(31)【致癌性(Carcinogenicity)】是指暴露于一种物质或混合物之后,引发癌症或者增加癌症的发生率。

(32)【生殖毒性(Reproductive toxicity)】是指在暴露于一种物质或混合物之后发生的对成年男性和女性性功能和生育能力的不利影响,以及对其后代的发育毒性。

(33)【特定靶器官毒性(一次接触)(Specific target organ toxicity：single exposure)】是指一次接触一种物质或混合物引起的对靶器官特定的非致死毒性效应。

(34)【特定靶器官毒性(反复接触)(Specific target organ toxicity：repeated exposure)】是指反复接触一种物质或混合物引起的对靶器官的特定毒性效应。

(35)【吸入危害(Aspiration hazard)】是指吸入一种物质或混合物之后引起的严重急性效应,如化学肺炎、肺部损伤或死亡。

(36)【急性水生毒性(Acute aquatic toxicity)】是指一种物质对短期接触它的水生生物造成伤害的固有性质。

(37)【慢性水生毒性(Chronic aquatic toxicity)】是指在与生物生命周期相关的暴露期间内,一种物质对水生生物产生有害效应的潜在或实际性质。

(38)【危害臭氧层物质和混合物(Substances and mixtures hazardous to the ozone layer)】是指任何已列在《蒙特利尔议定书》附件的受控名单上的物质;或者含有至少一种危害臭氧层物质,且其浓度大于或等于0.1%的任何混合物。

(39)【风险公示(沟通)(Risk communication)】是指在风险评价人员、风险管理人员、新闻媒体、相关团体和公众之间相互交流有关化学品健康或环境风险的信息。风险公示(沟通)是一个分享信息和认知风险的过程。

(40)【化学物质标识(Chemical identity)】是指识别一种化学品的独特名称。该名称可以是符合IUPAC命名法的名称,或者是符合美国化学文摘社命名法的名称,也可以是一种技术名称。

(41)【CAS登记号(CAS number)】是指美国化学文摘社注册登记一种化学物质时,分配指定给每一种化学物质独有的识别登记编号。该登记号被广泛用作一种化学物质独有的数字识别符。CAS登记号由九位数字组成,分成三组,中间用短线分开。最左边一组可以有6个数字,中间一组有2个数字,最后一组为供校验使用的1个数字。例如,二氧化硫的CAS登记号为7446-09-5。

(42)【联合国编号(UN number)】是指联合国《关于危险货物运输的建议书：规章范本》中危险货物一览表所列危险物质或物品的识别编号。例如,丙烯酰胺的联合国编号为2074。

（43）【危害种类（Hazard class）】是指联合国《全球化学品统一分类和标签制度》中的物理危险、健康危害或环境危害。例如，易燃固体、致癌性、急性毒性。危害种类也称为危险种类。

（44）【危害类别（Hazard category）】是指联合国《全球化学品统一分类和标签制度》中每个危害种类中类别标准的划分。例如，经口急性毒性包括五个危害类别；易燃液体包括四个危险类别。这些危害类别可用于比较一个危害种类中危害的严重程度。危害类别也称为危险类别。

（45）【物理危险（Physical hazard）】是指联合国《全球化学品统一分类和标签制度》分类标准中规定的爆炸物、易燃液体、加压化学品、氧化性固体、有机过氧化物、金属腐蚀物等 17 种物理危险特性。

（46）【健康危害（Health hazard）】是指联合国《全球化学品统一分类和标签制度》分类标准中规定的对接触人群可能引起急性或慢性健康效应的急性毒性、皮肤腐蚀/刺激、致癌性、特定靶器官毒性等 10 种健康危害特性。

（47）【环境危害（Environmental hazard）】是指联合国《全球化学品统一分类和标签制度》分类标准中规定危害水生环境、破坏臭氧层这 2 种对生态环境造成即时或长期的环境危害特性。

（48）【危险（害）性说明（Hazard statement）】是指对某个危害种类或危害类别的危害特性说明，其说明了一种危险化学品的危险（害）性质，适当时包括危害严重程度。

（49）【防范说明（Precautionary statement）】是指为了尽量减少或防止因接触某种危险化学品或者因存储或搬运不当，而产生的有害影响的说明性短语和/或象形图，其用来说明建议采取的防范措施。

（50）【象形图或图形符号（Pictogram）】是指一种图形组合，包括一个图形符号加上用于传达特定信息的其他图形要素，如边界、背景图案或颜色。

（51）【标签（Label）】是指由国家主管部门依法规定直接粘附在或印刷在危险化学产品或危险货物容器上或外部包装上，用于说明该危险产品的一组适当的书面、印刷或图形信息要素。

（52）【标签要素（Label element）】是指统一用于危险化学品包装标签上的一组信息，如象形图、信号词。

（53）【信号词或警示词（Signal word）】是指标签上用来表明其危险（害）性相对严重程度和提醒阅读者注意其潜在危害的术语单词。联合国《全球化学品统一分类和标签制度》使用"危险"和"警告"为信号词。

（54）【产品标识符（Product identifier）】是指在危险化学品包装标签或安全数据说明书上标示的一种危险产品的化学名称或编号。它以一种独特方式让危险产品的使用者能够在工作场所、运输或消费场所等特定的使用背景下，识别出该物质或混合物的具体名称。

（55）【安全数据说明书（Safety data sheet，SDS）】是指工业界普遍采用的一种通过产品供应链传递危险化学品危险（害）性信息的重要手段。安全数据说明书在国内也称为"化学品安全技术说明书"。联合国《全球化学品统一分类和标签制度》对安全数据说明书的 16 项内容的每项标题下应当填写的信息提出了规范性要求。

2. 表述化学品健全管理法规和风险评估相关的术语

（1）【化学物质（Chemical substance）】是指以天然状态或通过任何生产过程得到的化学元素及其化合物，包括为了维持产品稳定性所需的任何添加剂以及在生产过程衍生出的任何杂质，但不包括可以被分离出来而不影响物质稳定性或改变其组成的任何溶剂。

（2）【混合物（Mixture）】是指两种或两种以上化学物质通过非化学反应的任意混合形成的混合物质。

（3）【化学品（Chemicals）】是指各种化学元素和化合物及其混合物，无论其是天然的，还是人工合成的。

（4）【物品（Articles）】是指在生产过程中形成特定形状、表面或设计构型的物体。这些形状、表面或设计很大程度上决定了其使用功能，而非其化学组成。

（5）【现有化学物质（Existing chemical substance）】是指在各国法律规定期间内，为了商业目的已经在国内生产或已从国外进口，并且已经列入《现有化学物质名录》中的化学物质。

（6）【现有化学物质名录（the Inventory on existing chemical substances）】是指世界各国根据其国家化学品安全立法规定编制发布的全部现有化学物质的名册。

例如，《中国现有化学物质名录》收录了 2003 年 10 月 15 日之前已在中华人民共和国境内生产、销售、加工使用或者进口的化学物质，以及 2003 年 10 月 15 日之后根据新化学物质环境管理有关规定列入的化学物质。

（7）【新化学物质（New chemical substance）】是指任何未包括在各国主管当局发布的本国《现有化学物质名录》上的化学物质。例如，在中国，新化学物质是指未列在生态环境部（原环境保护部）发布的《中国现有化学物质名录》上的化学物质。

（8）【危险化学品（Hazardous chemicals）】是指具有一种或几种爆炸、易燃、氧化、腐蚀以及健康危害和/或环境危害等固有危险特性，且符合联合国《全球化学品统一分类和标签制度》规定的化学品物理危险、健康危害或环境危害性分类标准以及各国根据其国情发布的危险化学品确定原则的化学品。

(9)【有毒化学品(toxic chemicals)】是指在经口食入、吸入或经皮肤接触少量时,可能造成死亡或严重伤害或损害人体健康的化学物质。

(10)【有害物质(harmful chemicals)】是指在经口食入、吸入或经皮肤接触时,可能引起死亡或对健康产生急性或慢性损害的化学物质。

(11)【危害环境物质(substances are hazardous for the environment)】是指具有生态毒性、生物蓄积性、破坏臭氧层等环境危害特性,如果释放进入环境,可能对一种或多种环境介质造成直接或延迟损害的化学物质。

(12)【危险货物(Dangerous goods)】是指具有爆炸性、易燃性、毒性、放射性、腐蚀性或者以某种其他方式对人类、动物或环境造成损害的物质和物品。其中的环境包括在运输中的其他货物、车辆、建筑物、土壤、公路、空气、水路和自然界。倒空的危险货物包装容器和包装材料由于可能残留某些盛装过的危险化学物质或产品也应当视为危险货物。

(13)【持久性、生物蓄积性和毒性物质(Persistent bioaccumulative and toxic substance,PBT)】是指具有持久性、生物蓄积性和毒性,且符合 PBT 物质鉴别标准的化学物质。

例如,欧盟规定的 PBT 物质的鉴别标准如下。

① 持久性:$t_{1/2}$[①]>60 天(海水);$t_{1/2}>40$ 天(淡水);$t_{1/2}>180$ 天(海水沉积物);$t_{1/2}>120$ 天(淡水沉积物);$t_{1/2}>120$ 天(土壤)。

② 生物蓄积性:BCF$>2\ 000$。

③ 毒性:NOEC[②]<0.01 mg/L;该物质被分类为致癌性(类别 1 或类别 2);致突变性(类别 1 或类别 2);生殖毒性(类别 1 或类别 2 或类别 3)的物质;掌握了其他慢性毒性证据,且分类类别为 T(有毒物质),R48(长期暴露对健康有严重伤害的危险)的物质;Xn(有害物质),R48(长期暴露对健康有严重伤害的危险)的物质。

该标准不适用于无机物质,但适用于有机金属化合物。

(14)【极高持久性和极高生物蓄积性物质(Very persistent and very bioaccumulative substance,vPvB)】是指具有极高持久性和极高生物蓄积性,且符合 vPvB 物质鉴别标准的化学物质。

例如,欧盟规定 vPvB 物质的鉴别标准如下。

① 持久性:半衰期 $t_{1/2}>60$ 天(海水和淡水);$t_{1/2}>180$ 天(海水沉积物和淡水沉积物);$t_{1/2}>180$ 天(土壤)。

② 生物蓄积性:BCF$>5\ 000$。

----

① $t_{1/2}$ 即半衰期。

② NOEC 即最大无影响浓度。

（15）【持久性有机污染物（Persistent organic pollutants，POPs）】是指具有持久性、生物蓄积性以及毒性或有害健康和/或环境影响，且具有远距离环境迁移潜力的一类有机化学污染物质。

《斯德哥尔摩公约》关于持久性有机污染物的鉴别标准如下。

① 持久性：$t_{1/2}$（地表水）＞2月；$t_{1/2}$（土壤）＞6月；$t_{1/2}$（沉积物）＞6月。

② 生物蓄积性：BCF＞5 000或者BAF＞5 000；如果无BCF和BAF数据时，$\log K_{nw}$＞5。

③ 远距离环境迁移潜力：具有向一种环境受体转移的潜力，能够通过空气、水和迁徙物种跨越国际边界远距离迁移并沉降、蓄积在远离其排放源点地区的陆生和水生生态系统中；或者对于通过空气大量迁移的化学品，$t_{1/2}$（空气）＞2天。

④ 毒性或有害健康和/或环境影响：该化学品毒性或生态毒性数据表明，其可能会对人类健康或环境造成损害。

（16）【内分泌干扰物质（An endocrine disrupter）】是指一种通过改变内分泌系统的功能，对完好的生物体或其后代造成有害健康效应的外源物质。

（17）【登记或注册（Registration）】是指国家主管当局审查和评估一种化学品并批准其上市销售或特定用途的过程。

（18）【限制（Restriction）】是指对一种化学品的生产、使用或上市销售施加限制条件或禁令。例如，在欧盟国家，根据《REACH条例》施加限制的化学品及其限制条件被收录在该条例的附件 XVII 中。

（19）【授权许可（Authorization）】是指在欧盟国家根据《REACH条例》建立的一项许可管理制度。根据这一制度，对引起极高关注化学物质的使用和上市销售必须遵守该条例规定的授权许可要求。

这些被许可管理的物质列在《REACH条例》附件 XIV 中，未经欧盟化学品管理局的授权许可，不得上市销售或使用。

（20）【商业秘密（Trade secret）】是指在生产经营中使用的，给予其所有者竞争优势的关于其化学品的分子式、使用方式、工艺过程和装置的任何保密信息或数据。这些信息可以不让公众查阅。

（21）【禁用化学品（Banned chemicals）】是指根据《鹿特丹公约》，为了保护人类健康或环境而采取最后管制行动禁止其在一种或多种类别中的所有用途的化学品。

（22）【严格限用化学品（Severely restricted chemicals）】是指根据《鹿特丹公约》，为了保护人类健康或环境而采取最后管制行动禁止其在一种或多种类别中的几乎所有用途，但其某些特定用途仍获得批准许可的化学品。

（23）【优先化学品（Priority chemicals）】是指由于它们对人类或环境的潜

在影响,国家主管当局应当立即给予注意,或者优先开展测试和风险评估,进而考虑是否颁布管理法规加以严格管控的列入优先评估物质名单上的化学品。

(24)【极高关注的物质(Substance of very high concern,SVHC)】是指欧盟国家根据《REACH 条例》,列为极高关注物质实行严格法规管控的化学物质。欧盟关于极高关注物质的鉴别标准如下:

① 致癌、致突变和生殖毒性物质,类别 1 或者类别 2;

② 符合《REACH 条例》附件 XIII 规定标准的 PBT 物质和 vPvB 物质;

③ 具有内分泌干扰特性物质或者具有 PBT 或 vPvB 特性,但不符合《REACH 条例》附件 XIII 规定的标准,且有科学证据表明其很可能会对人类健康或环境造成严重影响,引起与上述① 或② 所述物质同等关注水平的物质(根据《REACH 条例》第 59 条,视具体情况判定)。

(25)【良好实验室规范(Good laboratory practices,GLP)】是指与规划、开展、监管、记录、归档和报告非临床健康和环境安全性研究的组织过程和条件有关的一套化学品测试实验室质量控制系统。

(26)【清洁生产(Cleaner production)】是指将综合预防的环境策略持续应用于生产过程、产品和服务中,以便提高总效率和降低对人类和环境的风险。对生产过程而言,清洁生产包括节约原材料和能源,淘汰有毒原材料并减少废物和排放物的数量。

对产品开发和设计而言,清洁生产包括减少产品整个生命周期过程中,从原料的提炼到产品的最终处置的负面影响。

对服务行业而言,清洁生产包括将与环境相关的事项结合到服务的设计和交付中。

(27)【绿色化学(Green chemistry)】是指采用源头削减的化学原理和方法学,将污染预防结合到化学品的生产中,并促进污染预防和工业生态学;或者通过发明、设计和应用化学产品和工艺来减少或消除危险物质的使用和产生。

绿色化学的另一定义是在化学产品的生产和使用过程中,通过有效地利用(可再生更新的)原材料,消除废物并避免使用有毒和/或危险的药剂和溶剂。

(28)【可持续化学(Sustainable chemistry)】即寻求提高自然资源利用效率,来满足人类对化学产品和服务的需求。鼓励刺激所有行业进行创新、设计和发现新的化学品、生产工艺过程以及产品管理实践来提高绩效和增加价值,同时实现保护人类健康和环境的目标。可持续化学包括设计、制造和使用高效、有效、安全和更环保的化学产品和工艺过程。

(29)【责任关怀(Responsible care)】是指国际化工协会联合会及其成员化工公司独立和集体做出的承诺,寻求全面改善安全、健康和环境各个方面的业绩;对全体员工进行上述领域的教育培训,并与消费者和社区在产品使用和全部作业中建立密切联系。

（30）【预先防范的方法(Precautionary approach)】是指当对危险化学物质的有害效应存在科学和技术上的不确定性时，需要谨慎地采取成本有效的措施，防止环境退化或管控其有害的健康效应。

（31）【重大危险源(Major hazard installation)】是指生产、加工、储运、使用、处置和长期或临时储存超过临界量的一种或多种危险物质或物质类别的设施。

（32）【安全间距(Separation distance)】是指从危险物质使用、储存或其他储运区域的边界线到暴露造成明确有害效应的区域边界线之间的距离。

（33）【综合害虫管理(Integrated pest management，IPM)】是指利用关于害虫和环境的信息与可提供的害虫控制技术，通过最经济的方式防止出现不可接受的害虫危害水平，同时尽可能地降低对人员、财产和环境的危害。

（34）【有毒物质释放清单(Toxic release inventory，TRI)】是指美国根据《应急计划与公众知情权法》第 313 条款，建立的一种有毒物质释放报告制度。这里的释放是指任何向环境中泄漏、排放、地下注入、沥滤、倾倒或处置有毒化学品或极危险化学物质等活动。

列入 TRI 的有毒物质生产厂商必须每年向美国 EPA 和各州报告其直接向大气、水体或陆地、地下注入或转移到厂外设施处置的有毒化学物质数量。根据该法的公众知情权，美国 EPA 汇总编制国家和各州 TRI 报告和创建 TRI 数据库，向公众公示这些信息。

（35）【污染物释放和转移登记(Pollutant release and transfer register，PRTR)】是指联合国倡导的许多国家已经依法建立的各种排放源向环境中释放或转移潜在有害污染物的清单登记制度。登记清单包含特定化学污染物向大气、水体和土壤中的释放信息以及转移到处理处置场地的废物信息。

建立和实施 PRTR 制度可以为政府主管部门提供实时追踪各类化学污染物质的排放及其环境转移的方式。

（36）【危害(Hazard)】是指一种物质、混合物或者在物质相关的工艺过程中产生的一组固有的危险(害)特性。在生产、使用或处置条件下，其取决于暴露的程度使其能够对人群或环境造成有害效应。危害特性在涉及易燃性、爆炸性等物理危险时，也称为"危险性"。

（37）【风险(Risk)】是指一定程度地接触一种化学品对人群或环境造成某些有害效应(如皮肤刺激或癌症)的概率以及有害效应后果的严重程度。

一种化学品的风险既取决于该物质的固有危害特性，又取决于暴露的剂量程度。

（38）【暴露(Exposure)】是指一种特定物质以特定的频率持续一定时间接

触靶生物、靶系统或（亚）种群的浓度或数量。

（39）【暴露场景（Exposure scenario）】是指用来帮助开展风险评估并定量说明工艺过程、操作条件、暴露途径、相关物质数量或浓度、暴露的生物或系统或（亚）种群（如数目、特性、习惯）以及风险管理措施等的一组条件或假定。暴露场景可以涉及一种或几种特定的工艺过程或用途。

（40）【风险评估（Risk assessment）】是指评估接触一种化学物质（因子）之后，考虑到该物质固有危害特性以及特定靶系统的特性，计算或者估计对某一给定的靶生物、靶系统或（亚）种群可能造成的风险，包括识别其伴随的不确定性的过程。

风险评估通常包括四个步骤，即危害识别和评估、剂量-反应评估（暴露剂量多会造成特定问题，如癌症、惊厥、死亡）、暴露评估（确定人群在特定活动过程中暴露水平的大小）和风险表征（确定风险发生的概率）。

（41）【危害评估（Hazard assessment）】是指利用一种化学品固有特性信息作出以下危害评价：① 人体健康危害评价；② 物理和化学性质引起的人体健康危害评价；③ 环境危害评价；④ PBT 和 vPvB 性质评价等。

（42）【剂量-反应评估（Dose-response assessment）】是指评估一种化学物质的暴露剂量或浓度水平与有害效应的发生率和严重程度之间的相关性。

（43）【暴露评估（Exposure assessment）】是指定量或定性地估计一种化学物质对人类或环境的实际暴露或可能的暴露剂量/浓度水平。

（44）【风险表征（Risk characterization）】是指定性或定量地估算一种化学物质的实际或预计的暴露条件下，可能对人群或环境介质引起有害效应的发生率和严重程度，包括伴随的不确定性。

（45）【风险管理（Risk management）】是指考虑政治、社会、经济和技术因素以及与某种危害性相关的风险评估信息，国家主管部门制定、分析和采取法规管控和非法规管控方案并针对该危害采取适当管控对策的决策过程。

风险管理包括三个部分：风险评估、排放和暴露控制以及风险监测。

（46）【不合理的风险（Unreasonable risk）】是指考虑到其对经济、环境、医学和社会的效益与成本之后，一种化学品对人类健康或者生态环境造成的不可接受的有害影响。

（47）【社会经济分析（Socio-economic analysis）】是指通过比较一项化学品管控行动实施前后情况的变化，来评估该行动措施对社会产生的成本和效益的一种分析工具。

例如，根据欧盟《REACH 条例》的授权许可程序规定，当该条例附件 XIV 需授权许可物质名单中的一种极高关注物质的使用对人体健康或环境的风险不能适当控制时，进行社会经济分析就成为申请授权许可的一项强制性内容要求。

(48)【定量的结构效应关系（Quantitative structure activity relationship, QSAR)】是指一种化学品物理和化学性质、分子结构与其造成特定效应能力之间的关系。

QSAR 模型通常是从一种化学物质的分子结构来预测其性质。在毒理学研究上，QSAR 的目标是通过类推方法从一种已知其结构和毒性的化学物质，来预计推导出另一种化学结构类似的化学物质的毒性。

(49)【预计的无效应浓度（Predicted no-effect concentration, PNEC)】是指当低于该浓度时，一种化学物质在受关注环境介质中预计不会引起有害效应的浓度。

(50)【阈限值（Threshold limit value, TLV)】是指几乎所有的工人可以日复一日地接触都不会引起有害效应的一种空气中化学物质的浓度。

(51)【阈限值-上限值（Ceiling exposure limit, TLV－C)】是指车间空气在 8 小时工作日中任何一次测定时均不得超过的最高浓度。

(52)【阈限值-时间加权平均值（Time weighted average, TLV－TWA)】是指每天正常工作 8 小时或每周工作 40 小时，几乎所有的工人反复接触都不致引起有害效应的空气中化学物质的浓度。

(53)【阈限值-短期接触限值（Short term exposure limit, TLV－STEL)】是指每次接触时间不超过 15 分钟，每天不得超过 4 次，且前后两次接触至少间隔 60 分钟不致引起有害效应的空气中化学物质的浓度。

(54)【半数致死剂量（Median lethal dose, LD_{50})】是指在一定实验条件下，经统计学处理得到的预计引起给定种群中的生物半数死亡的一种化学物质的剂量。

(55)【半数致死浓度（Median lethal concentration, LC_{50})】是指在一定实验条件下，经统计学处理得到的预计引起给定种群中的生物半数死亡的一种化学物质的浓度。

(56)【最低可见有害效应水平（Lowest observed adverse effect level, LOAEL)】是指在规定的暴露条件下，通过实验或观察发现的引起受试生物种比适当控制的同种系生物的形态、功能、生长、发育或寿命出现有害效应的一种化学物质最低暴露浓度水平或实验染毒剂量。

(57)【无可见有害效应水平（No observed adverse effect level, NOAEL)】是指在规定的暴露条件下，通过实验或观察发现的未引起受试生物种形态、功能、生长、发育或寿命出现可检测有害效应的一种化学物质最高暴露浓度水平或实验染毒剂量。

索　引

作者简介

李政禹，中国石化北京化工研究院教授级高级工程师，化学品安全与环境管理资深专家。近30年来长期从事化学品安全、危害鉴别与风险评估技术等领域研究工作。在危险化学品安全立法、化学品危害鉴别与风险评估、化学品安全与环境风险防控措施、化工危险废物处理处置技术以及化工清洁生产审核等方面有较丰富经验。

作为项目负责人或主要完成人员，曾主持或参与完成国家与部委科研项目和国际合作项目10余项。个人曾获得"全国科学大会奖"1项；省部级科技成果二等奖4项，三等奖2项；优秀科技图书和研究论文二等奖2项。

编著和与他人合著出版专著10部，包括：编著《国际化学品安全管理战略》《国际化学品健全管理理念与实践》《化学品GHS分类方法指导和范例》《化学品安全技术说明书编写指南》个人专著4部；主编或副主编《化学工业固体废物治理》《化学工业废水治理》《环境化学毒物防治手册》3部；参与翻译审校《国际化学品安全卡手册(第1～3卷)》《工业污染预防》《无害化学品》译著3部。在国内外学术会议和科技期刊上发表论文70余篇。

2004—2017年，曾担任全国安全生产标准化技术委员会(化学品安全分技术委员会)委员；环境保护部国家环境应急专家组专家；环境保护部化学物质环境管理专家评审委员会委员；工业和信息化部实施GHS专家咨询委员会副主任委员。